BIANDIAN GOUJIA KEKAOXING JIANCE YU PINGGU

变电构架可靠性 检测与评估

李文胜 杨建宇 聂 铭 杨伟军 编 著

中国电力出版社
CHINA ELECTRIC POWER PRESS

图书在版编目（CIP）数据

变电构架可靠性检测与评估 / 李文胜等编著 . —北京：中国电力出版社，2018.3
ISBN 978-7-5198-1317-8

Ⅰ . ①变… Ⅱ . ①李… Ⅲ . ①变电架构 - 可靠性 - 检测②变电架构 - 可靠性 - 评估
Ⅳ . ① TM642

中国版本图书馆 CIP 数据核字（2017）第 264930 号

出版发行：中国电力出版社
地　　址：北京市东城区北京站西街 19 号（邮政编码 100005）
网　　址：http://www.cepp.sgcc.com.cn
责任编辑：徐　超（chao-xu@sgcc.com.cn）
责任校对：朱丽芳
装帧设计：赵姗姗
责任印制：蔺义舟

印　　刷：北京雁林吉兆印刷有限公司
版　　次：2018 年 3 月第一版
印　　次：2018 年 3 月北京第一次印刷
开　　本：787 毫米 ×1092 毫米　16 开本
印　　张：12.75
字　　数：283 千字
印　　数：0001—1000 册
定　　价：68.00 元

版权专有　侵权必究

本书如有印装质量问题，我社发行部负责退换

前　言

我国20世纪60～70年代以后兴建的大批变电构架,现均已陆续进入老年期,存在的隐患和缺陷较多,普遍出现了不同程度的老化和劣化现象,甚至有些安全性低于设计规范要求。这种情况在南方地区沿海湿热环境条件下更为突出。构架表面碳化、混凝土开裂剥落、钢筋锈蚀外露、绝缘子吊环和避雷针与构架连接处损伤等损伤的累积,将导致结构承载力下降、结构性能劣化、耐久性降低,影响结构的安全使用和电力设备的安全运行。一旦这些构架损毁、倒塌,将会造成巨大损失,引起电力安全事故,严重危及电网安全运行。因此,对既有变电构架进行可靠性检测与评估,合理和科学地利用既有结构显得尤为重要。

本书较为全面、系统地阐述了在役变电构架可靠性检测与评估的基本理论、分析计算方法及其应用。旨在让广大电力与结构工程工作者对在役变电构架可靠性检测与评估的研究现状有一个全面、系统的了解,分析研究在役变电构架病害问题形成的原因,掌握变电构架检测方法,科学评估、合理利用这些在役结构,制定加固改造策略,解决构架存在的安全隐患和问题,保障电网及设备安全。

本书共分七章,第一章为引言,介绍变电站及其构架,及其所处的环境和耐久性问题;第二章为变电构架的环境作用,着重介绍了变电构架温度、湿度、碳化、氯离子、杂散电流作用与分析;第三章为变电构架的荷载分析,着重介绍了既有变电构架的荷载及其分析;第四章为变电构架的抗力分析,着重介绍了结构构件抗力不定性因素及其统计参数,对既有变电构架进行了抗力分析;第五章为变电构架的时变可靠度分析,着重介绍了既有变电构架的时变可靠度分析方法,阐述了在役变电站混凝土构架可靠性理论应用;第六章为变电构架的可靠性检测与损伤诊断,提供了针对变电站混凝土构架的常用可靠性检测方法;第七章为变电构架可靠性评估及其系统开发。

本书可供电力系统技术与管理人员、高等院校电力和土木工程专业的学生和研究生使用,也可供电力和土木工程结构设计人员、科学研究人员和高等院校有关教师参考。

本书的研究得到中国南方电网有限责任公司重点科技项目"变电构架结构可靠性评估关键技术研究与系统研发"(编号:GDKJ00000030)的资助,特此致谢。

作者的许多同事和研究生参与了了本书写作工作,在此一并表示衷心感谢!

本书试图起到抛砖引玉的作用,使该方面的研究能有较大的进展,为国家经济建设做出贡献。若如此,作者将不胜荣幸。限于作者水平,书中难免有不妥之处,恳请有关专家和广大读者批评指正。

作　者
2017年11月

目 录

第一章

引　言

变电构架是室外导线、设备的主要支持结构的统称，是在变电站屋外配电装置中用于悬挂导线、支撑导体或开关设备及其他电器的刚性构架组合。它的结构·根据变电站的电压等级、规模、设备布置、施工运行条件以及当地的气候条件来确定。如图 1-1 所示为某发电厂变电构架为钢筋混凝土环形杆柱与格构式钢梁构架情况，如图 1-2 所示为某变电站混凝土构架全貌。

由于我国地域辽阔，各地的自然条件及经济发展水平存在很大差异，因此，变电站构架的形式较为多样。在现有的变电站工程中，应用较多的构架形式有：钢筋混凝土环形杆柱结构、A 型高强度钢管结构、A 型普通钢管结构、格构式钢构架以及钢筋混凝土和预应力混凝土构架等。

构架按其采用的材质分类，一般有钢筋

图 1-1　某发电厂钢筋混凝土环形杆柱与格构式钢梁变电构架

图 1-2　某变电站混凝土构架全貌

混凝土构架、钢筋混凝土柱钢梁构架、钢构架、钢管混凝土复合构架。20世纪，我国多采用钢筋混凝土构架。

　　构架按其结构形式分类：对柱有格构式、A字柱及打拉线等型式，对梁有格构式和非格构式。构架的型式通常主要有以下几种：焊接普通钢管结构、格构式角钢（钢管）塔架结构、高强度钢管梁柱结构、型钢结构、薄壁离心钢管混凝土结构、钢管混凝土结构、环形截面钢筋混凝土杆结构、预应力环形截面钢筋混凝土杆结构、打拉线结构。

　　我国早期建设的变电站构架多为钢筋混凝土结构，由于混凝土耐久性能差以及当时的技术水平低和施工质量差等原因，加之沿海地区潮湿环境下氯离子侵蚀等作用，造成混凝土构架普遍出现了不同程度的老化和劣化现象。一些构架表面碳化、混凝土开裂剥落、钢筋锈蚀外露、绝缘子吊环和避雷针与构架连接处损伤等破损现象严重。这种损伤累积将导致结构承载力下降、结构性能劣化、耐久性降低，影响结构的安全使用，绝缘子吊环和避雷针与构架连接处损伤将直接引发高压线掉落等重大电力安全事故。这些后果不仅危及变电站的安全，甚至危及整个电网的安全运行。如图1-3～图1-4所示为某沿海地区服役25年以上变电站钢筋混凝土构架的损伤照片。因此，本书主要就混凝土结构变电构架进行分析与评估。

图1-3　某沿海地区110kV变电站钢筋混凝土构架梁的损伤图

　　目前研究人员已认识到既有变电构架的安全隐患，但由于缺乏可供参考的变电构架完整数据及其耐久年限评估方法和维修加固对策，缺乏变电构架不停电检测技术，导致对变电构架的管理有些盲目。以前常用的做法是对这些结构、构件进行无区别的全面加固和修复，但这样不仅费时、费力、费财，没有结合变电站的实际情况，而且可操作性不强。因此，需要对结构质量状况和可靠性程度进行评估，从而确定加固改造的策略和方法，以减少不必要的工程费用和停电损失。可见，针对变电构架进行安全性能检测评估和可靠度分析非常有必要。

　　混凝土结构耐久性是指混凝土结构在自然环境、使用环境及材料内部因素的作用下，在设计要求的目标使用期内，不需要花费大量资金加固处理而保持其安全、使用功能和外观要求的能力。影响混凝土结构耐久性的主要因素可概括为环境因素、材料因素、设计因素和施工因素等四个方面（如图1-5

图1-4　某沿海地区220kV变电站钢筋混凝土构架柱的损伤图

所示），其中恶劣的环境因素是导致变电站混凝土构架耐久性降低的主要原因之一。

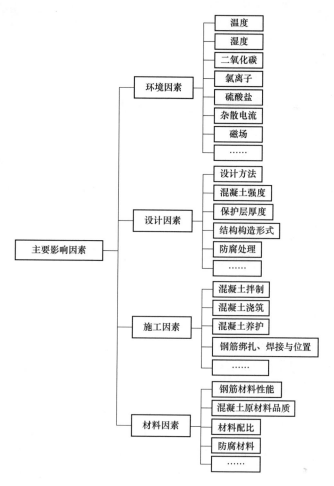

图 1-5 变电站混凝土构架耐久性影响因素

3

第二章

变电构架的环境作用

变电构架长期处于开放的大气环境中，无时无刻在遭受着不同环境的腐蚀危害。变电构架的环境影响因素主要包括温度作用、湿度作用、碳化作用、氯离子作用、杂散电流作用、磁场作用等。

第一节 变电构架气象作用分析

一、变电构架温度效应

温度问题是长期以来困扰超长混凝土结构设计的一大问题，人们已经在这方面做了大量的研究，但这一问题至今没有得到良好的解决。而超长变电构架的温度应力研究存在的一些问题，更是设计师和学者们关注的焦点。

置于自然环境中的变电构架，长期经受自然界气温的变化和日辐射等剧烈作用。由于变电站混凝土构件热传导性能差，周围环境气温以及日辐射作用使其表面迅速上升（降低），但其结构的内部温度仍处于原来状态，在混凝土结构中形成较大的温度梯度，由此产生温度变形。当变电构架被结构的内、外约束阻碍时，会产生温差应力。

显然变电构架的表面与内部各点温度随时都在变化，这一变化与所在的地理位置、地形地貌条件、所处季节、太阳辐射强度以及气温变化等有关。结构上的温度作用按温差产生的不同分为日照温差、骤然温差和年温温差。

（1）日照温差。影响日照温度变化的因素很多，主要包括太阳的直接辐射、天空辐射、地面反射、气温变化、风速、地理纬度、结构物的方位、壁板的朝向、附近的地形地貌条件等。

（2）骤然温差。一是工程结构物在冷空气侵袭作用下，结构外表面迅速降温，结构物中形成内高外低的温度分布状态；二是由于日落等因素致使结构外表面温度迅速下降，此时结构物内表面温度几乎没有什么变化，形成内高外低的温差状态。

（3）年温温差。由于年温度变化所引起的结构物温度变化，因其是长期的缓慢作用，使得结构物整体发生均匀的温度变化。一般规定以平均温度最高与最低月份的温度变化值作为年温变化幅度为年温温差。

当温度发生改变时，任何建筑材料都将会由于热胀冷缩而产生变形，如果这种结构是属于静定结构，结构中不会产生内力；反之，如果结构是超静定结构，温度改变而产生的变形必然受到结构自身的约束制约，结构中将会产生内力。而大多数变电站混凝土构架是超静定结构。

绝大多数研究温度作用是研究混凝土温度效应，这是因为混凝土的抗拉强度低，自身传热慢，尤其大体积混凝土结构容易在其内部形成温度梯度。大体积混凝土的温度分布为内热外冷时，外表面混凝土受到的拉应力超过混凝土极限抗拉强度，造成混凝土表面开裂。

温度对混凝土的碳化也有显著的影响，温度升高会导致混凝土碳化速度加剧，而使混凝土结构耐久性降低。温度对氯离子在混凝土的扩散也有显著的影响，温度升高将导致氯离子扩散速度加剧，也会使混凝土结构耐久性降低。

二、变电站混凝土构架湿度作用分析

大部分变电站混凝土构架工作时都是暴露在大气环境中，外界环境条件会影响到混凝土的材料性能：一方面环境条件会影响到混凝土成熟度的发展，另一方面环境条件又与混凝土材料发生物理化学作用。由于混凝土的水化作用必须在有水分的情况下进行，因此相对湿度是影响混凝土材料性能的主要环境因素。相对湿度的变化，会影响水泥的水化作用和水分的散发速度，从而影响到混凝土工作密切相关的徐变、碳化和长期强度。

1. 徐变

徐变主要是混凝土内部未充分水化的水泥凝胶体的塑性流（滑）动以及骨料界面与砂浆内部微裂缝发展的结果，包括基本徐变和干燥徐变。基本徐变是指混凝土试件封闭后，内部水分不发生变化的情况下产生的徐变；干燥徐变是指混凝土试件在环境（湿度）影响下的总徐变扣去基本徐变后的剩余徐变。从定义可以看出，受到环境湿度影响的并非是总徐变，而是干燥徐变。在没有水分蒸发的情况下，混凝土内部的相对湿度也会由于不断的水化作用而降低。这是因为，只要周围环境的相对湿度小于混凝土内部的相对湿度，就会发生湿度交换，造成内部的水分流失，在很小的荷载作用下，就会发生干燥徐变。因此，环境相对湿度对混凝土的影响主要是由于水分在混凝土中的移动或迁移而对混凝土的性质产生影响，对早龄期混凝土（干燥收缩）和混凝土长期性质（干燥徐变）均有较大影响。

2. 碳化

环境相对湿度会对混凝土中的孔隙水饱和度造成影响，从而影响混凝土的碳化。实际上，在这个过程中，孔隙水饱和度会因影响 CO_2 的扩散系数而影响混凝土的碳化过程。混凝土孔溶液是混凝土碳化的场所，其液相环境的形成与混凝土所处环境相对湿度直接相关。另外，当环境相对湿度较低时，混凝土内部孔隙水饱和度较小，混凝土处于干燥状态，CO_2 气体在混凝土中扩散系数就较大，但此时由于反应所需水分不足，碳化反应速率较慢。当环境相对湿度较高时，混凝土内部孔隙水饱和度较大，阻碍 CO_2 气体的进入，CO_2 气体在混凝土中扩散系数较小，此时碳化反应速率也较慢。

3. 长期强度

相对湿度会影响徐变的发展，同时也会影响混凝土的碳化。而徐变和混凝土碳化会降低混凝土的长期强度，所以环境的相对湿度是使混凝土长期强度降低的一个主要因素。

显然，环境湿度是钢筋锈蚀最重要的因素，严重影响了混凝土结构的耐久性。

三、基于 FFT 法和平稳二项随机过程的气象作用模型研究

由于温度和湿度是影响混凝土构架可靠性的重要因素，而温度和湿度与当地气象情况密切相关，因此，研究混凝土构架可靠性，必须分析气象因素特点，建立温度和湿度作用随机模型。

1. 选取原始气象数据

由于我国幅员辽阔、地域宽广，国家地面气象观测站包括 270 个国家地面气象观测站，其中 134 个为国家基准气候站，136 个为国家基本气象站。地面气候资料包括气温、湿球温度、水汽压、相对湿度、地面温度、风向风速、本站气压、日照时数和云量等要素，全部原始气象数据十分庞大。本节拟选取典型气候代表区（夏热冬暖地区）——广州为例分析，取众多气候观测要素中与气象间接作用有直接关系的空气干球温度和相对湿度为具体分析参数，建立混凝土构架分析用气温和相对湿度气象模型。其他地区可参考本文提供的研究方法进行研究分析。

（1）空气干球温度。在气象学中把表示空气冷热程度的物理量称之为空气温度，简称气温。气温是指离地面 1.5m 高度处百叶箱里面空气的温度，单位是摄氏度（℃）。

气温观测的数据有定时观测的气温、日最高气温和日最低气温。各气温从安装在百叶箱中的温度计进行观测记录而得到的。

（2）相对湿度。相对湿度指离地面 1.5m 高度处的空气中水汽压与当时气温下的饱和水汽压的百分比，单位是百分数（％），取整数。相对湿度是湿空气的绝对湿度与相同温度下可能达到的最大绝对湿度之比，也可表示为湿空气中水蒸气分压力与相同温度下水的饱和压力之比。

相对湿度的观测数据有定时观测的相对湿度和日最小相对湿度。定时观测的相对湿度是由定时观测的气温、湿球温度、本站气压表或计算得到。对于不同类型湿球温度计测得的湿球温度，查表和公式计算的结果是不一样的。日最小相对湿度是在湿度计上一日 20 时～当日 20 时的湿度记录中挑选的最小值。

2. 得到逐时气象数据

在我国 270 个国家地面气象观测站当中，国家基准气候站进行一日 24 次定时观测，国家基本气象站进行一日 4 次定时、日极值和日总量的观测数据，本文选择的典型气候代表地的均为国家基本气象站一日 4 次定时、日极值和日总量的观测。要获得这些台站的全年逐时气象数据，必须研究利用这些数据生成逐时数据的方法，以下探讨由这些原始检测数据生成逐时气象数据的具体方法。

（1）三次样条函数快速插值 FFT 算法原理。

1）三次样条函数插值原理。插值法是一种古老的数学问题，根据需要解决的问题的不同，插值函数的形式在不断的改进，有分形插值法、基于 VC++的阿克玛插值法、密度插值法等。三次样条插值（简称 Spline 插值）是根据给定的函数表构造一个分段函数，通过给定点且具有连续的一阶、二阶导数，在具有收敛性与稳定性的插值函数中最常用。其定义如下：

设 $[a, b]$ 上一个部分 $\Delta: a = x_0 < x_1 < \cdots < x_n = b$，如果函数 $s(x)$ 满足条件：

a）$s(x) \in C^{m-1}[a, b]$；

b）$s(x)$ 在每个子区间 $[x_{i-1}, x_i]$，$i = 1, 2, \cdots, n$ 上是 m 次代数多项式。

则称 $s(x)$ 是关于节点部分 Δ 的 m 次样条函数。若再给定 $f(x) \in C[a, b]$ 在节点上的值 f_i，并使

$$s(x_i) = f_i, i = 0, 1, \cdots, n \tag{2-1}$$

则称 $s(x)$ 是 $f(x)$ 的 m 次样条插值函数。

$m = 1$ 时的样条插值函数就是分段线性插值，此时 $s(x) \in C[a, b]$，但该曲线并不光滑，不满足工程设计要求。通常使用较多的是 $m = 3$ 时的具有的二阶连续导数的三次样条插值函数。

三条样条函数 $s(x)$ 在每个子区间 $[x_{i-1}, x_i]$ 上可用三次多项式的 4 个系数唯一确定，因此 $s(x)$ 在 $[a, b]$ 上有 $4n$ 个待定参数，由于 $s(x) \in C^2[a, b]$，故有

$$\left. \begin{array}{l} s(x_i - 0) = s(x_i + 0) \\ s'(x_i - 0) = s'(x_i + 0) \\ s''(x_i - 0) = s''(x_i + 0), i = 1, 2, \cdots, n-1, \end{array} \right\} \tag{2-2}$$

这里给出了 $3n - 3$ 个条件，再加上插值条件，一共有 $4n - 2$ 个条件。为了确定 $s(x)$，通常还需要补充两个边界条件，常用的边界条件有以下 3 种类型

$$s'(x_0) = f_0', \quad s'(x_n) = f_n' \tag{2-3}$$

$$s''(x_0) = f_0'', \quad s''(x_n) = f_n'' \tag{2-4}$$

周期样条函数条件

$$s^{(j)}(x_0) = s^{(j)}(x_n), \quad j = 0, 1, 2 \tag{2-5}$$

三次样条插值函数 $s(x)$ 的求法通常有三转角法、三弯矩法、B 样条基函数法。这三种方法的基本思想是类似的，都是通过待定某些参数来确定插值函数。但该方法不是待定 $4n$ 个参数，而是利用已知条件将待定参数减小到最少。

这里选用三弯矩法进行介绍。记 $s''(x_i) = M_i$，$i = 0, 1, \cdots, n$，$s(x)$ 在每个子区间 $[x_{i-1}, x_i]$ 上是 3 次多项式，故 $s''(x)$ 在 $[x_{i-1}, x_i]$ 上为线性函数，可表示为

$$s''(x) = M_{i-1} \frac{x_i - x}{h_{i-1}} + M_i \frac{x - x_{i-1}}{h_{i-1}} \tag{2-6}$$

这里 $h_{i-1} = x_i - x_{i-1}$，对上式积分两次，便可得到

$$s(x) = M_{i-1} \frac{(x_i - x)^3}{6h_{i-1}} + M_i \frac{(x - x_{i-1})^3}{6h_{i-1}} +$$

$$\left(f_{i-1} - \frac{M_{i-1}h_{i-1}^2}{6} \right) \frac{x_i - x}{h_{i-1}} + \left(f_i - \frac{M_i h_{i-1}^2}{6} \right) \cdot \frac{x - x_{i-1}}{h_{i-1}}, x \in [x_{i-1}, x_i] \quad (2\text{-}7)$$

对式（2-7）求导得

$$s'(x) = -M_{i-1} \frac{(x_i - x)^2}{2h_{i-1}} + M_i \frac{(x - x_{i-1})^2}{2h_{i-1}} + \frac{f_i - f_{i-1}}{h_{i-1}} - \frac{M_i - M_{i-1}}{6} h_{i-1} \quad (2\text{-}8)$$

利用条件式 $s'(x_i - 0) = s'(x_i + 0)$，$i = 1, 2, \cdots, n-1$ 可得

$$\mu_i M_{i-1} + 2M_i + \lambda_i M_{i+1} = d_i \quad i = 1, 2, \cdots, n-1 \quad (2\text{-}9)$$

其中

$$\mu_i = \frac{h_{i-1}}{h_{i-1} + h_i}, \quad \lambda_i = 1 - \mu_i$$

$$d_i = 6 \left(\frac{f_{i+1} - f_i}{h_i} - \frac{f_i - f_{i-1}}{h_{i-1}} \right) \frac{1}{h_{i-1} + h_i} = 6f[x_{i-1}, x_i, x_{i+1}]$$

对于边界条件式（2-3），由式（2-8）可导出两个方程

$$\left. \begin{array}{l} 2M_0 + M_1 = \dfrac{6}{h_0}(f[x_0, x_1] - f'_0) \\[3mm] M_{n-1} + 2M_n = \dfrac{6}{h_{n-1}}(f'_n - f[x_{n-1}, x_n]) \end{array} \right\} \quad (2\text{-}10)$$

若记

$$\lambda_0 = 1, \quad \mu_n = 1$$

$$d_0 = \frac{6}{h_0}(f[x_0, x_1] - f'_0)$$

$$d_n = \frac{6}{h_{n-1}}(f'_n - f[x_{n-1}, x_n])$$

则式（2-9）与式（2-10）可写成矩阵形式

$$\begin{bmatrix} 2 & \lambda_0 & & & \\ \mu_1 & 2 & \lambda_1 & & \\ & \cdot & \cdot & \cdot & \\ & & \mu_{n-1} & 2 & \lambda_{n-1} \\ & & & \mu_n & 2 \end{bmatrix} \begin{bmatrix} M_0 \\ M_1 \\ \cdot \\ M_{n-1} \\ M_n \end{bmatrix} = \begin{bmatrix} d_0 \\ d_1 \\ \cdot \\ d_{n-1} \\ d_n \end{bmatrix} \quad (2\text{-}11)$$

对于边界条件式（2-4）直接得到

$$M_0 = f''_0, \quad M_n = f''_n \quad (2\text{-}12)$$

若令 $\lambda_0 = \mu_n = 0$、$d_0 = 2f''_0$、$d_n = 2f''_n$，则式（2-9）及式（2-12）也可写成式（2-11）的矩阵形式。

对于边界条件式（2-5），可导出两个补充条件

$$\left.\begin{array}{l} M_0 = M_n \\ \lambda_n M_1 + \mu_n M_{n-1} + 2M_n = d_n \\ \lambda_n = h_0(h_{n-1} + h_0)^{-1} \\ \mu_n = 1 - \lambda_n \\ d_n = 6(f[x_0, x_1] - f[x_{n-1}, x_n])(h_0 + h_{n-1})^{-1} \end{array}\right\} \qquad (2\text{-}13)$$

其中

式（2-10）与式（2-14）可写成矩阵形式

$$\begin{bmatrix} 2 & \lambda_1 & & & \mu_1 \\ \mu_2 & 2 & \lambda_2 & & \\ & \cdot & \cdot & \cdot & \\ & & \mu_{n-1} & 2 & \lambda_{n-1} \\ \lambda_n & & & \mu_n & 2 \end{bmatrix} \begin{bmatrix} M_1 \\ M_2 \\ \cdot \\ M_{n-1} \\ M_n \end{bmatrix} = \begin{bmatrix} d_1 \\ d_2 \\ \cdot \\ d_{n-1} \\ d_n \end{bmatrix} \qquad (2\text{-}14)$$

式（2-11）和式（2-14）称为三弯矩方程组，M_i，$i = 0$，1，$\cdots$，n 称为 $s(x)$ 的矩，这种三对角方程的系数矩阵元素 $\lambda_i + \mu_i = 1$，且 $\lambda_i \geqslant 0$，$\mu_i \geqslant 0$，故它是严格对角占优的，利用追赶法就可求出（2-11）中的 $M_i(i=0,1,\cdots,n)$，再由（2-7）就可求得 $s(x)$。

以上讨论说明三次样条插值函数在边界条件 1，2，3 下的解是存在唯一的，上面求三次样条插值函数 $s(x)$ 是一个常用的算法。

2）加窗插值快速傅立叶变换（FFT）算法原理。加窗插值快速傅里叶变换（fast Fourier transform，FFT）算法的基本思想是：选择适当的窗函数抑制长范围泄漏，再根据窗函数的形式，利用插值算法对短范围泄漏进行修正。由于该算法计算效率高，对幅值、频率、相位的估计都有较简洁的计算公式，因而在波形图处理中得到了广泛的应用。

傅里叶变换是研究整个时间域和频率域的关系。不过，当运用计算机实现工程测试信号处理时，不可能对无限长的信号进行测量和运算，而是取其有限的时间片段进行分析。可行的做法是从信号中截取一个时间片段，然后对截取的时间片段进行周期延拓处理，得到虚拟的无限长的信号，然后就可以对信号进行傅里叶变换、相关分析等数学处理。无限长的信号被截断以后，其频谱发生了畸变，原来集中在 $f(0)$ 处的能量被分散到两个较宽的频带中去了（这种现象称之为频谱能量泄漏）。为了减少频谱能量泄漏，可采用不同的截取函数对信号进行截断，该截断函数称为窗函数。

常用的窗函数有矩形窗（Rectangle Window）、三角形窗（Bartlett Window）、汉宁窗（Hanning）、汉明窗（Hamming）、布莱克曼窗（Blankman）和凯泽窗（Kaiser）等。

汉宁窗又称升余弦窗，可以看作是 3 个矩形时间窗的频谱之和，从减小泄漏观点出发，汉宁窗优于矩形窗。但由于汉宁窗主瓣加宽，相当于分析带宽加宽，频率分辨力下降。

因不同的窗函数产生泄漏的大小不一样，频率分辨能力也不一样，对信号频谱的影响是不一样的。信号的截断产生了能量泄漏，而用 FFT 算法计算频谱又产生了栅栏效应，因此可以通过选择不同的窗函数抑制该影响。结合本文实际分析处理的气象数据，选用优于矩形窗的汉宁窗对数据进行处理分析。用三次样条函数快速插值得到每天的时间连续的气象数据变画曲线，然后选用加汉宁窗 FFT 算法对变化曲线加以处理，得到更平滑更准确的逐时气象数据。

（2）三次样条函数快速插值 FFT 算法 Matlab 中的实现。

1）三次样条函数快速插值 FFT 算法步骤如下：

输入 n 个插值节点，$a=x_1<x_2<\cdots<x_n=b$，对应函数值为 f_1，f_2，$\cdots$，f_n，待求插值为 x_0。

a）计算 $h_j=x_{j+1}-x_j(j=1,2,\cdots,n-1)$；

b）计算 μ_i，λ_i，d_i；

c）计算 λ_0，d_0，μ_n，d_n；

d）用追赶法求解方程组（2-11）或（2-14）；

e）输出各区间的三次多项式的表达式；

f）用加汉宁窗的快速插值 FFT 算法对三次样条曲线优化；

g）判断 x_0 所在的区间 $[x_j$，$x_{j+1}]$，并计算插值 $s(x_0)$；

2）三次样条函数快速插值 FFT 算法 Matlab 程序设计。根据上述算法在 Matlab 中，按照算法语言，编写程序，根据每天 4 次定时观测数据，用三次样条函数快速插值得到每天的时间连续的气象数据变画曲线，然后选用加汉宁窗的 FFT 算法对变化曲线加以处理分析，得到更平滑、更准确的逐时气象数据。

（3）逐时温度分析。空气干球温度的逐日源数据包括一日 4 次定时（北京时间 02、08、14、20 时）温度、日最高温度和日最低温度。

气象资料表明，一天内最高温度一般出现在地方时午后 14～16 时，而最低温度一般出现在日出前并且在日出前的一段时间内变化很小。但是由于温度的整体变化和局部变化，最高、最低温度出现的时间是不断变化的，但日最高、最低温度出现的时间可以根据已知的 4 个时次的数据信息来确定。日最高温度和日最低温度就被安排出现在整点时刻，由于事先并不知道两个日极值出现的真实时刻，因此在进行插值计算之前，需要先确定日最高温度和日最低温度出现的整点时刻。

根据空气温度在一日内的一般变化规律，同时考虑整个气象环境系统的变化对温度变化带来的影响，分以下两个步骤可以确定日最高温度和日最低温度出现的时刻。

1）第一个步骤是将第一个气象日分为 4 个区间。区间 1 为前一日的 20 时～当日 02 时，区间 2 为当日 02 时～当日 08 时，区间 3 为当日 08 时～当日 14 时，区间 4 为当日 14 时～当日 20 时。然后根据下述原则确定日最高温度和日最低温度的区间。

a）日最高温度：

首先比较当日最高温度 $t_{i,\max}$ 和上一日北京时间 20 时的温度 $t_{i-1,20}$（i 表示当日，$i-1$ 表上一日）。如果 $t_{i,\max}\leqslant t_{i-1,20}$，则日最高温度出现在区间 1；如果 $t_{i,\max}>t_{i-1,20}$，则在北京时间当日 02 时～当日 20 时的 4 个定时温度（$t_{i,02}$，$t_{i,08}$，$t_{i,14}$，$t_{i,20}$）当中找出一个最大定时温度。如果 4 个定时温度当中有两个最大定时温度，则取定时下标较大的作为最大定时温度。

若 $t_{i,02}$ 或 $t_{i,08}$ 或 $t_{i,14}$ 为最大定时温度，比较该最大定时温度的前后两个定时温度，取较大的那个定时温度与最大定时温度界定的区间为如最高温度出现的区间。例如最大定时温度是 $t_{i,14}$，则比较 $t_{i,08}$ 和 $t_{i,20}$，如果 $t_{i,08} > t_{i,20}$，认为日最高温度出现在区间3，如果 $t_{i,08} \leqslant t_{i,20}$，认为日最高温度出现在区间4（一般如最高温度都是出现在该区间）。

若 $t_{i,20}$ 为最大定时温度，则日最高温度出现在区间4。

b）日最低温度：

首先在北京时间上一日20时～当日20时的5个定时温度（$t_{i-1,20}$，$t_{i,02}$，$t_{i,08}$，$t_{i,14}$，$t_{i,20}$）当中找出一个最小定时温度，如果 $t_{i,02}$ 为最小定时温度之一，则取 $t_{i,02}$ 为最小定时温度分析。如果定时温度 $t_{i-1,20}$，$t_{i,08}$，$t_{i,14}$，$t_{i,20}$ 当中有两个以上最小定时温度，则取定时下标较小的最小定时温度。

如果 $t_{i,02}$ 为最小定时温度时，不论其是否唯一，总认为日最低温度出现在区间2。

如果 $t_{i-1,20} < t_{i,02}$ 且 $t_{i-1,20}$ 为最小定时温度，则认为日最低温度出现在区间1；如果 $t_{i,08}$ 或 $t_{i,14}$ 为最小定时温度，则比较其前后的两个定时温度，取较小的那个定时温度与最小定时温度界定的区间为日最低温度出现的区间。

如果 $t_{i,20}$ 为唯一最小定时温度，则认为日最低温度出现在区间4。

2）第二个步骤是根据日最高温度和日最低温度的数值确定它们出现的具体时刻。在区间1的日极值温度只可能在上一日21时～当日02时的6个时次上出现（上一日20时算作以上一个气象日），其他区间上的日极值温度则可能在该区间的两端点间的7个时次上出现。但如最低温度出现在区间2时，一般认为最低温度出现时刻为日出前最近的整点时刻。其他情况则采用线性内插方法计算出日最高温度和日最低温度出现的具体时刻。

确定日最高温度和日最低温度出现的时刻以后，以北京时间02、08、14、20时的定时温度和日最高温度、日最低温度为基本的插值点，利用三次样条快速插FFT值法，获得一日24次的定时温度。

下面以北京密云（该站是位于北京地区的基准站）为例，给出上述方法得到的1990年1月1日20时～1月5日20时的逐时温度与实测值的比较，如图2-1所示。

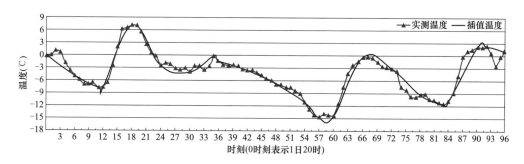

图2-1 北京密云差值温度与实测温度的对比

在图 2-1 当中，实测值曲线和计算值曲线在每天北京时间 02、08、14、20 时的温度点上重合，而且计算值曲线上的最高温度和最低温度与当日（指气象日而言）的最高温度和最低温度吻合，这样保证了计算值曲线确定的温度波幅与实际情况吻合，而从图 2-1 也可以看到，在 Matlab 中用三次样条函数快速插值 FFT 算法插值得到温度与实测温度的曲线线性基本吻合。

用该种方法对广州地区 1980 年至 2010 年的干球温度原始气象数据分析，得到每天的时间连续的气象数据变化曲线，然后选用加汉宁窗 FFT 算法对变化曲线加以处理分析，得到更平滑更准确的逐时气象数据。对 30 年中每日的逐时温度求平均值，则可得到广州地区的平均年逐日逐时温度。

（4）逐时相对湿度分析。表征空气湿度的逐日源数据包括一日 4 次定时（北京时间 02、08、14、20 时）相对湿度和日最小相对湿度。由于日最小相对湿度的观测手段存在差异，且最小相对湿度较难测准，原始数据中的日最小相对湿度的参考价值不大，因此在插值计算逐时相对湿度时，只考虑保证 4 次定时的相对湿度与原始数据一致。

以北京时间 02、08、14、20 时的相对湿度为基本的插值点，同样采用三次样条快速插 FFT 值法获得一日 24 次的定时相对湿度值。由于没有日最大相对湿度和日最小相对湿度点，因此差值函数采用自然边界条件求解，这样插值得到的逐时相对湿度数值可能大于 100% 或小于 0%，此时需要对插值数据进行修正。本书提供的修正方法是以定时区间为单位，对出现上述情况的区间的内部各时次中满足修正条件的相对湿度进行修正。修正方法是按照相同的比例缩小或放大，大于 100% 的缩小到 100%，小于 0% 的放大到 1%，且要求则是修正后的数值与区间端点值的大小关系与修正前相同。

下面以北京密云为例，给出上述方法得到的 1990 年 1 月 1 日 20 时～1 月 5 日 20 时的逐时相对湿度和实测值的比较，如图 2-2 所示。

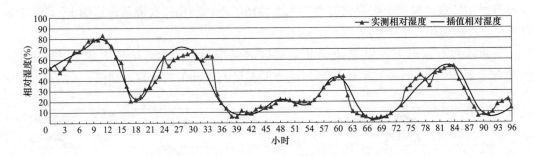

图 2-2　北京密云差值相对湿度与实测相对湿度的对比

在图 2-2 当中，实测值曲线和计算值曲线在每天北京时间 02、08、14、20 时的相对湿度点上重合，在 Matlab 中用三次样条函数快速插值 FFT 算法插值得到计算值与实测值曲线的线形基本吻合。用该种方法处理广州地区近 30 年原始气象数据中的相对湿度数据，根据每天的 4 次定时观测的相对湿度，用三次样条函数快速插值得到每天的时间连续的相对湿度变化曲线，然后选用加汉宁窗 FFT 算法对变化曲线加以处理分析，得到更平滑更准确的逐时相对湿度，并对 30 年中每日逐时相对湿度求平均值。

3. 建立建筑用标准日气象模型

（1）标准日温度气象模型。基本气温一般是以气象台站记录所得极值气温为样本，经统计得到的具有一定年重现期的最高和最低气温。GB 50009—2012《建筑结构荷载规范》中将基本气温定义为 50 年一遇的月平均最高和最低气温。基本温度（年温度）的气温的标准值，是确定温度作用所需最主要的气象参数。我国现行标准 TB 10002—2017《铁路桥涵设计基本规范》采用 7 月份和 1 月份月平均气温。

GB 50009—2012《建筑结构荷载规范》给出的是月平均最高温度，但对结构进行实时温度作用分析或能耗分析时，仅仅知道月平均气温一个值是无法分析的。因此提出标准日气象模型的概念，该模型根据某地某月逐日逐时的整点温度为样本值分析求出五十年一遇的该月逐日逐时整点温度值，对该温度值进行曲线拟合，该拟合的温度-时间曲线称为该月标准日温度气象模型。有了该标准日温度气象模型就可以更好地对结构进行实时温度作用分析和能耗分析。

对相同条件下的结构上作用的量值为一随机变量，记为 Q。由于不同时刻结构上的作用不同，因此作用实际上是一个随机过程，在数学上可采用随机过程概率模型来描述。

对结构设计来说，最有意义的是结构设计基准期 T 内的作用最大值 Q_T，不同 T 时间内统计得到的 Q_T 值很可能不同，即 Q_T 为一随机变量。为方便 Q_T 的统计分析，通常将作用处理成平稳二项随机过程。平稳二项随机过程作用模型的假定为：

1）根据作用每变动一次时间长短，将设计基准期 T 等分为 r 个相等的时段 τ，或认为设计基准期 T 内作用均匀变动 $r=T/\tau$ 次；

2）在每个时段 τ 内，作用 Q 出现（即 $Q>0$）的概率为 p，不出现（即 $Q<0$）的概率为 $q=1-p$；

3）在每一时段 τ 内，作用出现时，其幅值是非负的随机变量，且在不同时段上的概率分布是相同的，记时段 τ 内的作用概率分布（也称为任意时点作用分布）为

$$F_t(x) = P[Q(t) \leqslant x, t \in \tau] \tag{2-15}$$

4）不同时段 τ 上的作用幅值随机变量相互独立，且与在时段 τ 上是否出现作用无关。

由上述假定，可由作用的任意时点分布，求得在设计基准期 T 内 Q_T 的概率分布 $F_T(x)$。任一时段 τ 内的作用概率分布 $F_t(x)$

$$
\begin{aligned}
F_t(x) &= P[Q(t) \leqslant x, t \in \tau] \\
&= P[Q(t) \neq 0]P[Q(t) \leqslant x, t \in \tau \mid Q(t) \neq 0] + \\
&\quad P[Q(t) = 0]P[Q(t) \leqslant x, t \in \tau \mid Q(t) = 0] \\
&= p[F_i(x) + q] \\
&= 1 - p[1 - F_i(x)]
\end{aligned}
$$

则

$$F_T(x) = P[Q_T \leqslant x]$$

$$= \prod_{j=1}^{r} P[Q(t_j) \leqslant x, t_j \in \tau]$$

$$= \{1 - p[1 - F_i(x)]\}^r \tag{2-16}$$

设作用在 T 年内出现的平均次数为 N，则

$$N = pr \tag{2-17}$$

显然当 $p=1$ 时，$N=r$，此时由式（2-16）得

$$F_T(x) = [F_i(x)]^N \tag{2-18}$$

当 $p<1$ 时，如果式（2-16）中 $p[1-F_i(x)]$ 项充分小，则

$$F_T(x) \approx \{e^{-p[1-F_i(x)]}\}^r \approx \{1 - [1 - F_i(x)]\}^{pr}$$

由此

$$F_T(x) \approx [F_i(x)]^N \tag{2-19}$$

由以上讨论可知，采用平稳二项随机过程模型确定设计基准期 T 内的作用最大值的概率分布需已知三个量：即作用在 T 内变动次数 r 或变动一次的时间 τ，在每个时段 τ 内作用出现的概率 p 以及作用任意时点概率分布 $F_i(x)$。

对于永久作用，$p=1$，$\tau=T$，则 $F_T=F_i(x)$。对于短时作用，显然平稳二项随机过程模型与其不符，为了利用该模型确定 $F_T(x)$ 的简便性，可人为地假定一个 τ 值，此时 $F_i(x)$ 按 τ 时段内出现的短时作用的最大值统计确定。例如，对于温度荷载和风载，为便于统计可取 τ 为 1 年，此时 τ 按一年内最大值统计确定，而 $p=1$；当 T 为 50 年时 $r=50$。

为了建立建筑用标准日温度气象模型，首先将日四次间隔三小时的原始观测数据按照前述插值方法进行逐时气象数据的求解，得到广州地区的平均年逐日逐时温度。

根据某月每天 24 小时的整点温度样本值服从极值 I 型分布，按平稳二项随机过程模型分析得到其具体分布函数。

$F_i(x)$ 为极值 I 型分布时表达式为

$$F_i(x) = \exp\left\{-\exp\left\{-\frac{x - u_i}{\alpha_i}\right\}\right\} \tag{2-20}$$

其中，u_i、α_i 为常数，其与均值 m_i 和方差 σ_i 的关系为

$$\alpha_i = \frac{\sigma_i}{1.28257}, \quad u_i = m_i - \frac{0.5772}{\alpha_i} \tag{2-21}$$

由式（2-19）平稳二项随机过程分析结果得

$$F_T(x) = [F_i(x)]^N = \exp\left\{-N\exp\left[\frac{x - u_i}{\alpha_i}\right]\right\} = \exp\left\{-\exp\left[-\frac{x - u_i - \alpha_i \ln N}{\alpha_i}\right]\right\} \tag{2-22}$$

显然，$F_T(x)$ 仍为极值型分布，将其表达为

$$F_T(x) = \exp\left\{-\exp\left[\frac{x - u_T}{\alpha_T}\right]\right\} \tag{2-23}$$

对比式（2-23）与式（2-22），参数 u_T、α_T 与 u_i、α_i 间的关系为

$$u_T = u_i + \alpha_i \ln N$$
$$\alpha_T = \alpha_i \tag{2-24}$$

所谓重现期 T，即为在一定年代的气象数据统计期间内，大于或等于某定值的气象参数出现一次的平均间隔时间，单位是年，为该气象事件发生频率的倒数。即在年分布中可能出现大于此值的概率为 $1/T$。即令 $F_T(x) = 1 - 1/T$ 得，重现期为 T 的作用代表值 x_T 按下式计算

$$x_T = u_T - \frac{1}{\alpha_T}\ln\left[\ln\left(\frac{T}{T - 1}\right)\right] \tag{2-25}$$

根据现行规范可知，对结构进行温度作用和能耗分析时，一般选用具有代表性的月平均最高和月平均最低气温。故拟建立月平均最高气温月 7 月份和月平均最低气温月 1 月份标准日气象模型。

温度作用分析时采用什么气温参数作为年极值气温样本数据，目前国内外还没有统一模式。在气象领域和暖通领域标准日模型建立时有用月平均温度，有用极值的。重庆大学的苏华从气象学的角度以温度月平均值为样本建的标准日模型。张晴原等阐述了在暖通工程领域用平均值标准日的构成方法。建筑还没有有关日温度模型的概念和构成方法。这里提出建筑用标准日温度模型概念，分别以某时刻的温度极大值、月平均值和极小值为样本数据建立建筑用标准日温度模型，并比较探讨建筑用日温度模型的构成方法。

先求出 1、7 月 31 天某时刻的温度月平均值，再用 30 年中这一时刻的 30 个数据作为样本，用极值 I 型分布平稳二项随机过程模型分析确定 50 年一遇的值，每个时刻的 50 年一遇的值经曲线拟合得到基于月平均值的标准日温度。同样，选出 1、7 月 31 天某时刻的温度极大值、极小值，再用 30 年中这一时刻的 30 个数据作为样本，用极值 I 型分布平稳二项随机过程模型分析确定 50 年一遇的值，每个时刻的 50 年一遇的值经曲线拟合可得到基于极大值、极小值的标准日温度。

（2）日较差分析。气象学中，日较差即每日最高温与最低温的差值。根据建立的标准日温度模型方法，日较差按月平均日较差和最高日较差两种情况分析。

最高日较差：由某月每天最高温与最低温的差值，选出本年本月中的最大日较差，则 30 年中可得到 30 个样本，然后将这 30 个样本按极值 I 型分布得到 50 年一遇的日较差。

月平均日较差：某月每天最高温与最低温的差值，然后将差值求和再除以本月天数则可得到月平均日较差，则 30 年中可以得到 30 个样本，然后将这 30 个样本按极值 I 型分布平稳二项随机过程分析得到本月 50 年一遇的日较差。

长沙地区 1 月份和 7 月份的月平均日较差和最高日较差分析结果如表 2-1 所示。

表 2-1　　　　　　　　长沙 7 月和 1 月温度值及其日较差分布　　　　　　　　（℃）

月份	时刻	极大值	平均值	极小值	极端天气	月份	时刻	极大值	平均值	极小值	极端天气
7 月	1	29.87	27.40	25.66	31.43	1 月	1	−0.33	0.86	2.83	−2.82
	2	29.02	27.44	25.67	30.60		2	−0.88	0.48	2.05	−3.23
	3	28.11	27.70	25.57	29.72		3	−1.53	0.05	1.67	−3.75
	4	27.57	27.07	25.41	29.17		4	−2.20	−0.40	1.18	−4.29
	5	27.45	26.86	25.33	29.05		5	−2.75	−0.75	0.76	−4.71
	6	27.68	27.17	25.55	29.31		6	−3.01	−0.91	0.59	−4.89
	7	28.49	28.01	26.04	30.17		7	−2.78	−0.75	0.57	−4.65
	8	29.80	28.23	26.62	31.51		8	−1.97	−0.31	1.47	−3.95
	9	31.20	29.08	27.30	32.93		9	−0.67	0.54	2.58	−2.86
	10	32.75	30.64	27.67	34.47		10	0.42	1.60	3.20	−1.64
	11	34.38	32.14	28.03	36.08		11	1.09	2.44	4.06	−0.69
	12	35.83	32.91	28.36	37.53		12	1.51	2.88	4.54	−0.29
	13	36.89	33.48	28.70	38.64		13	1.71	3.11	5.32	−0.37
	14	37.73	34.09	28.94	39.53		14	1.81	3.36	6.06	−0.62
	15	38.49	34.58	28.93	40.31		15	1.88	3.56	6.75	−0.79
	16	38.31	34.31	28.52	40.11		16	1.95	3.57	6.62	−0.61
	17	37.76	33.36	27.64	39.50		17	1.94	3.40	6.02	−0.43
	18	36.61	32.09	26.81	38.30		18	1.81	3.14	5.38	−0.34
	19	34.92	30.75	26.50	36.58		19	1.57	2.89	5.38	−0.41
	20	33.36	29.11	26.34	34.98		20	1.25	2.56	4.60	−0.69
	21	32.33	28.00	25.99	33.91		21	0.90	2.22	4.40	−1.14
	22	31.59	27.71	25.74	33.12		22	0.58	1.88	4.16	−1.60
	23	30.94	27.46	25.67	32.45		23	0.30	1.47	3.38	−2.02
	24	30.31	27.41	25.65	31.84		24	0.05	1.14	2.72	−2.37
最高日较差℃		14.98				最高日较差℃		15.96			
平均日较差℃		11.31				平均日较差℃		12.23			

从表 2-1 结果可知，在建立标准日温度气象模型时，无论样本选某天某时刻的温度月平均值、极大值和极小值，日温度的变化规律极为相似。从结构安全角度考虑，在计算 7 月份日温度作用时，建议选用日较差较大的、以极大值为样本的日温度模型；在计算 1 月份日温度作用时，建议选用日较差较大的、以极小值为样本的日温度模型。建筑用日温度模型的取用标准和现行规范季节温度的标准一致。

（3）标准日相对湿度气象模型。为了建立建筑用标准日相对湿度气象模型，首先将 1982 年到 1997 年的日 4 次间隔 3 小时的原始相对湿度观测数据按照基于三次样条函数快速插值 FFT 算法进行逐时相对湿度数据的求解，得到某地区的平均年逐日逐时相对湿度。然后对平均年逐日逐时相对湿度求出 1～24 时每时相对湿度的月平均值，这样就得到了某地区每个月的 24 小时逐时平均相对湿度，对每个月 24 小时逐时平均相对湿度进行曲线拟合，该拟合曲线为该地该月的标准日相对湿度气象模型。

由每月的标准日相对湿度气象模型，可得到 1 月的平均相对湿度-时间连续数据，直接看出不同月份、不同季节相对湿度分布变化规律，直观反映每月相对湿度平均水平和变化情况，为对建筑进行日相对湿度分析提供连续数值模拟参数。

4. 建立极端天气代表日温度气象模型

全球气候变化是当前国际的热门话题，由于气候变化而导致的极端天气发生的频率也逐年提高。近年来，极端气候事件呈现出不断增多的趋势，全球陆地的副热带地区干旱现象变得更强、更持续，地表温度和降水也逐年上升。

全球气候变化将导致越来越频繁的极端天气，这对变电构架结构可靠性提出了新的挑战。灾害天气对变电构架结构的影响分为直接作用（如风灾、水灾、雪灾等）和间接作用。极端天气对结构的间接作用是指由极端气温、干旱等导致环境温度和湿度产生剧烈变化，导致结构构件产生的剧烈变形，从而使结构产生破坏。由于国内外在关于极端天气对结构的间接作用研究方面仅有少量的分散工作、现行结构设计规范对环境气候动态变化考虑不足，使得结构难以应对不断增加的极端天气。要想分析气候间接作用，解决极端温度对结构的危害，提高结构安全性、适用性、耐久性，建立日极端温度模型必不可少。

然而即使在气象学中，对极端天气的定义标准仍不统一，在土木工程和其他专业领域更是如此。Easterling 等认为既极端天气可以从气候是否大范围出现异常（如气温、降水等）或气候事件（如飓风、洪涝等）是否发生来定义，也可以从气象事件对社会所造成影响的大小来判定。Beniston 等归纳了三种标准来定义极端天气：发生频率较低；有相对较大或较小的强度值；导致了严重的社会经济损失。联合国政府间气候变化专门委员会（IPCC）报告指出：极端天气是指一定地区在一定时间内出现的历史上罕见的气象事件，其发生概率通常小于 5％。参考 IPCC 定义和 Beniston 提出的标准，在建筑工程领域，可将极端天气定义为某地区在一定时间内出现的历史上罕见的气象事件，其发生概率通常小于 1％。

据极端天气定义，求发生概率为 1％（百年一遇）的温度值为极端天气代表日温度气象模型。长沙地区极端天气代表日温度气象模型分析计算结果如图 2-3 和图 2-4 所示。

5. 建立标准年建筑用气象模型

（1）标准年温度气象模型。以每月标准日逐时温度为样本点进行曲线拟合，将该曲线定义为标准年温度气象模型，则广州地区标准年温度气象模型如图 2-5 所示。

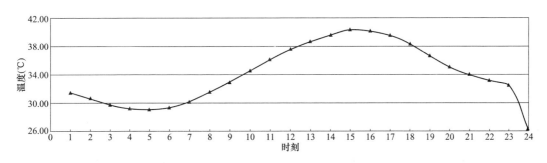

图 2-3　长沙 7 月份极端天气代表日温度气象模型

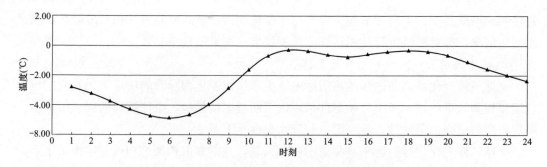

图 2-4　长沙 1 月份极端天气代表日温度气象模型

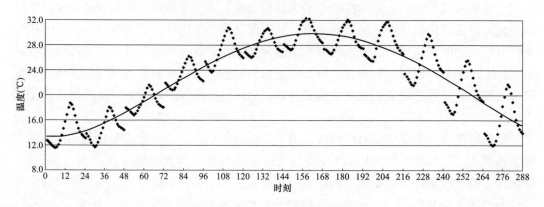

图 2-5　广州标准年温度气象模型图

曲线拟合结果为 $y_T = 2.5 \times 10^{-8} x^4 - 1.7 \times 10^{-5} x^3 + 0.0028 x^2 - 0.021 x + 13.39$，$x \in [0, 288]$；相关系数 $R^2 = 0.8377$。

由标准年温度模型得到的一年的温度-时间连续数据即直接反应温度年分布变化规律。

（2）考虑日温度时年温度分析。当标准日温度用极值温度为样本用本文方法分析得到最高值和最低值，与 GB 50009—2012 中年基本温度值是相近的，这是因为该标准中的计算不考虑日温度。当考虑日温度时，年温度计算按极值 I 型分布、用平稳二项随机过程模型应分析以下两类情况：①以月平均温度为样本重现期 $T = 10$ 年、20 年、50 年和 100 年年温度值；②以极值为样本的 50 年重现期极值基本温度，广州地区结果如表 2-2 所示。

表 2-2　　　　　　　　广州年温度计算值及规范值对比　　　　　　　　　　（℃）

月份	10 年重现期基本温度	20 年重现期基本温度	50 年重现期基本温度	50 年重现期极值基本温度	规范基本温度	100 年重现期基本温度
1 月	11.89	10.17	8.35	6.52	6.0	6.39
7 月	28.17	30.11	32.35	36.48	36.0	34.91

由表 2-2 可知，GB 50009—2012 给出的年温度与本文用平均值为样本计算得到年温度是有差别的，但与本文用极值为样本计算得到的年温度是几乎一致的。因此建议在进行温度作用分析设计时，可分两种情况：一是热传导速率较快的温度敏感结构，如金

属结构、体积较小的混凝土结构等，将日温度作用与本文年温度作用组合分析；二是对热传导速率较慢温度的非敏感的结构，如体积较大的混凝土等，仅考虑现行规范的年温度作用。

（3）标准年相对湿度气象模型。为了建立变电构架标准年相对湿度气象模型，以每月标准日相对湿度值的24时值为样本点，对12个月每月的24时相对湿度值进行曲线拟合，得到一年的相对湿度连续变化曲线，将该曲线定义为标准年相对湿度气象模型。广州地区的标准年相对湿度气象模型如图2-6所示。

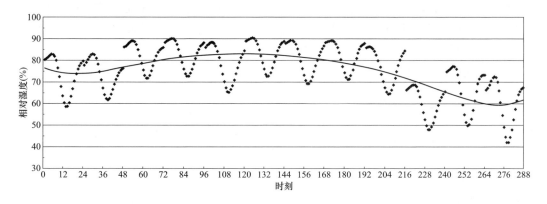

图 2-6 广州标准年相对湿度气象模型图

曲线拟合结果如下为 $y_H = 3.6 \times 10^{-12} x^6 - 3.0 \times 10^{-9} x^5 + 1.0 \times 10^{-6} x^4 - 0.0002 x^3 + 0.0140 x^2 - 0.3763 x + 76.87$，$x \in [0, 288]$。

从标准年相对湿度模型可以得到一年的相对湿度-时间连续数据，供建筑有关湿度分析的连续数值模拟使用，直接得出一年中相对湿度分布变化规律，直观反映该地一年相对湿度平均水平和变化情况。

第二节 变电混凝土构架碳化作用

一、变电混凝土构架的碳化及其机理

变电混凝土构架周围介质（如空气、土壤）中含有的酸性物质，如 CO_2、HCl、SO_2、Cl_2 等，会渗透到混凝土表面，并与水泥石中的碱性物质发生反应，使得混凝土中的 pH 值下降。该过程称为混凝土的中性化过程，其中由大气中的 CO_2 引起的中性化过程称为混凝土的碳化。

通常情况下，早期混凝土具有很高的碱性，其 pH 值一般大于 12.5，在这样的高碱性环境中埋置的钢筋容易发生钝化作用，即钢筋表面产生一层钝化膜，阻止了混凝土钢筋的锈蚀。但当有二氧化碳和水汽从混凝土表面通过孔隙进入混凝土内部时，和混凝土材料中的碱性物质中和，会导致混凝土的 pH 值降低。当混凝土完全碳化后，就出现 pH 值<9 的情况。在这种情况下，混凝土中埋置的钢筋表面钝化膜被逐渐破坏，在其

他条件的共同作用下，钢筋就会发生锈蚀。钢筋锈蚀又将导致混凝土保护层开裂、钢筋与混凝土之间黏结力被破坏、结构耐久性能降低等一系列不良后果。

混凝土的基本组成是水泥、水、砂和石子，其中水泥与水发生水化反应，生产的水化物自身具有强度（称为水泥石），同时将散粒状的砂和石子黏结起来，成为一种坚硬的整体。在混凝土的水化过程中，约占水泥用量的三分之一将生产氢氧化钙 $Ca(OH)_2$，此氢氧化钙在硬化水泥浆体中结晶，或者在其空隙中以饱和水溶液的形式存在。因为氢氧化钙的饱和水溶液是 pH 值为 12～13 的碱性物质，所以新鲜的混凝土呈碱性。

然而，大气中的二氧化碳却时刻在向混凝土的内部扩散，与混凝土中的氢氧化钙发生作用，生成碳酸盐或者其他物质，从而使水泥石原有的强碱性降低，pH 值下降到 8～9，这种现象就称混凝土的碳化。

混凝土碳化的主要化学式为：

$$CO_2 + H_2O \longrightarrow H_2CO_3$$
$$Ca(OH)_2 + H_2CO_3 \longrightarrow CaCO_3 + 2H_2O$$
$$3CaO \cdot 2SiO_2 \cdot 3H_2O + 3H_2CO_3 \longrightarrow 3CaCO_3 + 2SiO_2 + 6H_2O$$
$$2CaO \cdot SiO_2 \cdot 4H_2O + 2H_2CO_3 \longrightarrow 2CaCO_3 + SiO_2 + 6H_2O$$

由于碳化反应的主要产物碳酸钙属非溶解性钙盐，比反应物的体积膨胀约 17%，因此，混凝土的凝胶空隙和部分毛细孔隙将被碳化物堵塞，使混凝土的密实度和强度有所提高，阻碍了二氧化碳和氧气向混凝土内部扩散。

二、影响变电站混凝土构架碳化的因素

混凝土的碳化是伴随着 CO_2 气体向混凝土内部扩散，CO_2 溶解于混凝土孔隙内的水，再与各水化产物发生反应的一个复杂的物理化学过程。研究表明，混凝土的碳化速度取决于 CO_2 气体的扩散速度及 CO_2 与混凝土成分的反应性。而 CO_2 气体的扩散速度又受混凝土本身的组织气密性、CO_2 气体的浓度、环境湿度等因素的影响。所以碳化反应受混凝土内孔溶液的组成、水化产物的形态等因素的影响。这些影响因素可归结为与混凝土自身相关的内部因素和与环境相关的外部因素。对于服役的变电站混凝土构架来说，由于内部因素已经确定，因此影响其碳化速度的主要因素是外部因素，如 CO_2 的浓度、环境温度和环境相对湿度。

1. 环境相对湿度

环境相对湿度的大小对混凝土碳化有直接的影响。$Ca(OH)_2$ 与 CO_2 反应生成的水要向外扩散，以保持混凝土内部与大气之间的湿度平衡。如果水向外的扩散速度由于环境湿度大而被减慢，混凝土内部的水蒸气压力将增大，CO_2 向混凝土内部扩散渗透的速度将降低乃至终止，混凝土的碳化反应也随之减慢。因此在相对湿度接近 100% 时，混凝土中的孔隙被水蒸气的冷凝水所充满，反应产生的水向外扩散和 CO_2 向内渗透的速度大幅度降低，碳化将终止。相对湿度小于 25% 时，虽然 CO_2 的扩散渗透速度很快，但混凝土毛细孔中没有足够的水，空气中的 CO_2 无法溶解于混凝土毛细管水中，或其溶解量非常有限，使之不能与碱性溶液发生反应，因此碳化反应实际上也无法进行。只

有在相对湿度为50%～70%的条件下，最有利于清水混凝土的碳化。

2. 环境温度

环境温度的变化对碳化反应速度有一定影响。当温度降低到0℃时，碳化反应无法进行；当温度升高时，CO_2的扩散速度和碳化反应速度加快，混凝土抗碳化能力降低。

3. 空气中CO_2浓度

碳化反应包含着CO_2通过混凝土表面孔隙向其内部逐渐渗入、反应的过程，然而这个过程的快慢取决于CO_2的浓度。空气中CO_2浓度越高，混凝土碳化速度就越快，碳化深度越大。

快速碳化试验表明，CO_2的浓度越高，且压力越大，碳化深度越大，因为高浓度、高压力的CO_2气体能较快地向混凝土内部扩散，使碳化反应迅速进行。因此，在CO_2浓度较高的地方往往碳化现象较严重。其次，碳化较易发生在潮湿的环境中，尤其是干湿交替的环境。因此南方的电站混凝土构架容易产生碳化现象，且随着温度的升高，混凝土的碳化加速。

第三节　变电混凝土构架氯离子作用

一、氯离子对变电混凝土构架的侵蚀及其机理

在引起钢筋腐蚀的因素之中，混凝土碳化与氯离子侵蚀作用最为显著。近年来，各国学者对碳化的研究已初步形成一套较为完整的理论。但对于氯离子侵蚀作用，却一直众说纷纭。事实上，在海洋环境或大气环境下有氯离子侵入时，由氯离子侵蚀作用诱发的钢筋腐蚀要远严重于碳化引起的钢筋腐蚀。许多沿海地区的变电站混凝土构架等基础设施，在运行10多年甚至不到10年的情况下就发生了严重的钢筋腐蚀现象，其主要原因就是遭受了氯离子的侵蚀。因此对于氯离子侵蚀引起钢筋腐蚀问题的研究迫在眉睫。

1. 氯离子的来源

主要有以下几个方面：

（1）大气环境：

1）混凝土原材料。一般硅酸盐水泥本身只含有少量的氯化物，但若在混凝土拌制时加入含氯化物的减水剂（在淡水缺乏地区直接用海水拌和混凝土，或者掺入的粉煤灰使用海水排湿工艺），则可能会使混凝土含有较多氯化物。

2）盐湖和盐碱地。我国有一定数量的盐湖和大面积的盐碱地，沿海地区的盐碱地含盐多以氯盐为主；内陆盐碱地有的以氯盐为主，有的则以硫酸盐为主，多数情况是混合盐。这些地域的变电混凝土构架都会受到很强的氯离子腐蚀。

（2）海洋环境：

1）大气扩散

海洋是氯离子的主要来源。海水中氯离子的含量约为19000mg/L，海风、海雾中也含有氯离子，海砂中更含有不等量的氯离子。我国的海岸线很长，大规模的基本建设

多集中在沿海地区，经大气向混凝土内部扩散的氯离子引起的钢筋腐蚀破坏问题十分突出。

2）海水、海砂拌入。沿海地区已经出现河砂及淡水匮乏的情况，不经技术处理就使用海砂和海水的现象日趋严重，这也为氯离子引起钢筋腐蚀破坏创造了条件。

国外的工程经验教训表明，海水、海风和海雾中的氯离子和不合理地使用海砂，是导致混凝土结构耐久性破坏的主要原因之一。

2. 氯离子侵入途径

（1）"混入"。如掺入含氯离子外加剂、使用海砂、施工用水含氯离子、在含盐环境中拌制浇筑混凝土等。这些一般都是施工管理的问题。

（2）"渗入"。环境中的氯离子通过混凝土的宏观、微观缺陷渗入混凝土中，并到达钢筋表面。这些多是综合技术问题，与混凝土材料多孔性、密实性、工程质量、混凝土保护层厚度等多种因素有关。

3. 氯离子侵入混凝土方式

（1）扩散作用。由于混凝土内部与表面氯离子浓度差异，氯离子从浓度高的地方向浓度低的地方移动。

（2）渗透作用。即在水压力作用下，盐水向压力较低的方向移动。

（3）毛细管作用。即混凝土表层含氯离子的盐水向混凝土内部干燥部分移动。

所有混凝土构件，凡是表层能风干到一定程度，氯离子的侵入都靠直接接触空气中水汽的混凝土毛细管吸收作用。混凝土毛细管吸收空气中水汽的能力取决于混凝土孔结构和混凝土孔隙中游离水的含量。风干程度愈高，毛细管吸收作用就愈大。

（4）电化学迁移，即氯离子向电位高的方向移动。

总之，氯离子在混凝土中的侵入过程通常是几种作用共同存在的，但与速度最快的毛细管吸附相比，渗透和电化学迁移产生的迁移可以忽略。但在特定的条件下，其中有一种侵蚀方式是占主要地位。另外混凝土中氯离子浓度还受到温度、保护层厚度以及氯离子和混凝土材料之间产生化学结合和物理吸附的影响。虽然氯离子在混凝土材料中的侵入迁移过程非常复杂，但是在许多情况下，尤其是在沿海地区，最主要的侵入方式是扩散。

4. 氯离子引起钢筋腐蚀的机理

（1）破坏钝化膜。水泥水化的高碱性（pH≥12.6）使混凝土中钢筋表面产生一层致密的钝化膜，该钝化膜由铁的氧化物构成，并且该钝化膜中含有 Si—O 键，对钢筋有很强的保护能力，这是混凝土中的钢筋在正常情况下不受腐蚀的主要原因。氯离子侵入混凝土并到达钢筋表面后首先破坏钢筋表面的这层保护膜。关于氯离子破坏钝化膜（去钝化）的机理，有如下几种观点：

1）氧化膜理论。研究表明，钝化膜表面很不平整、存在着微缺陷时（包括空洞和位错等），氯离子能够通过氧化膜的缺陷部位进入氧化膜内部，与 Fe^{3+} 发生反应：$Fe^{3+} + 3Cl^- \longrightarrow FeCl_3$，$FeCl_3$ 转移至溶液中，分解为 Fe^{3+} 和 Cl^-。

2）吸附理论。Cl^- 与 OH^- 或溶解氧在钝化膜表面竞争吸附，被吸附的 Cl^- 与钝化

膜中 Fe^{3+} 形成可溶性化合物，促进腐蚀。

3）过渡络合理论。腐蚀过程中阳极反应生成的 Fe^{2+} 与 Cl^- 和 OH^- 的反应是一对竞争的反应，Fe^{2+} 与 Cl^- 生成的产物是可溶的，该络合物能够扩散到阳极区外，重新分解出 Cl^-，使钢筋持续遭受腐蚀。

4）场效应理论。吸附在钢筋表面的 Cl^- 会生成一个强烈的电场，将氧化膜中的 Fe^{3+} 拉到溶液中。

另外，此钝化膜只有在高碱性环境中才是最稳定的。研究与实践表明，当 pH<11.8 时，钝化膜就开始不稳定（临界值）；当 pH<9.88 时，钝化膜生成困难或已经生成的钝化膜逐渐被破坏。Cl^- 进入混凝土中并达到钢筋表面，当它吸附于局部钝化膜处时，可使该处的 pH 值迅速降低（因此，Cl^- 被称为"酸根"）。有微观测试实验表明，Cl^- 的局部酸化作用，可使钢筋表面 pH 值降低到 4 以下（酸性），这就不难理解 Cl^- 对钢筋表面钝化膜的破坏作用了。

（2）形成"腐蚀电池"。Cl^- 对钢筋表面钝化膜的破坏首先发生在局部（点），使这些部位（点）露出了铁基体，与尚完好的钝化膜区域之间构成电位差（作为电解质，混凝土内一般有水或潮气存在）。铁基体作为阳极而受腐蚀，大面积的钝化膜区作为阴极（发生氧的还原反应）。腐蚀电池作用的结果在钢筋表面产生点蚀（坑蚀），由于大阴极（钝化膜区）相对于小阳极（钝化膜的破坏点）的坑蚀发展更加迅速，钢筋表面即产生"坑蚀"。

（3）Cl^- 的阳极去极化作用。Cl^- 不仅促使钢筋表面形成腐蚀电池，而且加速电池作用的过程。阳极反应过程是 $Fe-2e=Fe^{2+}$，如果生成的 Fe^{2+} 不能及时被运走而沉积于阳极表面，则阳极反应就会因此受阻；相反，如果生成的 Fe^{2+} 能及时被运走，那么，阳极反应就会顺利进行甚至加速进行。Cl^- 与 Fe^{2+} 相遇会生成可溶的 $FeCl_2$，可以将 Fe^{2+} 搬运离开阳极，从而加速阳极反应。通常把使阳极反应受阻称作阳极极化作用，而使阳极反应加速称作阳极去极化作用，Cl^- 正是发挥了阳极去极化的作用。

（4）Cl^- 的导电作用。腐蚀电池的要素之一是要有离子通路。混凝土中 Cl^- 的存在，强化了离子通路，降低了阴、阳极之间的电阻，提高了腐蚀电池的效率，从而加速了电化学腐蚀过程。

氯盐中的阳离子（Na^+、Ca^{2+} 等）也降低了阴、阳极之间的电阻。氯盐对钢筋腐蚀的强弱，与钢筋表面的氯离子浓度有关，此外氯盐对混凝土也有一定破坏作用，如结晶膨胀和增加冻融破坏等。

二、沿海环境混凝土表面氯离子浓度历时模型试验研究

长期以来，国内外研究机构倾向于采用 Collepardi 提出的 Fick 第一定律来计算混凝土中氯离子侵蚀过程，在 Fick 扩散方程的假定中通常假设混凝土表面氯离子浓度为恒定值。然而大量检测结果表明，实际氯盐环境中混凝土表面氯离子浓度并不是恒定值，而是有一个随时间逐步累积并最终达到稳定的过程。目前，相关学者对混凝土表面氯离子浓度随时间的变化规律已进行了不少研究工作，但大部分集中于海水浸泡下混凝土表

面氯离子浓度随时间的变化规律，而对沿海环境下混凝土表面氯离子浓度随时间的变化规律研究不多。关于描述表面氯离子浓度的历时模型主要有线性、平方根型、幂函数型、对数型和指数型等几种形式，但这些模型相别较大，其适用性还有待进一步研究。尽管也有学者进行过这方面的研究，但也仅限于在线性和平方根模型的基础上进行一些修正。

基于以上研究现状，本书采用盐雾综合试验箱、干湿交替循环盐雾喷雾的方式，通过试验检测的数据分析，对沿海环境下混凝土表面氯离子浓度随时间的累积规律进行研究，讨论不同的氯盐溶液浓度、不同的水灰比及不同的粉煤灰掺和量对表面氯离子浓度及其累计规律的影响。此外，本书依据试验数据对现有的表面氯离子浓度历时模型进行了比较与修正，提出了在沿海环境下反映混凝土表面氯离子浓度历时规律的完善模型。

1. 试验及其分析

本试验采用盐雾试验箱喷盐雾腐蚀试验，研究表面氯离子浓度随时间的累积规律。试验制作了 24 根试验梁，按照腐蚀时间进行分组，并对 24 根试验梁的表面取粉，测定其氯离子含量，分组及测试其结果见表 2-3。

表 2-3	试验梁表面氯离子含量					(%)
分组编号	试验梁编号	腐蚀时间（h）				
		72	144	216	288	360	432
M1	A1-A6	0.4573	0.5569	0.5713	0.5997	0.6102	0.6312
M2	B1-B6	0.4366	0.5310	0.5527	0.5819	0.6043	0.6268
M3	A8-A13	0.5012	0.5972	0.617	0.6894	0.6927	0.7069
M4	B8-B13	0.4823	0.5713	0.5937	0.6098	0.6137	0.6213

在盐雾环境下，试验检测得到的表面氯离子浓度随时间的变化曲线如图 2-11～图 2-16 所示。试验结果显示，混凝土表面氯离子浓度随腐蚀时间的增加而增长，且早期增长速度很快，随后逐渐减慢，并逐渐趋于稳定。

（1）从图 2-7、图 2-8 可以看出在相同氯离子浓度的情况下，混凝土表面氯离子浓度随水灰比的增大而增大。

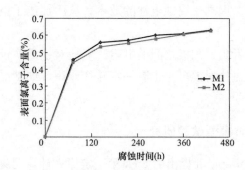

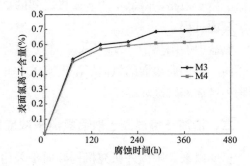

图 2-7　3％氯离子浓度、不同水灰比的　　　图 2-8　5％氯离子浓度、不同水灰比的
　　　混凝土表面氯离子浓度　　　　　　　　　　混凝土表面氯离子浓度

（2）从图 2-9、图 2-10 可以看出在相同水灰比、不同的氯离子浓度的条件下，混凝土表面氯离子浓度随氯离子浓度的增大而增大。

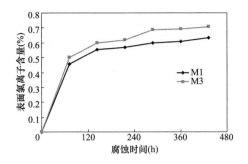

图 2-9　水灰比 0.6、不同氯离子浓度的
混凝土表面氯离子浓度

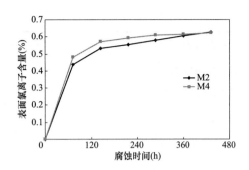

图 2-10　水灰比 0.45、不同氯离子浓度的
混凝土表面氯离子浓度

（3）从图 2-11、图 2-12 可以看出，掺入粉煤灰后，混凝土表面氯离子浓度增加明显，并随着粉煤灰掺和量的增加有增加的趋势，但是添加 30％粉煤灰与添加 20％的粉煤灰相比，增幅很小。

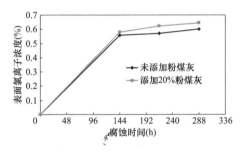

图 2-11　未加粉煤灰与加 20％粉煤灰
情况的混凝土表面氯离子浓度

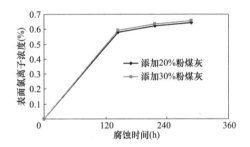

图 2-12　加 20％粉煤灰与加 30％粉煤灰
情况的混凝土表面氯离子浓度

2. 模型的比较与修正

对表 2-3 的试验结果进行拟合，结果如表 2-4 所示。

表 2-4　　　　　　　　　　　　　A8-A13 数据的模型拟合结果

模型类型	表达式	拟合结果	R^2	σ^2
线性（图 2-13）	$C_s = A + Bt$	$A = 0.26535$ $B = 0.0309$	0.56867	0.13505
多项式型（图 2-14）	$C_s = A + Bt + Ct^2 + Dt^3$	$A = 0.02855$ $B = 0.17578$ $C = -0.01545$ $D = 4.35391 \times 10^{-4}$	0.93447	0.01231
幂函数型（图 2-15）	$C_s = A(t-B)^C$	$A = 0.48289$ $B = 1.6911$ $C = 0.13941$	0.95148	9.05626×10^{-4}
对数型（图 2-16）	$C_s = A - B\ln(t+C)$	$A = 0.43031$ $B = -0.09939$ $C = -0.95282$	0.95174	9.00712×10^{-4}

模型类型	表达式	拟合结果	R^2	σ^2
指数型 1（图 2-17）	$C_s = A(1 - e^{-Bt})$	$A = 0.68241$ $B = 0.39975$	0.98643	0.00425
指数型 2（图 2-18）	$C_s = A + Be^{-t/C}$	$A = 0.6826$ $B = -0.67843$ $C = 2.51606$	0.9831	0.00423

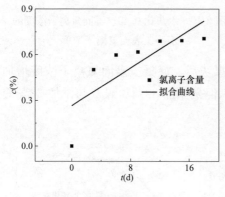

图 2-13　线性拟合结果

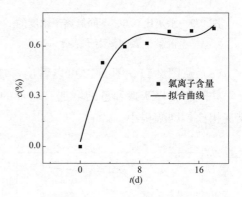

图 2-14　多项式型拟合结果

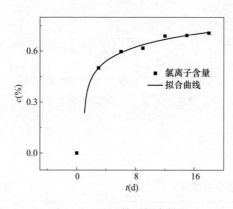

图 2-15　幂函数型拟合结果

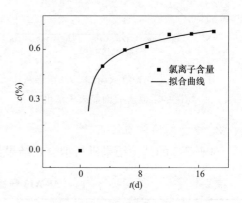

图 2-16　对数型拟合结果

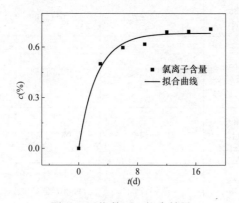

图 2-17　指数型 1 拟合结果

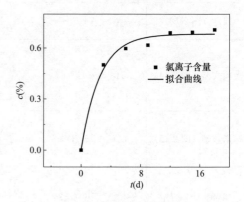

图 2-18　指数型 2 拟合结果

拟合结果表明，线性拟合精度不高，C_s 早期数值偏大，后期 C_s 数值也偏大；三次多项式拟合精度较高，但是后期 C_s 数值偏大；相对于线性和三次多项式型，幂函数型、对数型、指数型模型拟合精度很好，但是幂函数型仍然会导致后期 C_s 数值偏大、对数型表达式适用于 $t>0$，无法考虑初始状态。因此相比较而言，指数型模型不但弥补了其他模型的缺陷，而且指数型 1 和指数型 2 表达式中的 A 可直接表示稳定后的表面氯离子浓度，具有很好的适用性。

由于指数型模型未考虑混凝土初始时刻的表面氯离子含量，对指数型 1 进行修正可以得到一个更为完善的模型

$$C_s(t) = C_0 + A(1 - e^{-Bt}) \tag{2-26}$$

式中　$C_s(t)$——t 时刻混凝土表面氯离子浓度，%；

$\quad\quad\quad C_0$——初始时刻混凝土表面氯离子浓度，%；

$\quad\quad\quad A$——稳定后混凝土表面氯离子浓度，%；

$\quad\quad\quad B$——拟合系数。

对指数型 2 模型进行修正得到

$$C_s(t) = C_0 + A + Be^{t/C} \tag{2-27}$$

其中 A、B、C 均为拟合系数。

分别采用式（2-26）、式（2-27）对试验数据进行拟合，求得结果如表 2-5、表 2-6 所示。

表 2-5　　　　　　　　　　指数型 1 模型试验数据拟合结果

分组编号	C_0	A	B	R^2	σ^2
M1	0.0648	0.54388	0.4073	0.99395	0.0012
M2	0.0648	0.53381	0.3679	0.99038	0.00183
M3	0.0648	0.62072	0.3632	0.98577	0.00366
M4	0.0648	0.54684	0.46737	0.99863	2.77622×10^{-4}
添加 20%粉煤灰	0.0648	0.58476	0.35337	0.99989	1.73706×10^{-5}
添加 30%粉煤灰	0.0648	0.60039	0.34766	0.99992	1.31366×10^{-5}

表 2-6　　　　　　　　　　指数型 2 模型试验数据拟合结果

分组编号	C_0	A	B	C	R^2	σ^2
M1	0.0648	0.54663	0.40730	2.75819	0.99206	9.8557×10^{-4}
M2	0.0648	0.53509	-0.46646	2.86589	0.98171	0.00215
M3	0.0648	0.62572	-0.55565	3.12697	0.98194	0.003
M4	0.0648	0.54836	-0.48287	2.35546	0.99852	1.85993×10^{-4}
加 20%粉煤灰	0.0648	0.58623	-0.49267	2.7156	0.99194	1.63741×10^{-5}
加 30%粉煤灰	0.0648	0.60143	-0.53525	3.01462	0.99391	1.35312×10^{-5}

从表 2-5 和表 2-6 中可以看出，指数型 1 模型和指数型 2 模型对本试验数据可进行

很好的拟合。因此在沿海环境下，混凝土表面氯离子浓度随时间变化的规律可以用指数型 1 模型或指数型 2 模型进行预测。

三、表面氯离子浓度的影响因素分析

1. 环境氯离子浓度对表面氯离子浓度的影响

如前所示，随着环境氯离子浓度的提高，在较高氯离子浓度的腐蚀环境中，混凝土结构表面氯离子含量可以较快达到稳定状态，同时渗入混凝土内部的速度也越快。

2. 水灰比对表面氯离子浓度的影响

如前所示，随着水灰比的提高，表面氯离子浓度会更快地达到稳定状态。这是因为水灰比越大，混凝土表面的密实度越差、孔隙率越大、氯离子扩散速度也越快。Duarte 提出了海洋环境下表面氯离子浓度与水胶比之间的线性关系

$$C_s = A(w/b) + B \tag{2-28}$$

式中　A、B——拟合回归系数；

　　　　w/b——水胶比。

3. 粉煤灰掺合料对表面氯离子浓度的影响

如前所示，随着粉煤灰掺和量的提高，表面氯离子浓度会更快地达到稳定状态。这是因为火山灰反应生成 C-S-H，使孔隙结构致密化。而利用粉煤灰提高抗氯离子扩散性的实质原因是：粉煤灰表面或其周边生成的反应产物，使孔隙结构连通性中断。尽管研究表明掺加粉煤灰可提高混凝土对氯离子的抗渗性，但对于混凝土表面区域，这种效果不明显。粉煤灰掺合量在 30％ 以内的情况下，根据本试验数据回归分析，混凝土稳定后的表面氯离子浓度与粉煤灰掺合量之间的关系也可用以下线性关系来表示

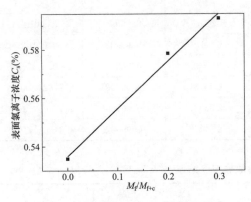

图 2-19　表面氯离子浓度与粉煤
灰掺合量的关系拟合图

$$C_s = A + B(M_f/M_{f+c}) \tag{2-29}$$

式中　M_f——单位体积混凝土中粉煤灰的质量；

　　　　M_{f+c}——单位体积混凝土中总胶凝材料的质量。

对试验数据进行拟合得到 $A = 0.53594$、$B = 0.19714$、$R^2 = 0.98335$、$\sigma^2 = 1.52257 \times 10^{-5}$，拟合结果见图 2-19。

四、沿海环境下氯离子在混凝土中的扩散机理

氯离子由混凝土表面，通过扩散渗透进入混凝土是一个持续多年的缓慢过程。常见的氯离子迁移机制为自由氯离子的扩散作用、毛细管吸附和渗透。另外受到氯离子与混凝土材料之间的化学结合、物理粘结、吸附等作用的影响，通常氯离子的侵入是以几种

侵入方式的组合而作用的。在盐雾环境下，盐雾中的盐雾粒子吸附于混凝土结构的表面，氯离子随着水一起迁移进入开口体系，在混凝土体系内由于离子浓度的梯度差而向混凝土内部渗透。目前研究表明扩散仍是氯离子的主要传输方式之一，氯离子在混凝土中的扩散过程其实就是氯离子对混凝土的侵蚀过程。

目前一般用 Fick 第二定律描述氯离子的扩散，其方程式为

$$\frac{\partial C}{\partial t} = D(t)\frac{\partial^2 C}{\partial x^2} \tag{2-30}$$

式中　D——氯离子的扩散系数

由于 Fick 第二定律的简洁性，它已成为预测氯离子在混凝土中扩散的经典方法。但该模型的主要缺陷有：

（1）该式中氯离子浓度用的是总浓度，但混凝土中的氯离子分为两部分：一部分是被固化的氯离子，包括与水泥水化物结合的氯离子，以及被毛细管管壁吸附的氯离子；另一部分是自由的氯离子。自由氯离子通过浓度梯度，进一步扩散到混凝土内部，在扩散过程中又不断被固化、被吸附。研究表明只有自由的氯离子才能引起钢筋的去钝。

（2）未考虑养护条件、龄期、不同的侵蚀环境、是否添加掺合料的影响。

针对 Fick 第二定律存在的不足，国内外很多学者对 Fick 第二定律进行了改进，主要有：

1）氯离子浓度是随扩散深度和扩散时间的变化而变化的，其氯离子扩散方程为

$$C(x,t) = C_s \cdot \left[1 - \mathrm{erf}\left(\frac{x}{2 \cdot \sqrt{D \cdot t}}\right)\right] = C_s \cdot \mathrm{erfc}\left(\frac{x}{2 \cdot \sqrt{D \cdot t}}\right) \tag{2-31}$$

式中　C_s——混凝土表面氯离子浓度；

　　　D——扩散系数；

　　　t——暴露时间；

　erfc(x)——误差余函数，erfc$(x)=1-$erf(x)；

　erf(x)——误差函数。

2）氯离子浓度随时间和扩散深度的模型，并综合多个理论公式，阐述了氯离子侵蚀混凝土的不同机理，提出以下公式

$$\frac{\partial C}{\partial t} = D\frac{\partial^2 C}{\partial x^2} - \overline{V}\frac{\partial C}{\partial x} + \frac{\rho}{n}\frac{\mathrm{d}S}{\mathrm{d}t} \tag{2-32}$$

式中　S——混凝土表面氯离子浓度；

　　　D——扩散系数；

　　　$\overline{V}$——平均扩散速率；

　　　n——孔隙率。

3）Mangat 做过氯离子在各种不同配合比的混凝土中的渗透试验，证明了自由氯离子在混凝土中的扩散服从 Fick 第二定律，他建立的氯离子在混凝土中扩散的长期预测模型是

$$C(x,t) = C_0 \left[1 - \text{erf}\left(\frac{x}{2\sqrt{\dfrac{Dt}{1-m}t^{(1-m)}}} \right) \right] \tag{2-33}$$

式中　D_t——t 为 1 年时取的有效扩散系数；

　　　C_0——初始氯离子浓度；

　　　m——水灰比（w/c）相关的经验系数相关，$m = 3 \times (0.55 - w/c)$。

4）基于 Fick 第二扩散定律，推导出综合考虑混凝土氯离子结合能力、氯离子扩散系数的时间依赖性和混凝土结构微缺陷影响的新的扩散方程，并建立了考虑多种因素作用下的混凝土中氯离子扩散理论模型为

$$C(x,t) = C_0 + (C_s - C_0) \left[1 - \text{erf}\frac{x}{2\sqrt{\dfrac{HDt_0^n}{(1+R)(1-n)}t^{1-n}}} \right] \tag{2-34}$$

式中　H——反应混凝土中氯离子扩散性能的劣化效应系数；

　　　R——混凝土的氯离子结合能力，取 $R = 8.31$；

　　　n——氯离子扩散系数的时间依赖性常数，取 $n = 0.64$；

　　　C_0——初始氯离子浓度；

　　　C_s——混凝土构件表面氯离子浓度。

上述各种计算模型都是以 Fick 第一和第二扩散定律为基础，考虑了其他方面的因素对氯离子扩散的计算模型进行修正。但是以上模型中都涉及偏微分方程，解析解求解困难，且有些参数只是根据试验数据得出的经验值，甚至有些参数难以确定。

五、沿海环境混凝土构架氯离子渗透试验研究

国内外学者对氯离子引起的钢筋混凝土结构的耐久性问题十分关注，并针对此耐久性问题开展了大量的科学研究工作，取得大量的研究成果。但盐雾环境下氯离子引起的钢筋混凝土结构的耐久性问题在国内外都没有引起足够的重视。因此本书对此进行了研究。

1. 试验方案

试验共制作 42 个尺寸为 150mm×150mm×150mm 的立方体试件，试件的基本参数见表 2-7。

表 2-7　　　　　　　　　　　　　试 件 基 本 参 数

试件编号	混凝土等级	水灰比	试件数目	氯离子浓度	循环次数	备注
C1			1		—	未腐蚀
C5~C7			3		72/108/144	未添加粉煤灰
C8			1		—	未腐蚀
C12~C14	C20	0.6	3	5%	72/108/144	掺和 20% 粉煤灰
C15			1		—	未腐蚀
C19~C21			3		72/108/144	掺和 30% 粉煤灰

试件编号	混凝土等级	水灰比	试件数目	氯离子浓度	循环次数	备注
D1	C30	0.45	1	5%	—	未腐蚀
D5~D7			3		72/108/144	未添加粉煤灰
D8			1		—	未腐蚀
D12~D14			3		72/108/144	掺和20%粉煤灰
D15			1		—	未腐蚀
D19~D21			3		72/108/144	掺和30%粉煤灰
C2~C4	20	0.6	3	3%	72/108/144	未添加粉煤灰
C9~C11			3		72/108/144	掺和20%粉煤灰
C16~C18			3		72/108/144	掺和30%粉煤灰
D2~D4	C30	0.45	3	3%	72/108/144	未添加粉煤灰
D9~D11			3		72/108/144	掺和20%粉煤灰
D16~D18			3		72/108/144	掺和30%粉煤灰

混凝土浇筑后，在标准环境下养护28d，干燥后放入综合盐雾腐蚀实验箱开始试验。盐雾腐蚀实验箱里模拟汕头地区盐雾环境试验采用中性盐雾试验（NSS试验），控制温度、湿度、喷雾与间歇时间，自动实现干湿循环。试验参数为盐溶液成分：（3%、5%NaCl）溶液；pH值为6.5~7.2；温度为35±2℃；盐雾沉降率为1~2（ml/80cm² · h）。

2. 试验结果分析

在混凝土试件腐蚀设定时间完毕后，对样品钻孔取粉（见图2-20）。本试验采用分层取样的方法收集深度为0、2.5、7.5、12.5、17.5、22.5、27.5mm的粉末样品，通过直径为0.075mm方孔筛除去粗颗粒。参照GB/T 50082—2009《普通混凝土长期性能和耐久性能试验方法》、JTJ 270—1998《水运工程混凝土试验规范》、GB/T 50476—2008《混凝土结构耐久性设计规范》，对剩下的粉末配置水溶液，然后用磁力搅拌机不间断搅拌24h后再用NJCL-H氯离子含量快速测定仪（见图2-21）测定水溶性氯离子浓度。

图2-20　钻孔取粉后的试件

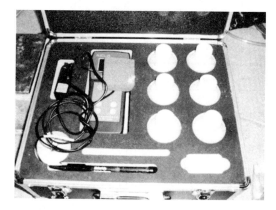

图2-21　NJCL-H氯离子含量快速测定仪

在实际结构物中测定的时候，钻孔位置是粗集料位置，而粗集料的粒径又比较大。因此为了减少这种情况对试验准确性的影响，本试验采用去离子水（避免自来水中的氯离子混入）对每个试件各个深度取 3 组粉末样品，每组粉末样品测量 3 次。试验得到的硬质混凝土的氯离子含量计算公式为

$$X_{Cl^-} = 35.45c \cdot v/10m \tag{2-35}$$

式中　X_{Cl^-}——硬质混凝土的氯离子含量，%；

c——仪器检测到的氯离子浓度，mol/L；

v——样品溶液的体积，mL；

m——硬质混凝土样品质量，g。

本试验对制作的 42 个立方体试件用公式（2-35）进行计算，得出硬质混凝土各深度氯离子含量。在盐雾中氯离子浓度为 3% 的条件下，试验测得的硬质混凝土各深度氯离子含量见表 2-8。在盐雾中氯离子浓度为 5% 的条件下，试验测得的硬质混凝土各深度氯离子含量见表 2-9。

表 2-8　3% 氯离子浓度下硬质混凝土各深度氯离子含量

试件编号	腐蚀时间（h）	渗透深度（mm）							备注
		0	2.5	7.5	12.5	17.5	22.5	27.5	
C2	72	0.5569	0.3437	0.2945	0.1819	0.1300	0.0961	0.0675	未添加粉煤灰
C3	144	0.5713	0.3869	0.3218	0.2073	0.1472	0.1023	0.0713	
C4	216	0.5997	0.4162	0.3472	0.2198	0.1596	0.1176	0.0916	
C9	72	0.5806	0.3312	0.2415	0.1520	0.1201	0.0842	0.0670	添加20%的粉煤灰
C10	144h	0.6219	0.3517	0.2578	0.1764	0.1412	0.0970	0.0672	
C11	216	0.6433	0.3654	0.2709	0.1888	0.1507	0.0998	0.0675	
C16	72	0.5917	0.3278	0.2273	0.1487	0.1188	0.0777	0.0674	添加30%的粉煤灰
C17	144	0.6365	0.3483	0.2387	0.1699	0.1397	0.0820	0.0702	
C18	216	0.6578	0.3602	0.2514	0.1801	0.1486	0.0822	0.0695	
D2	72	0.5310	0.3176	0.2478	0.1531	0.1208	0.0887	0.0623	未添加粉煤灰
D3	144	0.5527	0.3389	0.2772	0.1719	0.1310	0.0923	0.0778	
D4	216	0.5819	0.3517	0.2938	0.1870	0.1422	0.1008	0.0900	
D9	72	0.5533	0.2913	0.2310	0.1378	0.1177	0.0764	0.0772	添加20%的粉煤灰
D10	144	0.5721	0.3108	0.2412	0.1442	0.1263	0.0793	0.0771	
D11	216	0.5888	0.3277	0.2508	0.1498	0.1333	0.0813	0.0800	
D16	72	0.5712	0.2792	0.2108	0.1226	0.1123	0.0755	0.0698	添加30%的粉煤灰
D17	144	0.5955	0.2934	0.2317	0.1360	0.1241	0.0777	0.0733	
D18	216	0.6175	0.3071	0.2422	0.1400	0.1307	0.0810	0.0745	

表 2-9　5% 氯离子浓度下硬质混凝土各深度氯离子含量

试件编号	腐蚀时间（h）	渗透深度（mm）							备注
		0	2.5	7.5	12.5	17.5	22.5	27.5	
C5	72	0.5972	0.4173	0.3602	0.2100	0.1500	0.1089	0.0769	未添加粉煤灰
C6	144	0.6170	0.4728	0.3800	0.2517	0.1721	0.1098	0.0793	
C7	216	0.6894	0.5013	0.4057	0.2836	0.2073	0.137	0.0816	

续表

试件编号	腐蚀时间 (h)	渗透深度（mm）							备注
		0	2.5	7.5	12.5	17.5	22.5	27.5	
C12	72	0.6910	0.4002	0.3010	0.1765	0.1376	0.1023	0.0831	添加20％的粉煤灰
C13	144	0.7009	0.4213	0.3198	0.1987	0.1556	0.1055	0.0893	
C14	216	0.7038	0.4572	0.3215	0.2153	0.1710	0.1221	0.0972	
C19	72	0.6202	0.3920	0.2786	0.1703	0.1301	0.1011	0.0832	添加30％的粉煤灰
C20	144	0.7093	0.4173	0.2913	0.1783	0.1502	0.1043	0.0854	
C21	216	0.7210	0.4508	0.3017	0.2087	0.1620	0.1058	0.0842	
D5	72	0.5713	0.3864	0.3123	0.1870	0.1329	0.1077	0.0720	未添加粉煤灰
D6	144	0.5937	0.4157	0.3312	0.2120	0.1510	0.1132	0.0730	
D7	216	0.6098	0.4298	0.3592	0.2302	0.1589	0.1189	0.0880	
D12	72	0.6013	0.3625	0.2613	0.1629	0.1300	0.1008	0.0687	添加20％的粉煤灰
D13	144	0.6378	0.3829	0.2792	0.1823	0.1379	0.1033	0.0683	
D14	216	0.6496	0.4073	0.2977	0.1877	0.1448	0.1093	0.0689	
D19	72	0.6102	0.3513	0.2542	0.1572	0.1268	0.0977	0.0700	添加30％的粉煤灰
D20	144	0.6538	0.3712	0.2594	0.1628	0.1370	0.1002	0.0703	
D21	216	0.6650	0.3920	0.2666	0.1692	0.1403	0.1000	0.0649	

按照表 2-8 和表 2-9 的试验数据绘制出氯离子含量与渗透深度的折线图进行对比分析（见图 2-22～图 2-26）。图中氯离子含量指的是硬质混凝土的氯离子含量。

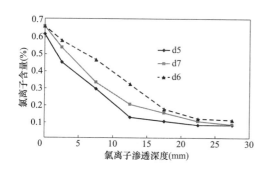

图 2-22　不同的腐蚀时间氯离子渗透深度

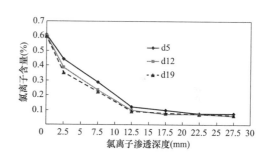

图 2-23　相同腐蚀时间不同比例粉煤灰

从图 2-22 可以看到盐雾环境下，各个深度的氯离子含量与腐蚀时间成正比关系。混凝土内的氯离子总含量随着腐蚀时间的增多而呈现增长的趋势，并且总量随着距离梁表面位置的加深而减少。从图中可以看出氯离子渗透深度可以分为三个发展阶段：第一阶段（深度为 0～12.5mm）氯离子含量随着深度的加深下降速度很快。第二阶段（深度为 12.5～22.5mm）氯离子含量随着深度的加深下降速度缓慢。第三阶段（深度为大于 22.5mm）氯离子含量随着深度的继续加深趋于稳定状态。

这主要与混凝土内部的微观结构有关。腐蚀前期，混凝土内部存在大量的微裂缝和孔隙，所以盐雾中盐雾粒子可通过吸收（当混凝土表面干燥时）、扩散、渗透等多种传输途径侵入混凝土内部，这就剧变阶段；当氯离子向混凝土内部更深处扩散时，由于混凝土内部的微裂缝和孔隙基本被前期进入的氯离子及其进入后生成的附属产物填充，所以氯离子的扩散速度也就进入平缓阶段。

从图 2-23 可以看出盐雾环境下，添加粉煤灰掺合料的试件中的氯离子含量与深度成反比关系。试件各个深度下氯离子含量都比未添加粉煤灰掺合料的试件低，虽然添加20％粉煤灰的试件氯离子含量比添加30％粉煤灰的试件高，但是它们两者差距不明显。试验表明添加20％的粉煤灰试件在盐雾环境下抗氯离子能力比较强，效果比较好。这归功于火山灰反应生成 C-S-H，使孔隙结构致密化。而利用粉煤灰提高抗氯离子扩散性的实质原因是粉煤灰表面或其周边生成的反应产物使孔隙结构连通性中断，这称之为孔隙结构中断效应。而混凝土内部毛细管孔隙几乎没有降低，这是离子迁移明显地降低的一种模式。

从图 2-24～图 2-26 可以看出，在盐雾环境下，腐蚀时间相同时，混凝土的水灰比越大，混凝土表面氯离子浓度也更快达到稳定状态。因为水灰比越大，混凝土密实度越差、空隙率越大、氯离子扩散速度越快、对氯离子的吸附能力越强。所以氯离子在混凝土中各个深度的含量随之降低，说明水灰比也是减缓氯离子渗透的一个重要的因素。

由图 2-22～图 2-26 可以看出在盐雾环境会引起钢筋锈蚀。通过测量未腐蚀试件各个深度的氯离子含量（见图 2-27）并取平均值得出 $\overline{C_0}=0.0648\%$。

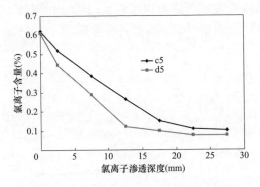

图 2-24　腐蚀时间 144h，不同水灰比

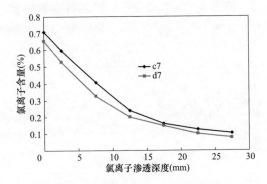

图 2-25　腐蚀时间 216h，不同水灰比

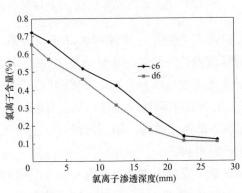

图 2-26　腐蚀时间 288h，不同水灰比

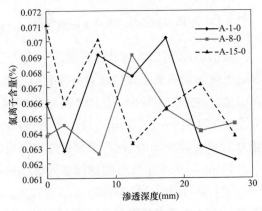

图 2-27　未腐蚀试件氯离子含量

1980 年，R. Browne 提出了氯离子含量与其引起钢筋锈蚀危险性的关系，见表 2-10。R.Browne 曾对 Gimsystraumen 大桥和其他 35 座海边桥梁取样，结果同表 2-10 的关系吻合。按照建议，将盐雾区混凝土结构中钢筋处混凝土的氯离子临界浓度取为 0.07%。

表 2-10 锈蚀危险性与氯离子含量

氯离子含量，占水泥质量（%）	氯离子含量，占混凝土质量（%）（假定水泥 440kg/m³）	锈蚀危险性
>2.0	>0.36	肯定
1.0～2.0	0.18～0.36	很可能
0.4～1.0	0.07～0.18	可能
<0.4	<0.07	可忽略

通过图 2-28～图 2-30 可以看出，盐雾环境下，未腐蚀的试件、添加 20% 粉煤灰的试件、添加 30% 粉煤灰的试件各个深度的氯离子含量与腐蚀浓度成正比关系。经研究，5% 左右浓度的 NaCl 溶液腐蚀速度最快。因为随着溶液浓度变高，氧在溶液中的溶解度会逐渐降低，腐蚀速度也降低。当 NaCl 溶液浓度≤5% 时，氧在溶液中的溶解度未达到饱和状态，所以目前盐雾试验标准中基本都采用 5% 或 50g/L 的 NaCl 溶液。

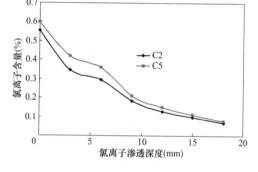

图 2-28 腐蚀时间相同不同腐蚀浓度

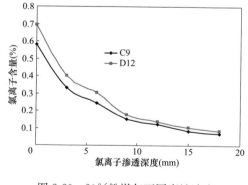

图 2-29 20% 粉煤灰不同腐蚀浓度

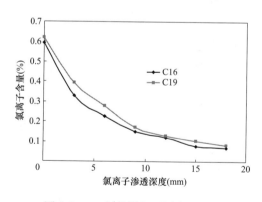

图 2-30 30% 粉煤灰不同腐蚀浓度

六、混凝土中的扩散系数试验

混凝土氯离子扩散系数是评价氯离子在混凝土中扩散渗透的最重要参数。氯离子腐蚀问题是国内外广泛关注和积极研究的重大课题，特别是盐害劣化的定量化不可缺少的氯离子在混凝土中扩散渗透的研究。

这里通过综合盐雾腐蚀箱来模拟沿海地区大气盐雾环境，采用不同水灰比、不同比例的掺合料、不同的腐蚀时间、不同氯离子腐蚀浓度的混凝土试件，研究了盐雾环境下氯离子在混凝土中的扩散模型，并对 Fick 第二扩散定律进行修正。

（1）试验内容：

1）采用 RCM 方法通过渗透系数测定仪测定每个试件的扩散系数。

2）根据测定的扩散系数与 Fick 第二定律计算出的扩散系数比较，修正 Fick 第二定律的公式。

（2）试验准备：

1）将制作的 42 个 150mm×150mm×150mm 试件在取芯机上取芯。试件的尺寸为直径 100mm±1mm，高度 h＝50mm±2mm，取芯后的图片见图 2-31。

图 2-31　取芯后的图片

2）将取芯后的试件分组放入混凝土真空饱水机进行 120s±20s 超声浴处理（如图 2-32 所示）。

3）按照混凝土氯离子扩散系数测定仪的要求连接号仪器（如图 2-33 所示）。

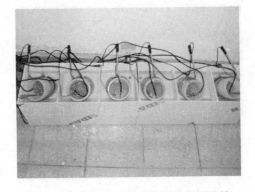

图 2-32　混凝土真空饱水机　　　　图 2-33　混凝土扩散系数测定仪器连接

（3）试验过程：

1）试验采用 RCM 方法测定每个试件的扩散系数。试验前，检查安装好的夹具不渗漏，分别向有机硅胶管中注入约 300mL 的 0.3mol/L NaOH 的试验溶液，使阳极板和试件表面均浸没于溶液中，向阳极试验槽注入 2L 质量浓度为 10% 的 NaCl 溶液，使液面与有机硅橡皮管中的溶液保持水平（如图 2-34 所示）。

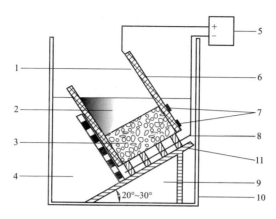

图 2-34　RCM 试验装置示意图

1—阳极板；2—阳极溶液；3—试件；4—阴极溶液；5—直流稳压电源；6—有机硅橡胶套；

7—环箍；8—阴极板；9—支架；10—阴极试验槽；11—支撑头

2) 确保试样、夹具、测温线和电源线均与主机连接完毕，确认已经注入实验溶液，打开主机电源开关，进入开机画面，10s 后进入测试界面。

3) 将需要检测的通道开关打开，用电压微调旋钮将总电压调节到 30.0V±0.1V。按设置键选择单项，先设置任意实验时间，确定后返回主界面，启动该通道，查看当前通道的电流显示，停止该通道，根据表 2-11 确定该通道反应时间和反应电压。

表 2-11　　　　　　　　　　初始电流、电压与实验时间的关系

初始电流 I（mA） （用 30V 电压）	施加的电压 U（V） （调整后）	可能的新初始电流 I_o （mA）	试验持续时间 （h）
$I_o < 5$	60	$I_o < 10$	96
$5 \leqslant I_o \leqslant 10$	60	$10 \leqslant I_o \leqslant 20$	48
$10 \leqslant I_o \leqslant 15$	60	$20 \leqslant I_o \leqslant 30$	24
$15 \leqslant I_o \leqslant 20$	50	$25 \leqslant I_o \leqslant 35$	24
$20 \leqslant I_o \leqslant 30$	40	$25 \leqslant I_o \leqslant 40$	24
$30 \leqslant I_o \leqslant 40$	35	$35 \leqslant I_o \leqslant 50$	24
$40 \leqslant I_o \leqslant 60$	30	$40 \leqslant I_o \leqslant 60$	24
$60 \leqslant I_o \leqslant 90$	25	$50 \leqslant I_o \leqslant 75$	24
$90 \leqslant I_o \leqslant 120$	20	$60 \leqslant I_o \leqslant 80$	24
$120 \leqslant I_o \leqslant 180$	15	$60 \leqslant I_o \leqslant 90$	24
$180 \leqslant I_o \leqslant 360$	10	$60 \leqslant I_o \leqslant 120$	24
$I_o \geqslant 360$	10	$I_o \geqslant 120$	6

4) 再次选择该通道，设置新的试验时间，用电压微调旋钮调节新的反应电压，确定后返回主界面，启动该通道，仪器自动运行。

5) 试验结束后，将试样取出，立即将试样在压力试验机上劈成两半。

6) 在劈开的试样表面喷涂显色指示剂（0.1mol/L 的 $AgNO_3$ 溶液），将试样置于采光良好的环境中，15min 之后含氯离子的部分变成紫罗兰色。然后用千分尺量取其显色部分，精确到 0.1mm。

7）对某一测点取三次样品进行测定，尽量降低取样在粗骨料上的可能性，并且对每一次样品进行 3 次测定。

8）混凝土的非稳定氯离子迁移系数按式（2-36）计算

$$D_{RCM} = 2.872 \times 10^{-6} \frac{Th(x_d - 3.338 \times 10^{-3} \sqrt{Thx_d})}{t} \qquad (2\text{-}36)$$

式中 D_{RCM}——混凝土的非稳定氯离子迁移系数，m^2/s 精确到 $0.1 \times 10^{-12} m^2/s$；

T——阳极溶液的初始温度和结束温度的平均值，K；

h——试件高度，m；

x_d——氯离子扩散深度，m；

t——通电试验时间，s。

9）用式（2-36）对试验数据进行计算并考虑随着时间的增长，氯离子在混凝土中的扩散系数随时间衰减。计算结果见表 2-12。

表 2-12 试件氯离子扩散系数

试件编号	扩散系数（m^2/s）	试件编号	扩散系数（m^2/s）	试件编号	扩散系数（m^2/s）
C2	8.94×10^{-12}	C3	7.916×10^{-12}	C4	7.262×10^{-12}
C9	7.923×10^{-12}	C10	7.016×10^{-12}	C11	6.436×10^{-12}
C16	7.686×10^{-12}	C17	6.805×10^{-12}	C18	6.243×10^{-12}
C5	9.328×10^{-12}	C6	8.260×10^{-12}	C7	7.577×10^{-12}
C12	8.821×10^{-12}	C13	7.810×10^{-12}	C14	7.165×10^{-12}
C19	8.395×10^{-12}	C20	7.434×10^{-12}	C21	6.819×10^{-12}
D2	8.371×10^{-12}	D3	7.412×10^{-12}	D4	6.799×10^{-12}
D9	7.714×10^{-12}	D10	6.830×10^{-12}	D11	6.266×10^{-12}
D16	7.545×10^{-12}	D17	6.681×10^{-12}	D18	6.129×10^{-12}
D5	8.798×10^{-12}	D6	7.790×10^{-12}	D7	7.146×10^{-12}
D12	8.434×10^{-12}	D13	7.468×10^{-12}	D14	6.852×10^{-12}
D19	8.016×10^{-12}	D20	7.098×10^{-12}	D21	6.511×10^{-12}

七、混凝土中的扩散系数理论分析

通过表 2-12 计算出的氯离子扩散系数对 Fick 第二定律进行修正，对腐蚀 144h 后 D5、D12、D19 的实测值，与 Fick 第二定律理论计算值及其修正值进行比较，见表 2-13。

表 2-13 Fick 第二定律理论氯离子含量值与修正值

编号	氯离子含量（%）						
	深 0mm	深 2.5mm	深 7.5mm	深 12.5mm	深 17.5mm	深 22.5mm	深 27.5mm
D5 实测值	0.6102	0.4437	0.2881	0.1225	0.0971	0.0775	0.0757
理论值	0.6102	0.4857	0.2939	0.1384	0.0847	0.0687	0.0648
修正值	0.6102	0.4654	0.2891	0.1283	0.09	0.0774	0.0652
D12 实测值	0.6002	0.3866	0.2363	0.0989	0.0734	0.0715	0.0648

续表

编号	氯离子含量（%）						
	深 0mm	深 2.5mm	深 7.5mm	深 12.5mm	深 17.5mm	深 22.5mm	深 27.5mm
理论值	0.6002	0.4548	0.2233	0.1086	0.0727	0.0658	0.0648
修正值	0.6002	0.4275	0.2301	0.1006	0.0734	0.0694	0.0648
D19 实测值	0.5972	0.3508	0.2244	0.0907	0.0781	0.0711	0.0648
理论值	0.5972	0.4828	0.2066	0.0988	0.0698	0.0648	0.0648
修正值	0.5972	0.4185	0.2111	0.0958	0.0691	0.0648	0.0648

对腐蚀 144h 后 D5、D12、D19 的实测数据曲线和 Fick 第二定律理论曲线，见图 2-35。由图 2-35 可以看出，实测数据曲线和 Fick 第二定律理论曲线有一定的偏差，通过式（2-36）修正后 Fick 第二定律拟合的曲线更符合实际情况。

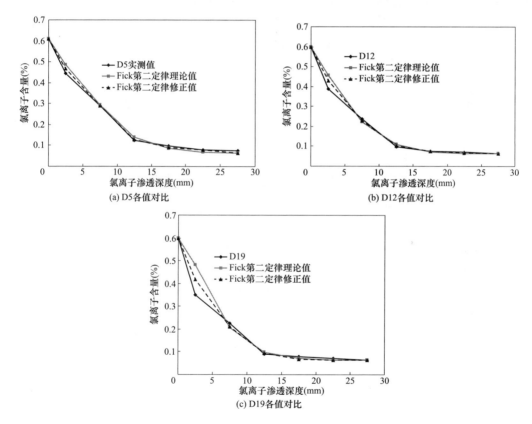

图 2-35　腐蚀 144h 后 D5、D12、D19 的实测值、Fick 第二定律理论值与修正值对比

氯离子在混凝土中的扩散过程可用 Fick 第二扩散定律描述为

$$\frac{\partial C}{\partial t} = D(t)\frac{\partial^2 C}{\partial x^2} \tag{2-37}$$

1992 年左右，业界才认识到，随着时间的增长，氯离子在混凝土中的扩散系数不是一成不变的，而是随时间衰减。M. Maage 根据大量试验和厄勒海峡大桥的测试数据

给出了时间对扩散系数的影响

$$D(t) = D_0 \left(\frac{t_0}{t} \right)^m \tag{2-38}$$

式中 $D(t)$——暴露时间为 t 时的氯离子扩散系数；

　　　t——混凝土水化龄期；

　　　D_0——龄期 t_0 时测定的基准扩散系数。

Mangat 等认为，指数 m 与水灰比有关，$m = 3 \times (0.55 - W/C)$。

美国 Life-365 预测软件认为指数 m 与混凝土配合比、掺合料品种、数量、环境条件等有关，即 $m = 0.2 + 0.4(F/50 + K/70)$，其中 F 为粉煤灰掺入量的百分比，K 为矿渣掺入量的百分比。

式（2-38）考虑了龄期对混凝土微观结构的影响，从而带来混凝土扩散系数的改变。但是实际工程中，混凝土所处的环境不同、添加的掺合料不同，氯离子的扩散系数也会有较大的区别。本文结合广东沿海地区的气候环境以及混凝土添加粉煤灰对氯离子扩散的影响引入环境系数 K 和粉煤灰影响系数 B。因此式（2-38）变为

$$D(t) = KBD_0 \left(\frac{t_0}{t} \right)^m \tag{2-39}$$

把式（2-39）带入式（2-37）中可得到修正后 Fick 第二定律解析式为

$$C_{(x,t)} = C_0 + (C_s - C_0) \left[1 - \mathrm{erf} \left(\frac{x}{2 \sqrt{KBD_0 \ (1-m)^{-1} t_0^m t^{1-m}}} \right) \right] \tag{2-40}$$

式中 $C_{(x,t)}$——经过时间 t，达到混凝土深度 x 处的氯离子浓度；

　　　C_s——混凝土表面的氯离子浓度；

　　　C_0——混凝土中本身存在的氯离子浓度。

本试验由实测的立方体试件的扩散系数数据对式（2-40）进行推导，计算得出 $K = 0.75$，$B_{20} = 1.187$，$B_{30} = 1.16$。

修正后 Fick 第二定律解析式计算氯离子扩散系数解析式可进行简化处理，式（2-36）变化为

$$\mathrm{erf} \left(\frac{x}{2 \sqrt{\dfrac{KBD_0 t_0^m}{1-m} t^{1-m}}} \right) = 1 - \frac{C(x,t) - C_0}{C_s - C_0}$$

令 $T = \dfrac{t_0^m}{1-\alpha} t^{1-m}$，$D = KBD_0$，有

$$\mathrm{erf} \left(\frac{x}{2 \sqrt{DT}} \right) = 1 - \frac{C(x,t) - C_0}{C_s - C_0}$$

将误差函数 $\mathrm{erf}(u) = \dfrac{2}{\sqrt{\pi}} \int_0^u \exp(-\lambda^2) \mathrm{d}\lambda$ 代入上式并化简得

$$\int_0^u \exp(-\lambda^2) \mathrm{d}\lambda = \frac{\sqrt{\pi}}{2} \left[1 - \frac{C(x,t) - C_0}{C_s - C_0} \right]$$

上式两边同乘 $\dfrac{1}{\sqrt{2\pi}}$，并设 $\lambda=\dfrac{u}{\sqrt{2}}$，$\mathrm{d}\lambda=\dfrac{1}{\sqrt{2}}\mathrm{d}u$，$z=\sqrt{2}u$ 代入上式得

$$\int_0^z \frac{1}{\sqrt{2\pi}}\exp\left(-\frac{u^2}{2}\right)\mathrm{d}u = \frac{1}{2}\left[1-\frac{C(x,t)-C_0}{C_s-C_0}\right]$$

上式两边同加 $\displaystyle\int_{-\infty}^0 \frac{1}{\sqrt{2\pi}}\exp\left(-\frac{u^2}{2}\right)\mathrm{d}u$

又 $\because$ 　　　　　$\displaystyle\int_{-\infty}^0 \frac{1}{\sqrt{2\pi}}\exp\left(-\frac{u^2}{2}\right)\mathrm{d}u = 0.5$

$\therefore$ 　　$\displaystyle\int_{-\infty}^z \frac{1}{\sqrt{2\pi}}\exp\left(-\frac{u^2}{2}\right)\mathrm{d}u = \frac{1}{2}\left[1-\frac{C(x,t)-C_0}{C_s-C_0}\right]+0.5$ 　　　(2-41)

$\because$ 　　$P(Z\leqslant z)=\varPhi(Z)=\displaystyle\int_{-\infty}^z \frac{1}{\sqrt{2\pi}}\exp\left(-\frac{u^2}{2}\right)\mathrm{d}u$

令 　　　　$\dfrac{1}{2}\left[1-\dfrac{C(x,t)-C_0}{C_s-C_0}\right]+0.5=c_i$

$\therefore$ 　　　$\varPhi(Z_i)=c_i$ 　　　$Z_i=\varPhi^{-1}(c_i)$

将 $z=\sqrt{2}u$，$u=\dfrac{x}{2\sqrt{DT}}$ 代入上式得

$$\frac{x_i}{\sqrt{2D_iT}}=\varPhi^{-1}(c_i)$$

$$D_i=KBD_{0i}=x_i/2T[\varPhi^{-1}(c_i)]^2 \tag{2-42}$$

式中　x_i——钻孔取粉测点距混凝土表面的距离，cm。

$\varPhi^{-1}(c_i)$ 可查标准正态分布表得出。

八、沿海变电混凝土构架氯离子入侵方式及影响因素

通过对广东地区海洋环境中实际变电站混凝土构架的梁柱等构件进行调查，发现氯离子的入侵主要是由于海洋环境中海风携带有大量的氯离子，并在混凝土表面大量富集，通过混凝土内外的浓度差不断扩散进入混凝土内部。

广东地区湿度较大，干湿循环交替明显，随着混凝土表面的风干，再次接触带氯离子的水分会引起毛细管吸收作用，混凝土风干程度越高，混凝土内部游离水含量越少，作用效果越明显，并且不断吸收水分达到饱和状态，而当混凝土开始风干时，混凝土内部毛细孔变成单行道，游离水不断向外移动蒸发，但是大量氯离子仍然留在孔隙中，这样，混凝土表层氯离子浓度增大，与内部逐渐形成浓度差，此时在扩散作用影响下氯离子不断深入侵蚀混凝土内部。只要混凝土到达至少与相对湿度为 $60\%\sim80\%$ 的大气相当的湿度，扩散就会发生，在饱水时的扩散作用最明显。

由此可见，在干湿循环作用下，氯离子会逐渐扩散进入混凝土内部。干湿交替期的长短决定氯离子的入侵程度，经过长时间作用，大量氯离子到达钢筋表面，中和混凝土的高碱性，破坏钢筋表面保持的钝化状态，引起钢筋锈蚀。在沿海环境中对于这种混凝

土表层的干湿循环现象，不仅丰富了氯离子的侵入方式，而且会使其更充分地侵入混凝土内部。因此对于湿度较大地区，且干湿循环交替明显，混凝土内部的钢筋对于氯离子的侵蚀具有很强的敏感性。

海洋环境影响下混凝土受氯离子入侵的影响因素有很多，包括环境温度、混凝土表面氯离子浓度、掺合料种类及数量、混凝土保护层厚度等。根据影响因素性质的不同，可以将其归纳为不变因素和可变因素两大类，可变因素是指人为条件可以改变的因素，包括水泥品种、掺合料种类和数量、水灰比以及混凝土保护层厚度等；不变因素是指不受人为条件控制或改变的因素，包括干湿循环作用、混凝土表面氯离子浓度和环境温度等。

（1）环境中混凝土受氯离子入侵的不变因素主要有：

1）环境干湿循环作用严重影响混凝土结构耐久性，干湿交替期的长短决定了混凝土及内部钢筋的腐蚀情况。

2）混凝土表面氯离子浓度。通常，聚集在混凝土表面的氯离子浓度越高，混凝土内外浓度差越大，扩散作用越明显，对混凝土结构腐蚀程度越高。在刚开始的一段时间内，表面氯离子浓度也随时间的积累迅速增大，当达到一定时间以后，混凝土的表面氯离子浓度逐步趋于恒定。

3）环境温度。温度越高，水分蒸发越快，混凝土内部越干燥，在干湿循环作用下，会提高氯离子的渗透作用，不利于混凝土结构耐久性。但是对于结构初期，高温促使混凝土内部水化反应速度加快，混凝土更密实，降低氯离子渗透作用。Mehta 教授通过试验研究表明，当温度在 $18 \sim 35℃$ 之间变化时，混凝土结构耐久性的各项指标（如扩散性、渗透性及吸附性）受到的影响最大。当扩散作用占主导地位时，升温不利于提高混凝土结构耐久性；而当吸附作用占主导地位时，升温则有助于提高混凝土结构耐久性。

（2）海洋环境中混凝土受氯离子入侵的可变因素主要有：

1）水泥品种。马昆林等人研究发现，海洋环境中混凝土结构常用的水泥有抗硫酸盐水泥（PHSR）、普通硅酸盐水泥（PI）和中热硅酸盐水泥（中热）三种，尽管养护初期对氯离子的主要固化方式不同，但从长期看，三者对氯离子的总固化量逐渐趋于一致。因此，考虑混凝土结构耐久性时，没有必要强调采用何种水泥。

2）掺和料的种类及数量。掺和料的加入可以显著改善混凝土抵抗氯离子侵蚀的性能，当前主要的混凝土掺合料有粉煤灰、矿渣、硅灰等。虽然掺有矿渣、粉煤灰等的混凝土表面氯离子浓度要比普通混凝土大，但是这些掺和料都含有玻璃相组分。玻璃相能够与水泥水化反应所提供的 $Ca(OH)_2$ 反应生成二次水化产物水化硅酸钙（C-S-H）凝胶，这被称为火山灰效应。该效应一方面可以填补浆体与集料界面缝隙、加速水化胶凝反应、细化水泥石孔结构、改变水泥浆体活性组分的表面性质，同时由于粗孔隙和连通毛细孔被堵塞，使混凝土原始结构致密化，减少孔溶液的存在，降低氯离子扩散能力；另一方面，可以通过大量增加混凝土中 C-S-H 凝胶数量，从而提高对氯离子物理吸附能力。由于水泥水化反应本身较为缓慢，而火山灰效应需要水泥水化反应产生的 $Ca(OH)_2$

作为掺和料，所以混凝土在养护初期不能够充分发挥火山灰效应，相比于普通混凝土，掺有掺和料的混凝土强度较低。但是当火山灰效应得到充分发挥之后，掺有掺和料的混凝土强度有可能超过普通混凝土。

3）水灰比。在满足水泥水化所需基本用水以及混凝土必要工作性能的前提下，水灰比不宜过大，否则会导致水分不能全部参与水化反应，留在混凝土内部的水分经过不断蒸发会增大水泥石结构孔隙率，提供了氯离子向混凝土内部扩散的通道。而且随着孔隙孔径增大，单位体积的比表面积减小，减弱微观孔隙结构表面对氯离子的物理吸附作用。

4）混凝土保护层厚度。在沿海环境中，混凝土保护层为钢筋提供了免于遭受氯离子侵蚀的屏障。当混凝土内部氯离子含量一定时，随着保护层厚度的增大，氯离子扩散时间越长，结构耐久性能越好。但是混凝土保护层厚度也不宜过大，过大的保护层厚度会在混凝土硬化过程中导致温度应力和收缩应力难以控制，容易造成混凝土开裂，导致钢筋直接接触到氧气和水分，极大地削弱了混凝土保护层的作用。

九、沿海环境中混凝土内部钢筋锈蚀破坏过程

沿海环境混凝土中钢筋的腐蚀过程一般可分为两个阶段（如图 2-36 所示）：

（1）预备阶段（t_0）。从新建混凝土结构直接接触环境到氯离子不断侵入混凝土内部并到达钢筋表面，其浓度达到某一临界值后破坏钝化膜导致钢筋开始腐蚀为止，如图 2-37（a）所示。

（2）发展阶段（$t_1 \sim t_3$）。从钢筋开始发生锈蚀到钢筋锈蚀严重，结构失效，不能继续服役为止。在发展阶段，混凝土保护层逐渐退出工作，外界环境的氧气、水等介质的介入导致氯离子侵蚀速度加快，加速钢筋锈蚀发展，如图 2-37（b）、（c）所示，这一阶段可细分为三个时期：

1）早期（t_1）。从氯离子浓度达到某一临界值后破坏钝化膜导致钢筋开始腐蚀，到混凝土表面开始因钢筋腐蚀膨胀出现破坏现象（如开裂或剥落等）。

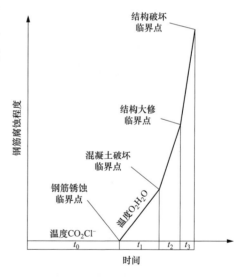

图 2-36　混凝土中钢筋腐蚀过程

2）中期（t_2）。从混凝土表面开始出现裂缝等破坏现象到混凝土破坏严重，结构不能正常使用、需要进行大修为止。

3）后期（t_3）。由于钢筋腐蚀导致混凝土破坏已严重到造成结构区域性破坏，导致结构不能继续服役为止。

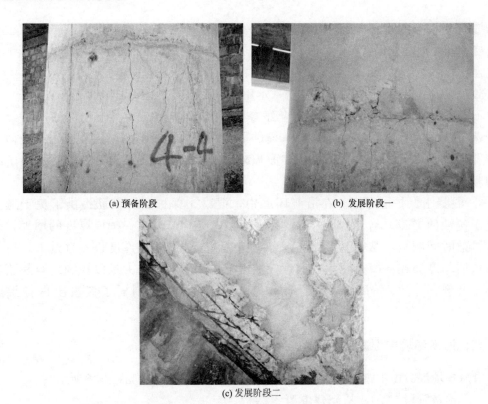

(a) 预备阶段 (b) 发展阶段一

(c) 发展阶段二

图 2-37 某沿海环境混凝土构架腐蚀过程中不同阶段破坏情况

十、海洋环境下混凝土结构氯离子含量试验

位于沿海环境的变电站混凝土构架，虽然没有直接接触海水，但是湿润的海风中往往携带有大量的氯离子，氯离子会在混凝土结构表面富集，通过扩散作用造成混凝土的腐蚀破坏和钢筋锈蚀。

表 2-14 取 样 环 境 概 况

序号	露天结构物	取样参数
a	某混凝土码头	取样点混凝土强度 C30，服役时间 15 年
b	某混凝土构架	取样点混凝土强度 C20，服役时间 19 年
c	某混凝土便桥	取样点混凝土强度 C30，服役时间 2 年
d	某混凝土构架	取样点混凝土强度 C30，服役时间 17 年
e	某混凝土大桥	取样点混凝土强度 C25，服役时间 16 年

本文从汕头地区沿海实际情况出发，通过对沿海周围钢筋混凝土结构物（见表 2-16）进行考察、取样，探讨长年服役的混凝土结构物受氯离子侵蚀情况并进行混凝土保护层各层氯离子含量测定，通过分析对比确定氯离子在不同条件下混凝土中的扩散模型。

1. 氯离子临界浓度

如前所述根据表 2-10，可将氯离子含量达到 0.07%～0.18%（质量百分比）作为引起钢筋锈蚀的氯离子临界浓度。目前，设计结构工作寿命通常采用的氯离子临界浓度为混凝土质量的 0.06% 或 0.07%。

2. 沿海环境概况

以广东汕头市为例。该市位于亚欧大陆东南侧、靠近太平洋西岸，濒临南海。汕头市具有明显的季风气候特征，夏季是偏南风或东南风，冬季是偏北风。

选取 1951～2006 年汕头国家气候观象台（23°24′N、116°41′E，海拔高度为 4 m）的浓雾日数资料，统计 1951～2006 年来汕头地区雾逐年变化规律。根据《地面气象观测规范》规定，能见度在 1 公里以下的雾属于浓雾。当日 20：00～翌日 20：00 出现雾计为 1 个雾日，雾日记录以地面观测为准，汕头大雾天数的年平均变化曲线如图 2-38 所示。

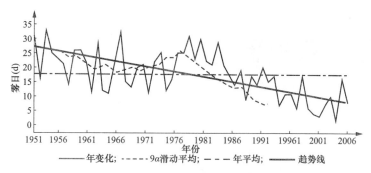

图 2-38　1951～2006 年汕头浓雾天数的年平均变化曲线

由图 2-38 可以看出，从 1951 年以来，尽管每年大雾天数有所浮动，但汕头地区的年平均大雾天数还是每年 0.3d 的速度递减，在 $\alpha=0.001$ 的显著性水平上可以明显看出下降趋势。根据 9α 滑动平均曲线可以更好地反映雾日的年代际变化特征。资料显示 1951～1990 年大雾天数相对较多，其中 20 世纪 50 年代前期、60 年代中期和 80 年代前后为峰值区，最高值 33d 出现在 1953 年，到了 90 年代雾日明显较少，在 2004 年出现最低值 2d，两者之间相差了 31d，56 年的年平均雾日为 18d。

3. 取样方案

处于沿海环境的变电站混凝土构架，存在着混凝土表面与海面相对位置不同的情况，如对一矩形构件而言，一面正对海面，则其他三个侧面会侧对及背对海面，所以可分别对迎风面、侧面及背风面进行取样。

本次试验取样采用冲击钻逐层钻孔的方法（如图 2-39 所示），其优点是操作简单快速，不足之处是：海风的影响导致粉末收集困难；冲击力大，很难控制进深；粉末大小不均，特别是在表面钻击时，由于混凝土本身劣化且钻头冲力较大，容易造成孔周围混凝土块的剥落；钻头呈锥形，钻孔点并不是一个理想圆柱体，可能会带

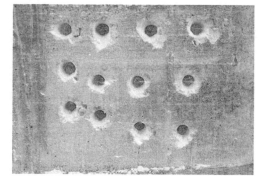

图 2-39　冲击钻孔

来一定误差；取粉量少，需要多孔钻取。

针对以上几点不足，在取粉过程中尽可能做到以下几点：

（1）必须掌握好力度，防止冲击过深；

（2）考虑钻头的影响，确定好取粉重心；

（3）采取有效的作业手段，尽可能收集全部粉末；

（4）分开至少 6 个区域进行取粉，既可以保证能采集足够粉末，又可以保证粉末的均匀性。

4. 试验结果

本试验采用冲击钻钻孔方式把混凝土分为若干层分别取样，钻孔直径为 20mm，分层钻孔深度到表面距离为 0、2.5、7.5、12.5、17.5、22.5、27.5mm。使用 0.075mm 的方孔筛去除大颗粒。参照 GB/T 50082—2009、JTJ 270—1998 和 GB/T 50476—2008，为了避免普通自来水中自带氯化物的影响，试验采用去离子水配置剩余粉末并用磁力搅拌机连续搅拌 24h，然后用 NJCL-H 氯离子含量快速测定仪测定其水溶性氯离子浓度。为了提高试验精度，对每个试件各个深度取 3 组粉末样品（如图 2-40 所示），每组样品分别测量 3 次。

检测得到的水溶性氯离子浓度用式（2-35）进行计算，得出混凝土各深度氯离子含量如表 2-16 所示，表中氯离子含量以混凝土中氯离子含量的质量百分比表示。

图 2-40　钻孔取粉所得样品

5. 数据分析

根据表 2-15 得到的试验数据，作出汕头地区海洋环境中氯离子含量与渗透深度的关系，如图 2-41 所示。从图 2-41 可以看出，钢筋混凝土结构保护层各个深度的氯离子含量随着侵入深度的加深逐步递减。

表 2-15　　　　　　　　　　　　混凝土各深度氯离子含量　　　　　　　　　　　　（%）

取样点	渗透深度（mm）							备注
	0	2.5	7.5	12.5	17.5	22.5	27.5	
a4	0.5035	0.3821	0.3094	0.2405	0.2170	0.2053	0.1931	迎风面
a5	0.4851	0.3597	0.2871	0.2253	0.2048	0.1890	0.1718	侧面
a6	0.4322	0.3055	0.2306	0.1779	0.1549	0.1353	0.1274	背风面
b4	0.5512	0.4208	0.3408	0.2764	0.2451	0.2290	0.2186	迎风面
b5	0.5226	0.3933	0.3111	0.2698	0.2343	0.2192	0.2055	侧面
b6	0.4755	0.3486	0.2733	0.2128	0.1810	0.1736	0.1660	背风面
c4	0.1549	0.1295	0.0912	0.0711	0.0546	0.0408	0.0358	迎风面
c5	0.1392	0.1187	0.0879	0.0671	0.0507	0.0377	0.0331	侧面
c6	0.1031	0.0851	0.0636	0.0448	0.0361	0.0233	0.0215	背风面

取样点	渗透深度（mm）							备注
	0	2.5	7.5	12.5	17.5	22.5	27.5	
d4	0.5214	0.3978	0.3186	0.2540	0.2201	0.2087	0.2050	迎风面
d5	0.4922	0.3661	0.2887	0.2392	0.2084	0.1901	0.1881	侧面
d6	0.4577	0.3212	0.2590	0.1952	0.1651	0.1543	0.1423	背风面
e4	0.5254	0.4005	0.3229	0.2471	0.2262	0.2064	0.1988	迎风面
e5	0.4985	0.3706	0.2969	0.2191	0.2078	0.1954	0.1828	侧面
e6	0.4547	0.3390	0.2514	0.2016	0.1740	0.1587	0.1427	背风面

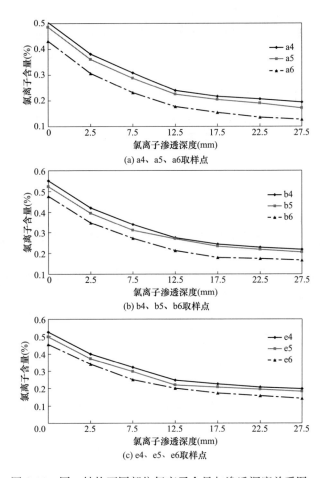

(a) a4、a5、a6取样点

(b) b4、b5、b6取样点

(c) e4、e5、e6取样点

图 2-41　同一结构不同部位氯离子含量与渗透深度关系图

从图中可以看出汕头地区混凝土内部氯离子含量呈现三种趋势：

（1）距混凝土表面 0～12.5mm 范围内，随着距离增加，氯离子含量迅速降低，减少幅度很大；

（2）距混凝土表面 12.5～22.5mm 范围内，随着距离增加，氯离子含量下降幅度趋于缓和；

（3）距混凝土表面距离超过 22.5mm，氯离子含量逐渐稳定，几乎不受深度变化影响。

氯离子含量之所以会呈现三种趋势，主要是因为氯离子可以通过多种不同的方式侵入混凝土结构表层，所以表层深度氯离子大量富集。但随着氯离子不断深入，大量氯离子被不断地化学结合与物理吸附，导致氯离子含量明显减少。而当氯离子在混凝土内部向更深处扩散时，由于混凝土对氯离子的固化能力趋于饱和，导致氯离子含量逐渐趋于稳定。

样品 a4 取自迎风面，a5 取自侧面，a6 取自背风面，从图 2-41（a）可以看出，不同样品的氯离子浓度因为样品位置的不同存在差异。可见，混凝土表面与海面相对位置的不同，对混凝土内部的氯离子浓度有着明显的影响。

图 2-42 是根据本实验得到的不同服役时间混凝土结构氯离子含量与渗透深度关系图。

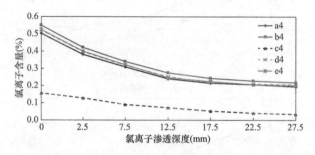

图 2-42　不同服役时间混凝土结构氯离子含量与渗透深度关系图

从图 2-42 可以看出，混凝土强度越大，抗氯离子侵入能力越强；钢筋混凝土结构保护层各个深度的氯离子含量与结构使用时间成正比，随着结构使用时间的延长，氯离子总含量不断增大，但是增长速度随着时间的继续增长开始变得缓慢，氯离子浓度逐渐趋于稳定。由于氯离子在混凝土中的浓度因深度而不同，且随腐蚀时间的延长而增大，因此，本试验中，汕头地区沿海各混凝土结构物内部的氯离子扩散模型遵循 Fick 第二定律。同时通过现场取样以及所得氯离子含量数据可以发现，混凝土内部钢筋锈蚀可能性与到达钢筋表面氯离子含量关系与表 2-10 相吻合，因此可以把表 2-10 中所用氯离子临界浓度值作为判别混凝土内部钢筋是否锈蚀的标准。

在汕头地区海洋环境氯离子侵蚀作用下，通过确定不同服役时间的混凝土结构保护层逐层深度氯离子浓度进行曲线拟合，试验结构保护层厚度均为 30mm，取 27.5mm 深度氯离子浓度作为引起混凝土内部钢筋锈蚀的氯离子临界浓度以保留有一定安全裕度，运用 Origin7.5 进行各种曲线比对，发现指数型曲线拟合精度较高，其表达式为

$$t = ae^{C/b} + a_0 \qquad (2\text{-}43)$$

式中　t——服役时间，年；

　　　　C——混凝土 27.5mm 深度氯离子浓度，%。

拟合结果为 $a=4.68404$，$b=0.04069$，$a_0=-4.08708$，如图 2-43 所示。

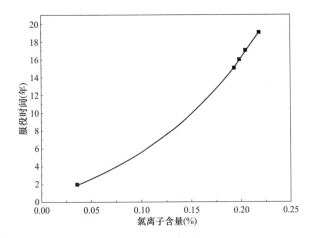

图 2-43 氯离子含量与服役时间关系曲线拟合结果

这样，根据确定的引起混凝土内部钢筋锈蚀的氯离子临界浓度，可以指导拟建结构设计方案的选择，预测在役结构不同位置混凝土结构内部钢筋锈蚀时间，及时做出维修处理，保证结构的正常使用。

第四节 变电混凝土构架杂散电流作用分析

不按预定线路流通的电流称为杂散电流，由此引起的腐蚀称为杂散电流腐蚀。如果钢筋混凝土结构存在杂散电流，则钢筋与混凝土间形成电流通路，产生电位差，当钢筋为阳极时，加速腐蚀。当混凝土为阳极时，则会产生异变。在输电系统中，输电导线、钢筋混凝土支撑构件系统和地面间形成了电流回路，会产生导入地面的杂散电流。该电流将对起支撑作用的钢筋混凝土结构产生严重的杂散电流腐蚀作用，危及建筑设施的安全，影响供电系统的稳定。

近年来，由于地铁和轻轨的建设处于高速发展阶段，杂散电流对地铁、轻轨运输系统的腐蚀影响有了相对较多的研究和发展，但对电力运输系统杂散电流腐蚀则缺乏相应的研究，本节将对在变电站环境中钢筋混凝土构件的杂散电流及其作用进行探讨。

一、杂散电流的形成

对钢筋杂散电流腐蚀的研究多是对地铁及轻轨等利用直流供电牵引驱动机车的轨道交通系统进行的。列车走行的钢轨用做直流回流，但由于钢轨与大地之间难以完全绝缘，会有部分直流回流经钢轨泄漏到隧道地下埋设的各类金属管线和隧道本体结构钢筋上，这样就构成了电牵引驱动机车的轨道交通系统的腐蚀。

（1）在变电架构环境中，电流通过高压直流或交流电的方式来运输。变电架构中高压电缆由钢筋混凝土构件架立悬空，这样电缆与地面间通过钢筋混凝土构件形成了回路，可能会有部分直流流经钢筋混凝土构件泄露到地下，这样设计或规定回路以外流动的电流便形成了杂散电流，而作为杂散电流的载体变电站钢筋混凝土架立构件便存在杂散电流腐蚀的可能。

（2）在变电架构环境中，伴随着使用年限的增加，不可避免地会出现绝缘老化、雨雪侵蚀、导电粉尘和油污污染等外界环境问题。露天情况下，绝缘子会沾染污秽，在南方沿海地区，由于气候潮湿，通过绝缘子有泄漏电流产生，即产生了直流杂散电流。或者绝缘子损伤发展到一定程度，有贯穿性击穿电流产生，即产生了杂散电流。

二、杂散电流对变电钢筋混凝土构架耐久性的影响

1. 引发钢筋锈蚀

杂散电流通过钢筋混凝土结构时，电流本身不会对构件产生直接影响，而是在钢筋的导电作用下，电流被汇集流向排流点。钢筋呈阴极或钢筋呈阴极的部位在杂散电流的影响下，电流强度会发生变化。根据阴极保护理论，阴极电流较小时一般不发生腐蚀，但当阴极电流较大时，钢筋表面阴极反应速度加快，并导致大量 H_2 析出（析氢反应）。

析出的 H_2 在由混凝土构成的密闭空间内不能溢出，就会在钢筋混凝土构件内部形成等静压力，使钢筋与混凝土脱开，并使混凝土保护层胀裂。如有钠或钾的化合物存在，则电流会在钢筋与混凝土的界面处产生可溶的碱式硅酸盐或铝酸盐，使结合强度显著降低。如果钢筋呈阳极或在钢筋呈阳极的部位上，会发生氧化反应，杂散电流的通过会加速离子的搬运，加速氧化反应的发生，促使钢筋锈蚀膨胀，腐蚀产物在阳极处的堆积将产生机械胀力而使混凝土保护层胀裂。

2. 影响氯离子扩散速度

同时杂散电流的通过会加大构件内形成的腐蚀电池的电位差，使阳极更正一些，这样促使负离子向阳极迁移，使得阳极区附近氯离子的浓度得到提升，从而使得钢筋的腐蚀速度加快。

因为杂散电流的存在，钢筋中可能存在电流，钢筋和混凝土中可能存在电位差，分别形成阴极或者阳极。而阳极对氯离子具有吸引力，这将加快氯离子聚集速度，加快氯离子侵蚀速率。钢筋锈蚀过程氧化还原反应也是电化学过程，额外的杂散电流增加了钢筋内部形成的电压差，从而加速了钢筋内部电子的转移，使得 Fe 更易、更快地失去电子。研究表明，杂散电流使氯离子扩散速度成倍加速。

3. 使钢筋升温，加速腐蚀

因为钢筋和混凝土也可看作电阻，当在其两端加上电压时，会在其中产生电流，期间会有能量的逸散，而能量往往以提高温度的方式来进行逸散。在高温下，氧化还原反应得到促进，进而加速了钢筋的锈蚀速度，并且电磁场的传播过程中将造成能量逸散，进而使构件内部的温度得到提升，加速钢筋的锈蚀。

对环境因素影响的研究结果也表明，温度对碳化反应速率影响很大。当温度升高时，二氧化碳在混凝土中的扩散速度加快，同时碳化反应速率加快，因而碳化速度加快。

4. 影响混凝土性能

由杂散电流对钢筋的腐蚀机理可知，钢筋被电解生成"铁锈"，并最终沉积在钢筋表面，"铁锈"的成分比较复杂，在不同工况下也有差异，一般情况下主要是 $Fe_2O_3 \cdot mH_2O$ 与 $Fe_3O_4 \cdot nH_2O$ 的混合物，"铁锈"体积与原来相比可膨胀 $2\sim4$ 倍，甚至可能达到 10 倍，在贫氧环境下钢筋也能被电解生成 $Fe(OH)_2$ 沉淀，其体积会膨胀 3.71 倍，进而对周围的混凝土产生压力，使混凝土内部形成拉应力。由于混凝土的抗拉强度很低，随着腐蚀反应的小断进行，"铁锈"量也不断增加，对周围混凝土的挤压力也不断增加。当由铁锈产生的拉应力超过抗拉强度时混凝土会沿钢筋方向开裂。

混凝土开裂后会加速外环境对钢筋的侵蚀而使其截面积变小，同时又会减弱钢筋与混凝土之间的黏结力，进而导致整个钢筋混凝土结构的承载力下降。钢筋混凝土结构中钢筋受杂散电流腐蚀后，无论混凝土是否发生破裂，混凝土的强度均会发生变化，其弹性、变形模量、泊松比以及单轴抗拉、抗压强度都有较大的下降。

杂散电流除了能造成混凝土内钢筋锈蚀外，还会对混凝土造成腐蚀。土壤中含有大量的离子介质，当混凝土结构周围的土壤比较潮湿或积水，混凝土结构的表面就被电解质溶液包裹，相当于将混凝土结构放置到电解池中。在这个电解池中混凝土孔溶液中的离子在电场作用下向外迁移，Ca^{2+} 不断被溶出带走，溶蚀速率比一般地下水流经的溶蚀速率更快。Ca^{2+} 的不断溶出使混凝土中水化产物 $Ca(OH)_2$、C-S-H 发生分解，混凝土孔隙率增加、强度下降，最终会导致混凝土破坏。

因此，钢筋混凝土结构在杂散电流腐蚀的作用下，会发生结构的破坏，这种破坏对承受荷载的混凝土主体结构是十分危险的，它会降低混凝土结构的强度，影响结构的耐久性。

三、杂散电流作用引起的钢筋混凝土构架抗力劣化

杂散电流作用引起钢筋腐蚀对结构功能的影响可分为对钢筋本身的力学性能的影响，对钢筋与混凝土间的结合强度的影响；锈蚀产物体积膨胀带来的影响。

1. 对钢筋本身力学性能的影响

锈蚀时，钢筋的实际屈服强度和极限屈服强度变化不大，甚至会有所提高。但由于锈蚀钢筋的截面积减小，钢筋的名义屈服强度和极限屈服强度会有一定削弱。锈蚀钢筋试件的弹性模量随锈蚀率增加变化不大，钢筋锈蚀后应力-应变关系曲线发生明显变化，随锈蚀率的增加，屈服台阶缩短，曲线变得平缓，屈服比增大；当锈蚀率较大时，屈服平台消失，钢筋表现为脆性破坏。

吴雄通过研究杂散电流与氯盐的协同作用下混凝土的劣化特征，分析建立了杂散电流与氯盐环境耦合作用下混凝土力学性能退化关系的回归方程。

2. 对钢筋和混凝土间的结合强度的影响

钢筋与混凝土之间的黏结作用是二者共同工作的基本前提，钢筋锈蚀后，其与混凝土的黏结性能会有较大的程度的削弱，影响结构的安全。随着钢筋锈蚀率增加，钢筋与混凝土间的化学胶结力、变形钢筋的机械咬合力及混凝土对钢筋的约束力均有不同程度的退化，钢筋与混凝土间黏结性能与剪切刚度性能明显退化。对于约束的变形钢筋，轻度锈蚀（4%）对黏结性能没有明显影响，当锈蚀率大于 6% 时，黏结性能开始下降。

钢筋锈蚀使钢筋的截面积减小，同时又会减弱钢筋与混凝土之间的黏结力，进而导致整个钢筋混凝土结构的承载力下降。不均匀锈蚀导致钢筋表面凹凸不平，产生应力集中现象。

3. 锈蚀产物体积膨胀带来的影响

混凝土中的钢筋一旦发生锈蚀，在钢筋表面生成一层疏松的锈蚀产物，同时向周围混凝土孔隙中扩散。锈蚀产物体积比未腐蚀钢筋的体积要大得多，一般可达钢筋锈蚀量的 2～4 倍。锈蚀产物的体积膨胀使钢筋外围混凝土产生环向拉应力，当环向拉应力达到混凝土的抗拉强度时，在钢筋与混凝土界面处将出现内部径向裂缝，随着钢筋锈蚀的进一步加剧，钢筋锈蚀量的增加，径向内裂缝向混凝土表面发展，直到混凝土保护层开裂产生顺筋方向锈胀裂缝，甚至保护层剥落，严重影响钢筋混凝土结构的正常使用。

杨向东等基于杂散电流电化学腐蚀原理计算得出外加直流电的情况下钢筋混凝土中钢筋的腐蚀产物计算表达式。而 Masuda. Y 通过研究杂散电流对钢筋混凝土结构耐久性腐蚀影响的情况，分析了混凝土在杂散电流腐蚀后的变化特征，并建立了受杂散电流腐蚀影响的钢筋混凝土开裂模型。

第三章

变电构架的荷载分析

在分析构件截面强度的安全指标 β 时，必须知道截面荷载效应 S（即一般所谓的内力或变形等）以及截面的相应抗力 R 属于何种概率分布（正态、对数正态、极值 I 型或其他类型的分布），还应知道统计参数 μ_S、$\sigma_S(\delta_S)$、μ_R、$\sigma_R(\delta_R)$。这些统计特征分析的可信程度，直接影响可靠度的分析结果，因而是可靠性分析的重要内容。

第一节 荷载及其概率模型

一、荷载的定义和分类

变电构架在施工和使用期间，受到其自身的和外加的（包括直接的和间接的）各种因素的作用，例如变电构架构件和设备的自重、变电构架上的导线、风压、覆冰、雪压以及温度变化、地震作用、安装及检修所产生的临时性荷载、基础不均匀沉降等。这些作用将使变电构架或变电构架构件产生各种效应。因此，我们可把这些作用定义为：施加在变电构架上的集中或分布荷载，以及引起变电构架外加变形或约束变形的原因，总称为变电构架上的作用。

结构构件的自重、楼面上或桥面上的人群和物品、风压和雪压等，一般称为直接作用，常称为荷载；基础不均匀沉陷、温度变化、焊接变形以及地震等，一般称为间接作用，常称为结构的外加变形或约束变形。在结构设计时，一般说来，除应考虑直接作用即荷载外，也应考虑间接作用产生的效应。

某些结构上的作用，例如变电构架检修活荷载和风荷载，它们各自出现与否以及数值大小，在时间上和空间上均彼此互不相关，故称为在时间上和空间上互相独立的作用。这种作用在计算其效应和进行组合时，可按单独的作用处理。

效应一般是指施加在结构上的各种作用使结构所产生的内力（如轴向力、弯矩、剪力、扭矩等）和变形、裂缝。仅由于荷载产生的效应称为荷载效应。

荷载可按时间变异的分类，这也是荷载基本分类。因为它直接关系到概率模型的选择，而且按各类极限状态设计时所采用的代表值一般与其出现的持续时间长短有关。

按时间变异的特点可分为：

（1）永久荷载。指在设计基准期内其值不随时间变化，或其变化与平均值相比可以忽略不计的荷载。例如，结构自重、土压力、水压力、预加应力等，它们的量值在整个设计基准期内基本保持不变，随机性只是表现在空间的变异上。永久荷载的特点是其统计规律与时间参数无关，故可用随机变量模型来描述。

（2）可变荷载

指在设计基准期内其值随时间变化，且其变化与其平均值相比不可忽略的荷载；例如楼面或桥面上的活荷载、风荷载、雪荷载、波浪荷载、吊车荷载、温度变化等。可变荷载的特点是其统计规律与时间参数有关，故必须采用随机过程概型来描述。

（3）偶然荷载

指在设计基准期内可能出现但不一定出现的荷载。它的出现带有偶然性，其量值很大且持续时间很短。例如，地震力，爆炸力，汽车、船或漂流物的撞击力。

荷载 Q 与荷载效应 S 之间，一般可近似按线性关系考虑，即

$$S = CQ \tag{3-1}$$

式中，常数 C 为荷载效应系数。这时，可认为 S 的统计规律与 Q 的统计规律是一致的。我们下面的讨论仅限于这种情况。

二、荷载的概率模型

荷载的概率模型可借助统计数学的方法研究。目前常用于研究荷载的概率模型有两种：对于与时间参数无关的永久荷载，一般采用随机变量概率模型；对于与时间参数有关的可变荷载，一般采用随机过程概率模型。如果同时考虑荷载随时间、空间变异时，则采用多维随机概率模型，但该模型目前处于研究阶段。这里，仅介绍随机过程概型，即荷载随机过程，用符号 $\{Q(t,\omega), t \in [0,T], \omega \in \Omega\}$ 表示。式中 $[0，T]$ 为设计基准期，Ω 为观测的基本结果的全体。

以楼面可变荷载为例，当具体观测某一房间中的活荷载时，从它正式使用开始（$t=0$）直至 50 年（$t=50$ 年）结束，该荷载变化可用一个时间函数表示，记为

$$Q(t,\omega_0) = f(t), \quad t \in [0,T], \omega_0 \in \Omega \tag{3-2}$$

其中，ω_0 表示一次特定的观测，$f(t)$ 称为一个样本函数，如图 3-1 所示。

不难理解，荷载随机过程是由大量样本函数组成的。目前国内外常用平稳二项随机过程、普松方波随机过程、滤过普松随机过程、平稳高斯随机过程等来描述可变荷载。这里限于篇幅，仅简要介绍前者。

在平稳二项随机过程模型中，将可变荷载的样本函数模型化为等时段的矩形波函数（如图 3-2），其基本假定为：

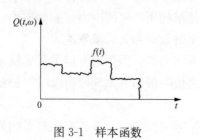

图 3-1　样本函数

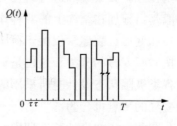

图 3-2　等时段的矩形波函数

（1）荷载一次持续施加于结构上的时段长度为 τ，而在设计基准期 T 内可分为 r 个相等的时段，即 $r=T/\tau$；

（2）在每一时段 τ 上，可变荷载出现［即 $Q(t)>0$］的概率为 p，不出现［即 $Q(t)=0$］的概率为 $q=1-p$；

（3）在每一时段 τ 上，可变荷载出现时，其幅值是非负的随机变量，且在不同的时段上其概率分布函数 $F_Q(x)$ 相同，这种概率分布称为任意时点荷载概率分布；

（4）不同时段 τ 上的幅值随机变量是相互独立的，并且在时段 τ 内是否出现荷载，也是相互独立的。

矩形波幅值的变化规律采用随机过程 $\{Q(t), t\in[0,T]\}$（为简单起见，往后将与符号 ω 有关的部分均省略）中任意时点荷载的概率分布函数 $F_Q(x)=P\{Q(t_0)\leqslant x, t_0\in[0,T]\}$ 来描述。

采用平稳二项随机过程模型，每种可变荷载必须给出三个统计要素，即荷载出现一次的平均持续时间 $\tau=T/r$、在任一时段 τ 上荷载出现的概率 p、任意时点随机变量的概率分布 $F_Q(x)$。

对于几种常遇的荷载，参数 τ 和 p 可以通过调查测定或经验判断得到。任意时点荷载的概率分布 $F_{Qi}(x)$ 是结构可靠度分析的基础，应根据实测数据，选择典型的概率分布（如正态分布、对数正态分布、伽马分布、极值Ⅰ型、Ⅱ型、Ⅲ型分布等）进行优度拟合。在进行优度拟合时，一般可采用 χ^2 检验法或 $K\text{-}S$ 检验法，检验的显著性水平一般可取 0.1 或 0.05。

在考虑基本变量概率分布类型的一次二阶矩结构可靠度分析方法中，各种基本变量均是按随机变量考虑的，因此必须将上述荷载随机过程转换成随机变量。为安全起见，一般是取荷载 $\{Q(t), t\in[0,T]\}$ 在设计基准期内的最大随机变量 Q_T，即

$$Q_T = \max Q(t) \quad (0\leqslant t\leqslant T) \tag{3-3}$$

根据平稳二项随机过程的等时段矩形波模型，并利用全概率定理和二项定理可导出 Q_T 的概率分布。在任一时段 τ，$Q(t)$ 的概率分布 $F_{Q_\tau}(x)$ 为

$$\begin{aligned}
F_{Q_\tau}(x) &= P\{Q(t)\leqslant x, t\in\tau\} = pF_Q(x)+q\times 1 = pF_Q(x)+(1-p)\\
&= 1-p[1-F_Q(x)]
\end{aligned} \tag{3-4}$$

当 $x<0$ 时，显然有 $F_{Q_\tau}(x)=0$。

再根据上述（1）、（4）两项假定，可得设计基准期 T 内最大荷载 Q_T 的概率分布函数为

$$\begin{aligned}
F_{QT}(x) &= P\{Q_t\leqslant x\} = P\{\max_{0\leqslant t\leqslant T} Q(t)\}\\
&= P\Big\{\prod_{i=1}^r [Q_t\leqslant x, t\in\tau_i]\Big\} = \prod_{i=1}^r P[Q_t\leqslant x, t\in\tau_i]\\
&= \{1-p[1-F_Q(x)]\} \quad r(x\geqslant 0)\\
&\qquad\qquad r = T/\tau
\end{aligned} \tag{3-5}$$

式中 r——设计基准期内的总时段数。

对于在每一时段上必然出现的可变荷载（例如，持久性楼面活荷载，$p=1$），则

式（3-5）可写成

$$F_{QT}(x) = [F_Q(x)]^m$$
$$m = pr \tag{3-6}$$

式中　m——在设计基准期内荷载的平均出现次数。

当 $p \neq 1$ 时（例如，对于出现概率 $p < 1$ 的临时性楼面活荷载、风荷载及雪荷载），如果式（3-5）中的 $p[1-F_Q(x)]$ 项充分小，则可利用 e^{-x} 展开为幂级数关系式（近似取前两项），由式（3-5）得

$$F_{QT}(x) = \{1 - p[1-F_Q(x)]\}^r \approx \{\exp\{-p[1-F_Q(x)]\}\}^r$$
$$= \{\exp\{-[1-F_Q(x)]\}\}^{pr} \approx \{1 - [1-F_Q(x)]\}^{pr}$$
$$= [F_Q(x)]^m \tag{3-7}$$

式（3-7）表明，平稳二项随机过程 $\{Q(t), t \in [0,T]\}$ 在 $[0,T]$ 上的最大值 Q_T 的概率分布 $F_{QT}(x)$ 是任意时点分布 $F_Q(x)$ 的 m 次方。在一般情况下，采用式（3-7）确定 $F_{QT}(x)$ 比式（3-5）方便。由此得到的结果是近似的，但是偏于安全的。式（3-7）也是国际"结构安全度联合委员会"（JCSS）推荐的近似公式。

在讨论荷载组合时，上述概率模型存在以下两个缺点。

（1）在基本时段 τ 内假定荷载的峰值为恒定（即矩形波假设），适用于持久性活荷载。而最大风压或临时性活荷载等短期瞬时荷载计算时，按此假设则是与实际情况不符。如取 τ 为一年，按上述假设，一年时段内的风压均为恒定的年最大风压，这显然不符合实际情况。当然如果时段取得合理地短，则此假设可能也可更贴近实际。

（2）式（3-5）和（3-7）中的 r 和 p 的取值，一般从荷载统计资料中不易得到，而往往人为地确定。例如，住宅楼面持久性活荷载和临时性活荷载均假定 $m=5$，再由式（3-5）和式（3-7）确定 $F_{QT}(x)$。如果假定 $m=10$ 或其他数值，则与 $m=5$ 的 $F_{QT}(x)$ 的计算结果相差很多。至于 τ 和 $m=pr$ 取何值更符合实际，尚需进一步研究。

第二节　荷载统计分析

本节主要介绍常遇的恒载、风荷载和雪荷载等大量调查实测的数据处理和统计分析，和一些其他混凝土变电构架重要荷载的研究。

一、恒载

本研究根据实测资料和数据，作为恒载统计分析的基础。研究在全国六大区十七个省、市、自治区实测了大型屋面板、空心板、槽形板、F 型板和平板等钢筋混凝土预制构件共约 2667 块，以及找平层、垫层、保温层、防水层等 10000 多个测点的厚度和部分容重，总面积达 20000 多平方米。

恒载是永久荷载，在整个设计基准期 T 内必然出现，即概率 $p=1$，且基本上不随时间变化，当总时段数 r 取值为 1 时，平均出现次数 $m=pr=1$。因此，恒载样本函数可模型化为一根平行于时间轴的直线，可直接用随机变量来描述，记作 G，如图 3-3 所示。

现行荷载规范中对各种恒载规定的标准值为 G_k（设计尺寸乘标准容重），通过对有代表性的恒载实测数据，经统计假设检验，认为 G_k 服从正态分布，简记为 $N(1.06G_k，0.074G_k)$，其任意时点的概率分布函数为

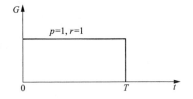

图 3-3　恒载样本函数模型

$$F_Q(x) = \frac{1}{0.074G_k\sqrt{2\pi}} \int_{-\infty}^{x} \exp\left[-\frac{(u-1.06G_k)^2}{0.011G_k^2}\right]\mathrm{d}u$$

（3-8）

按式（3-6）可算得恒载在设计基准期 T 内的最大值概率分布函数为

$$F_{QT}(x) = [F_Q(x)]^m = F_Q(x)$$

（3-9）

它与任意时点的分布相同，故一切参数保持不变。可见恒载实测平均值与现行荷载规范标准值之比值为 $K=\mu_G/G_k=1.06$。

二、风荷载

风荷载根据风压确定，而风压是按气象台站的风速资料换算而得的。研究在全国六大区 18 个省、市、自治区沿海和内陆的 29 个气象台站共收集了 656 年次的年标准风速和风向的记录，以及 27 个模型风洞试验的资料。

根据现行荷载规范规定的标准，风速取离地面 10 m 高度处自记 10 min 的平均最大风速。从风速经换算可得风压，按流体力学理论为

$$W_0 = \frac{\gamma}{2g}V_{10}^2$$

（3-10）

式中　W_0——风压，Pa；

　　　V_{10}——标准风速，m/s；

　　　$\gamma/2g$——风压系数；

　　　γ——空气重度，N/m³；

　　　g——重力加速度，m/s²。

此处的风压系数，按现行荷载规范规定取 1/16。由此求得的风压值，比个别台站实测值稍大，但对统计结果的影响甚微。

为使统计结果对全国各地区具有普遍适用性，以无量纲参数 $K_W=W_{0y}/W_{0k}$ 作为风压的基本统计对象，其中 W_{0y} 为实测的不按风向的年最大稳定风压值，W_{0k} 为现行规范规定的基本风压值。

根据 29 个气象台站的不考虑风向的年最大风压的资料，经 K-S 法检验，在显著性水平 $\alpha=0.05$ 下，可认为其概率分布服从极值Ⅰ型分布

$$F_{W_{0y}'}(x) = \exp\left\{-\exp\left[-\frac{x-0.364W_{0k}}{0.157W_{0k}}\right]\right\}$$

（3-11）

其平均值 $\mu_{W_{0y}'}=0.455W_{0k}$，标准差 $\sigma_{W_{0y}'}=0.202W_{0k}$，变异系数 $\delta_{W_{0y}'}=0.444$。

事实上，风是有方向性的。由于历年的最大风压并不一定作用在同一个方向上（对于大部分结构物，只需考虑一个方向承受的最大风压），而上述的年最大风压分布中并

没有考虑风向，因此统计值偏高。为了分析风向对风压的影响，首先确定历年的月最大风速，然后确定与其相对应的风向。分析表明，在主导风向上年最大风压亦服从极值Ⅰ型分布。

设风向对年最大风压平均值的影响系数为

$$C = \mu_{W_{0y}} / \mu_{W'_{0y}} \tag{3-12}$$

式中　　$\mu_{W_{0y}}$——主导风向上年最大风压平均值。

根据各气象台站统计分析求得 C_i 值，并考虑安全性取各 C_i 平均值的两倍标准差作为全国统一的考虑主导风向对风压平均值的影响系数 C，取 $C = 0.9$。

这样，考虑风向后的年最大风压的统计参数为平均值 $\mu_{W_{0y}} = 0.9\mu_{W'_{0y}} = 0.41W_{0k}$，标准差 $\sigma_{W_{0y}} = 0.9\sigma_{W'_{0y}} = 0.182W_{0k}$，变异系数 $\delta_{W_{0y}} = 0.444$。

按上述统计参数求得考虑风向影响的年最大风压概率分布为

$$F_{W_{0y}}(x) = \exp\left\{-\exp\left[-\frac{x - 0.328W_{0k}}{0.142W_{0k}}\right]\right\} \tag{3-13}$$

年最大风荷载 W_y 可根据年最大风压 W_{0y}、结构的体型系数 k 和高度变化系数 k_z 确定，即

$$W_y = kk_z W_{0y} \tag{3-14}$$

其中，系数 k 和 k_z 也是随机变量。根据风洞试验资料的统计分析，可得出系数 k 和 k_z 的平均值 μ_k 和 μ_{kz}（即为荷载规范中给定的值），k 和 k_z 的变异系数分别取 $\delta_k = 0.12$、$\delta_{kz} = 0.10$。从而，年最大风荷载的平均值为

$$\mu_{W'_y} = \mu_k\mu_{kz}\mu_{W'_{0y}} = 0.455\mu_k\mu_{kz}W_{0k} = 0.455W_k \quad （不按风向时）$$

其中，W_k 为荷载规范规定的风荷载标准值。

年最大风荷载的变异系数为

$$\delta_{W'_y} = \delta_{W_y} = \sqrt{\delta_k^2 + \delta_{k_z}^2 + \delta_{W_{oy}}^2} = 0.471$$

$$\sigma_{W'_y} = 0.214W_k, \sigma_{W_y} = 0.193W_k$$

假定年最大风荷载的分布类型与风压相同，亦服从极值Ⅰ型，则

$$F_{W'_y}(x) = \exp\left\{-\exp\left[-\frac{x - 0.359W_k}{0.167W_k}\right]\right\} \quad （不按风向时） \tag{3-15}$$

$$F_{W_y}(x) = \exp\left\{-\exp\left[-\frac{x - 0.323W_k}{0.151W_k}\right]\right\} \quad （按风向时） \tag{3-16}$$

在设计基准期 50 年内，年最大风荷载接近每年出现一次，故取 $m = 50$，其随机过程的样本函数如图 3-4 所示。

根据式（3-7）可求得设计基准期最大风荷载 W_T 的概率分布函数为

图 3-4　年最大风荷载随机过程的样本函数

$$F_{W'_T}(x) = \left[F_{W'_y}(x)\right]^{50} =$$

$$\exp\left\{-\exp\left[-\frac{x-1.012W_k}{0.167W_k}\right]\right\} \quad (\text{不按风向时}) \tag{3-17}$$

其平均值 $\mu_{W_T'}=1.109W_k$，标准差 $\sigma_{W_T'}=0.214W_k$，变异系数 $\delta_{W_T'}=0.193$。

$$F_{W_T}(x)=\left[F_{W_y}(x)\right]^{50}=\exp\left\{-\exp\left[-\frac{x-0.912W_k}{0.151W_k}\right]\right\} \quad (\text{按风向时}) \tag{3-18}$$

其平均值 $\mu_{W_T}=1.00W_k$，标准差 $\sigma_{W_T}=0.193W_k$，变异系数 $\delta_{W_T}=0.193$。

三、导线荷载

导线（包括架空地线）荷载由工艺提供，其中包括在最低温、最高温、最大风、最大覆冰和安装、检修工况条件下导线悬挂点所产生的水平张力、垂直荷重和侧向风压的标准值，导（地）线的偏角。导线张力的大小与导线的档距、弧垂、导线自重、覆冰厚度、引下线重量和安装导线检修上人有关，导线弧垂随温度的变化而变化，因此在不同的气象条件下导线的张力也是不同的。

1. 导线的安装荷载

在一般情况下可不考虑架设或移换导线时所产生的过牵引张力。如需要考虑时，导线的安装荷载除考虑作用在构架上的导线张力外，尚需考虑导线架设过程中在导线紧线相所产生的垂直分力的标准值，可按下列公式计算

$$G_{0k}=\alpha T_k\sin\beta+G_K+Q_K$$

式中　G_{0k}——导线紧线相的垂直分力的标准值；

　　　T_k——安装工况导线张力的标准值；

　　　α——滑轮摩擦系数，取 $\alpha=1.1\sim1.2$；

　　　β——牵引绳与地面的夹角，一般取 $\beta\leqslant45°$；

　　　G_K——安装工况导线垂直荷重的标准值；

　　　Q_K——安装导线时作用在梁上的人及工具重，取 2kN（标准值）。

2. 导线上人检修荷载

对导线悬挂点高度 $\geqslant10m$ 的构架，且导线跨中有引下线时，应考虑导线单相上人带电检修和三相同时上人停电检修两种情况，其作用在导线上的检修荷载标准值分别为：

（1）导线单相上人带电检修，作用在导线跨中的人及工具重在 220（330）kV 及以下线路为 1.5kN，500kV 线路为 3.5kN。

（2）导线三相同时上人停电检修，作用在每相导线的绝缘子根部人及工具重在 220（330）kV 及以下线路为 1.0kN，500kV 线路为 2.0kN。

对导线跨中无引下线的构架，不需考虑导线上人检修荷载，且三相同时上人停电检修工况只适用于母线构架。

3. 导线风荷载

目前的规范中，对输电线路风荷载的计算仅是将平均风静荷载乘以动力系数，显然不尽合理。事实上，输电导线作为一种大跨柔性结构，在风荷载作用下是典型的大位移

小变形的非线性振动，具有时域分析复杂、频域分布密集的特点。

4. 导线冰荷载

自 2008 年 1 月后，规范规程相应规定了设计冰厚 750、500kV 输电线路及其大跨越按 50 年一遇确定，110～330kV 输电线路及其大跨越按 30 年确定，其中 DL/T 5440—2009《重覆冰架空输电线路设计技术规程》规定：在有足够的覆冰观测资料，并确认资料有效性的情况下，应采用概率统计法确定线路设计冰厚，其概率模型宜采用极值 I 型分布

$$F_u(x) = \exp\{-\exp[-(x-21.74)/12.81]\} \tag{3-19}$$

四、雪荷载

在东北、新疆北部以及长江中下游和淮河流域地区及北京市共 16 个城市的气象台站共收集了 384 年次的年最大地面雪压的记录作为统计依据。气象资料一般记载有降雪期间每天的积雪深度和相应的雪容重。当某年的一次积雪深度和该次雪容重的乘积为最大时，即确定为该年的最大雪压值。有些城市个别年份只记录积雪深度而无容重，这时最大雪压就由该年内最大一次积雪深度乘以该市其他年份最大雪压时所取用的积雪容重的平均值来确定。

为使统计结果对全国有雪地区均可适用，以无量纲参数 $K_S = S_{0y}/S_{0k}$ 作为雪压的基本统计对象，其中 S_{0y} 为实测的年最大地面雪压值，S_{0k} 为各地区统计所得的平均"三十年一遇"的最大雪压值。根据各气象台站雪压的统计参数，取其算术平均值可得代表全国有雪地区的统计参数。此处没有采用现行荷载规范规定的基本雪压值，这是由于按荷载规范给出的标准值定义统计所得的 S_{0k} 值，与荷载规范规定的基本雪压值相差较大（多数情况下是基本雪压值偏低）。

根据年最大地面雪压的资料，用 K-S 法检验，可认为其概率分布服从极值 I 型

$$F_{S_{0y}}(x) = \exp\left\{-\exp\left[-\frac{x-0.271S_{0k}}{0.221S_{0k}}\right]\right\} \tag{3-20}$$

其平均值 $\mu_{S_{0y}} = 0.399S_{0k}$，标准差 $\sigma_{S_{0y}} = 0.284S_{0k}$，变异系数 $\delta_{S_{0y}} = 0.712$。

屋面雪荷载与地面雪压有关，但又不完全相同。这是因为屋面雪荷载受到房屋和屋顶的几何形状、朝向、房屋采暖情况、风速和风向、扫雪等因素的影响。因此，把地面雪压转换成屋面雪荷载是比较复杂的。一般说来，屋面雪荷载要比地面的小些。因而在未取得足够的实测资料之前，屋面雪荷载 S_y 可暂按 S_{0y} 取用。这样，年最大屋面雪荷载的概率分布为

$$F_{S_y}(x) = \exp\left\{-\exp\left[-\frac{x-0.244S_{0k}}{0.199S_{0k}}\right]\right\} \tag{3-21}$$

其平均值 $\mu_{S_y} = 0.359S_{0k}$，标准差 $\sigma_{S_y} = 0.256S_{0k}$，变异系数 $\delta_{S_y} = 0.713$。

因为年最大雪荷载接近每年出现一次，故取 $m=50$，根据式（3-7）可求得设计基准期最大雪荷载 S_T 的概率分布函数为

$$F_{S_T}(x) = [F_{S_y}(x)]^{50} = \exp\left\{-\exp\left[-\frac{x-1.024S_{0k}}{0.199S_{0k}}\right]\right\} \tag{3-22}$$

其平均值 $\mu_{S_T}=1.139S_{0k}$，标准差 $\sigma_{S_T}=0.256S_{0k}$，变异系数 $\delta_{S_T}=0.225$。

五、地震荷载

把地震荷载可看作为地震作用的一种效应。地震强迫结构变形，在地震作用下结构物呈现种种反应即效应，如位移反应、速度反应和加速度反应，结构在地震作用下的力效应就是一般所称的地震荷载，它与结构的绝对加速度（即反应加速度与地面加速度之和）直接有关。

地震荷载的数值不仅与地面输入的地震波形有关，而且与结构本身的动力特性有关，结构的质量、阻尼、恢复力特性以及质量中心、刚度中心的位置等都会影响到地震荷载，这是它与静荷载和重力活荷载的区别。

结构可靠度分析把荷载和抗力都看作随机变量，要研究地震荷载，就应首先研究它的概率模型。

地震的发生存在着很大的不确定性，现代的方法是采用概率论方法进行地震危险性分析。所谓地震危险性分析，大体上是先确定潜在震源位置并选择震源模型，再计算各震源不同震级地震的发生率，然后设法假定一种较接近实际的从震源到场地的衰减规律，最后分析指定场地的地震危险性。北京建筑科学研究院抗震所对我国 45 个城镇进行地震危险性分析后，用统计检验的方法进行分析，认为地震烈度的概率分布能较好地符合极值Ⅲ型。

极值分布中Ⅰ、Ⅱ、Ⅲ型的差别主要在于原分布尾部的变化规律。极值分布 $[F_{xi}(x)]^n$ 按 $F_{xi}(x)$ 的尾部收敛类型分为三类，若尾部是指数型，则最大值收敛于极值Ⅰ型；若尾部是多项式形式，则最大值分布趋于极值Ⅱ型；若其尾部是有界的，则趋于极值Ⅲ型。地震烈度极值Ⅲ型分布的表达式为

$$F_x(x) = \exp\left[-\left(\frac{\omega-x}{\omega-\varepsilon}\right)^k\right] \tag{3-23}$$

式中　ω——上限值，对于地震烈度是 $\omega=12.0$；

ε——分布的众值；

k——形状参数。

通过对 45 个城镇地震危险性分析中得到各自的众值烈度 ε，再设法在 ω 和 ε 的基础上求出形状系数 k。经过 K-S 检验的结果在 5% 信度下可通过。

在绘制地震危险性区划图方面，我国现在采取的做法是设法把地震烈度与地面峰值加速度相联系，然后用弹性反应谱理论求得作用于结构的等效荷载。

通过一系列的分析，初步建议在 50 年设计基准期内，结构基底剪力的概率分布符合极值Ⅱ型，为

$$F_Q(Q) = \exp\left[-\left(\frac{Q}{0.385Q_k}\right)^{-k}\right] \tag{3-24}$$

式中　Q_k——结构基底剪力标准值，即基本烈度对应于 $C=1$ 时结构的基底剪力；

k——形状参数，建议 $k=2.35$。

同时，变异系数 $\delta_Q = 1.2665$，平均值 $\mu_Q = 0.5966 Q_k$。

第三节　荷载代表值和荷载效应组合

根据不同极限状态的设计要求，设计表达式中要求采用不同的荷载代表值。永久荷载应采用标准值作为代表值，可变荷载应采用标准值、组合值或准永久值作为代表值。当设计上特殊需要时，亦可规定其他代表值，例如常遇值等。

根据各种荷载的概率模型，荷载的各种代表值应具有明确的概率定义。

一、荷载标准值

荷载标准值是荷载规范中对各种荷载规定的设计取值，它是结构设计采用的荷载基本代表值，荷载的其他代表值是以标准值为基础乘以适当的系数后得到的。

根据概率极限状态设计法的要求，荷载标准值一般应按设计基准期最大荷载概率分布的某一分位数确定。

1. 永久荷载

永久荷载标准值一般相当于永久荷载概率分布的 0.5 分位值，即正态分布的平均值。例如，对于结构自重，其标准值 G_k 可按设计尺寸与材料标准容重进行计算，这一般相当于恒荷载实际概率分布的平均值。由于某些重量变异较大的材料和构件（如屋面的保温材料、防水材料、找平层及钢筋混凝土薄板等）存在超重现象，实测平均值为标准值 G_k 的 1.06 倍，即现行荷载规范的标准值为实测平均值 μ_G 的 0.95 倍，即

$$G_k = \mu_G / 1.06 = 0.95 \mu_G \tag{3-25}$$

可见现行荷载规范规定的永久荷载标准值是偏低的。

2. 风荷载

考虑风向时

$$W_K = \mu_{W_T} / 0.999 \approx \mu_{W_T} \tag{3-26a}$$

不考虑风向时

$$W_K = \mu_{W'_T} / 1.109 \approx 0.9 \mu_{W'_T} \tag{3-26b}$$

由此可见，现行荷载规范规定的风荷载标准值相当于按风向统计时 50 年最大风荷载的平均值。对于不考虑风向的高耸结构等，风荷载标准值宜适当提高（可提高 10%）。

3. 雪荷载

$$S_K = \mu_{S_T} / 1.139 \approx 0.88 \mu_{S_T} \tag{3-27}$$

可见，与其他荷载相比此值偏小，应予适当调整。

二、荷载准永久值

可变荷载的准永久值是按正常使用、极限状态、长期效应组合设计时采用的荷载代

表值。准永久值反映了可变荷载的一种状态，其取值按可变荷载出现的频繁程度和持续时间长短进行，一般按在 T 内荷载达到和超过该值的总持续时间 T_Q 与 T 的比值来确定。国际上曾认为此值在一般情况下可取 0.5。相当于任意时点荷载概率分布的 0.5 分位数。

可变荷载的准永久值记为 $\psi_Q Q_K$，ψ_Q 称为准永久值系数，是对荷载标准值的一种折减系数，即 ψ_Q＝荷载准永久值/荷载标准值。

根据各种荷载的统计资料和计算，GB 50068—2001《建筑结构可靠度设计统一标准》从偏于安全考虑建议的各种荷载的准永久值系数 ψ_Q 见表 3-1。

表 3-1 荷载准永久值系数 ψ_Q

可变荷载种类	地区	ψ_Q
办公楼、住宅楼面荷载	全国	0.40
教室、会议室楼面荷载	全国	0.50
藏书、档案室楼面荷载	全国	0.80
风荷载	全国	0.00
雪荷载	东北	0.20
	新疆北部	0.15
	其他有雪地区	0.00

三、荷载组合值

当结构承受两种或两种以上可变荷载时，按承载能力极限状态的基本组合及正常使用极限状态短期效应的组合设计，通常采用低于荷载标准值的代表值，称为荷载组合值。

荷载组合值记为 $\psi_C Q_K$，ψ_C 称为组合值系数，是对荷载标准值 Q_K 的另一种折减系数。GB 50068—2001《建筑结构可靠度设计统一标准》中规定的荷载组合值系数是根据下列原则经优选确定的：在荷载分项系数已给定的前提下，对于有两种或两种以上可变荷载参与组合时，要通过引入组合系数对可变荷载标准值进行折减，以使按极限状态设计表达式设计的各种结构构件所具有的可靠指标与仅有一种可变荷载参与组合的简单组合情况下的可靠指标具有最佳的一致性。简言之是按可靠指标具有一致性的原则来确定荷载组合值系数的。

四、荷载效应组合

多种可变荷载效应的组合，是寻求几种荷载效应随机过程叠加后的统计特征问题。近年来，许多学者提出了多种荷载效应组合模型。根据我国荷载的统计资料，经过分析比较后，GB 50068—2001 采用了国际结构安全度联合委员会（JCSS）建议的组合规则。按照这种规则，某一可变荷载 $Q_i(t)$ 在设计基准期 $[0, T]$ 内的最大效应 $\max S_i(t)$（$t \in [0, T]$，持续时间为 τ_1），将与第二个可变荷载 $Q_i(t)$ 在时段 τ_1 内的局部最大效应

$\max S_i(t)$($t \in \tau_1$，持续时间为 τ_2），以及第三个可变荷载 $Q_i(t)$ 在时段 τ_2 内的局部最大效应 $\max S_i(t)$（$t \in \tau_2$，持续时间为 τ_3）相组合，依此类推（如图 3-5 所示）。

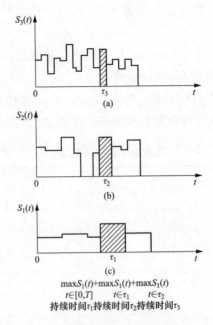

图 3-5　JCSS 的荷载效应组合规则

现以恒荷载与住宅楼面活荷载及风荷载组合为例加以说明。按照 JCSS 组合规则，可列出以下几种组合形式

$$\left.\begin{aligned} S_{M1} &= S_G + S_{LiT} + S_{LrS} + S_{WS} \\ S_{M2} &= S_G + S_{Li+} S_{LrT} + S_{WS} \end{aligned}\right\} \tag{3-28}$$

$$S_{M3} = S_G + S_{Li} + S_{LrS} + S_{WT}$$

式中　S_G——恒荷载的效应；

S_{Li}、S_{LiT}——住宅任意时点持久性楼面活荷载，和设计基准期最大持久性楼面活荷载的效应。（基准期为 50 年，一般分 5 个时段，每个时段持续时间为 10 年）；

S_{LrS}、S_{LrT}——住宅 10 年时段最大临时性楼面活荷载，和设计基准期最大临时性楼面活荷载；

S_{WS}、S_{WT}——10 年时段最大风荷载，和设计基准期最大风荷载的效应。

以式（3-28）中的第一式为例说明如下：

（1）第一项为恒荷载效应，持续时间 τ_1 可视为 50 年；

（2）第二项为 50 年内最大持久性楼面活荷载效应，持续时段 τ_2 为 10 年；

（3）第三项为 10 年时段最大临时性楼面活荷载，即 τ_3 为 10 年；

（4）第四项为 10 年时段最大风荷载，即 τ_4 为 10 年。

第二，第三式也可依此分析。

按照上述方法，对于恒荷载、楼面活荷载、风荷载和雪荷载等常遇荷载，可列出 6 种基本组合（不包括偶然作用的组合）。对这种组合进行结构可靠度分析后，其中使结构可靠度为最小者，就是起控制作用的荷载效应组合。

荷载效应组合的另一种方法是 TURKSTRA 组合规则，此规则是按下列原则取设计基准期综合荷载的最大值 S_M

$$S_M = \max_{1 \leqslant i \leqslant n} \left\{ \max_{t \in [0,T]} S_i(t) + \sum_{\substack{j=1 \\ j \neq i}}^{n} S_j(t) \right\} \tag{3-29}$$

用本法时，分别用每一个参加组合的荷载在设计基准期内的最大值同其他荷载进行组合，得出一组综合荷载最大值 $S_M(i=1,2,\cdots,n)$ 以参与结构可靠度计算，最后取其中对可靠指标 β 起控制作用的组合所对应的可靠度，作为结构的可靠度。

该法计算简便，明显具有少数控制荷载的结构适合，采用此组合规则。水工结构和港工结构目前设计规范的组合原则，与本组合规则类似。

Y. K. Wen 等人提出了以泊松随机过程为荷载概率模型的组合原则。该组合原则把变化比较缓慢、持续时间较长的荷载归为一类，用泊松方波过程作为概率模型；而把变化比较急剧、持续时间比较短的荷载归为另一类，用过滤泊松过程作为概率模型。最后，直接寻求荷载在设计基准期内的最大值 S_M 的概率分布的精确解或近似解，从而求解结构的可靠度。

第四节　既有变电构架荷载分析的特点

在对既有变电构架进行可靠性评价分析时或计算可靠指标时，必须先知道荷载的概率模型和统计参数。既有变电构架所承受的荷载有恒载（如构架自重、固定的设备重及导线和绝缘子自重产生的垂直荷载和水平张力）、风荷载、冰荷载（结构覆冰荷载、导线和绝缘子上覆冰所产生的垂直及水平张力）、安装及检修时临时性荷载、地震作用、温度变化作用等。荷载的设计取值和概率模型的现有研究都是针对拟建变电构架而言。对既有的变电构架而言，这些荷载的随机模型也十分值得研究。

与设计中人们所研究的拟建变电构架相比，既有的变电构架已成为一个空间实体，并且经历了一段时间的使用，它的环境更为具体化，同时人们对既有的变电构架的要求也较设计时有所变化。这使既有变电构架的荷载分析与拟建变电构架相比有很多不同之处，主要表现在：

（1）时间区域不同。荷载分析必须以可靠性分析的基准期作为其时间区域。由于可靠性分析基准期的差别，既有变电构架荷载分析的时间区域一般要较拟建变电构架的短。即使两者长度相等，它们的时间起点也不同。

（2）分析背景不同。由于既有变电构架的设计、建造工作均已完成，而且人们还要针对既有变电构架当前的具体情况和具体的使用目的改变原先的要求或提出新的要求，因此既有变电构架荷载分析的背景与拟建变电构架有所不同。

（3）信息基础不同。拟建变电构架的大部分荷载的分析只能利用非自身的荷载信息，而且这些信息均属于结构建成之前的信息。相反，既有变电构架大部分荷载的分析则可建立在自身的荷载信息基础上，包括结构建成后新出现的信息，而且人员调查采集的荷载信息也可用于既有变电构架的荷载分析中。

（4）分析方法不同。在统计分析方面，拟建变电构架主要采用的是空间类推的统计方法，分析结果的针对性较差；既有变电构架主要采用的是时间外推的统计方法，分析结果具有较强的针对性。在荷载预测方面，由于随机因素不确定性的变化，对于同一荷载，既有变电构架和拟建变电构架可能会采用不同的概率模型。

既有变电构架的荷载分析是其可靠性分析的一项重要内容，目的是预测既有变电构架未来的荷载，分析时必须遵守以下基本原则：

（1）与可靠性分析协调统一。即荷载分析的时间区域和背景必须与可靠性分析保持一致，这是既有变电构架可靠性分析对荷载分析提出的基本要求。

（2）以自身的荷载信息为基础。这是由既有变电构架荷载分析的目的和对象所决定的。实际工程中虽然存在着利用非自身荷载信息的情况，但这只有在对自身荷载信息分析的基础上才能判断是否合理，而且建立在自身荷载信息基础上的荷载分析可以得到更好的结果。

（3）充分利用有效的荷载信息。既有变电构架的荷载采用的是统计预测方法，它必须充分利用各种能够反映所研究荷载的特性的信息，即有效的荷载信息。自身的荷载信息是有效信息，非自身的荷载信息经判断也可能是有效信息。

（4）与荷载信息的采集工作相结合，荷载信息的采集工作在很大程度上决定着荷载信息的优劣，而荷载的分析方法对荷载信息的采集工作也有着一定的要求，因此荷载的分析工作必须与荷载信息的采集工作相互结合，而且这种结合对于既有变电构架来讲应更为紧密。

第五节　既有变电构架荷载概率分析

在很多情况下，结构所承受的荷载是随时间而变化的。在既有变电构架可靠性分析时，必须考虑结构在整个有效使用期内，荷载变化的统计规律，亦即必须确定荷载随机过程的统计分布规律。现在，最常用的主要方法是极大值变换法。所谓极大值变换，就是对荷载随机过程只分析其在时间区间 $[0, T]$ 内的最大值的统计规律，即寻求随机变量

$$S_M = \max S(t) \quad (0 \leqslant t \leqslant T) \tag{3-30}$$

的概率分布与统计参数。这样，就可把荷载随机过程问题归结为随机变量问题来进行处理。

寻求一般类型随机过程极大值的统计规律是一个十分复杂的数学问题。在前面介绍了平稳二项随机过程，也指出了平稳二项随机过程模型的两个缺点。因此，对一些荷载随机过程情况，可考虑用其他一些随机过程来描述。下面再介绍一些特殊类型随机过程的现有结果。

一、平稳正态随机过程

平稳正态随机过程又称平稳高斯（Gaussian）过程。设荷载随机过程 $S(t)$ 为平稳正

态随机过程，其一维分布为具有平均值 μ_S 和方差 σ_S^2 的正态分布。如果 $S(t)$ 上穿某一水平 x 的次数 N_x，服从泊松（Poisson）分布，即

$$P(N_x = k) = \frac{(v_x T)^k}{k!} \mathrm{e}^{-v} x^T \quad (x \geqslant 0) \tag{3-31}$$

那么最大值 S_M 的概率分布为

$$\begin{aligned}
F_M(x) &= P(S_M \leqslant x) = P(\max S(t) \leqslant x) \\
&= P[S(0) \leqslant x] P\big[\max_{t>0} S(t) \leqslant x\big] \\
&= \Phi(x) P(N_x = 0) = \Phi(x) \frac{(v_x T)^0}{0!} \mathrm{e}^{-v} x^T \\
&= \frac{\mathrm{e}^{-v} x^T}{\sqrt{2\pi}\sigma_S} \int_{-\infty}^{x} \exp\left\{-\frac{(u-\mu_S)^2}{2\sigma_S^2}\right\} \mathrm{d}u
\end{aligned} \tag{3-32}$$

当 $x \to \infty$ 时，$v_x \to 0$，$P(N_x = 0)$ 也可理解为 $S(t)$ 的最大值一次也没有穿过某确定的水平 x 的概率，显然是 $\max S(t) \leqslant x$ 的概率。

式中，v_x 称为平均上穿率，是指单位时间内上穿某一水平 x 的期望值。以图 3-6 所示情况为例，图中曲线为随机过程 $S(t)$ 的一次实现，确定水平 x 为一常数，对于随机过程所处的时间区间 (t_1, t_2) 内，上穿的次数为 4 次。上穿称为正穿过，下穿称为负穿过。

图 3-6 上穿率示意图

在时间区间 (t_1, t_2)，穿过数 $N(x, t_1, t_2)$ 的期望值为

$$E[N(x, t_1, t_2)] = \int_{t_1}^{t_2} \int_{-\infty}^{\infty} |S'| f_{SS'}(x, S', t) \mathrm{d}S' \mathrm{d}t \tag{3-33}$$

若 $N'(x, t)$ 为单位时间穿过率，则有

$$N(x, t_1, t_2) = \int_{t_1}^{t_2} N'(x, t) \mathrm{d}t \tag{3-34}$$

那么，式（3-33）有简单形式

$$E[N'(x, t)] = \int_{-\infty}^{\infty} |S'| f_{SS'}(x, S', t) \mathrm{d}S' \tag{3-35}$$

其中，$f_{SS'}$ 是随机过程 $S(t)$ 和它的导数 $S'(t)$ 的联合密度函数。对于平稳随机过程 $S(t)$ 而言，$f_{SS'}(.)$ 与时间无关，则有

$$E[N'(x, t)] = \int_{-\infty}^{\infty} |S'| f_{SS'}(x, S') \mathrm{d}S' = K(x) \tag{3-36}$$

因而在时间区间穿过数的期望值为

$$E[N'(x, t_1, t_2)] = K(x)(t_2 - t_1) \tag{3-37}$$

但是，考虑到上穿和下穿具有相同的概率，所以上穿率可表示为

$$\nu_x = E[N'_+(x)] = \int_{0}^{\infty} |S'| f_{SS'}(x, S') \mathrm{d}S' \tag{3-38}$$

该公式称为赖斯（Rice）公式，可用于求上穿率。若已加上穿率，可近似得出在时间区间 $[0, T]$ 内随机过程的总上穿次数，从而得出随机过程极大值的近似分布形式。当 $v_x T \ll 1$ 时，随机过程 $S(t)$ 的极大值的分布函数可近似表示为

$$F_M(x) = 1 - \nu_x T \tag{3-39}$$

若荷载随机过程为平稳正态过程，则其导数过程 $S'(t)$ 亦为平稳正态过程，根据式（3-38），可得出上穿率的表达式为

$$\nu_x = E[N'_+(x)] = \frac{\sigma_{S'}}{2\pi\sigma_S} e^{-\frac{(x-\mu)^2}{2\sigma_S^2}} \tag{3-40}$$

一旦得出了平均上穿率 ν_x 及 $S(t)$ 的一维分布 $\Phi(x)$，根据式（3-32），容易求得荷载随机过程 $S(t)$ 的极大值 S_M 的分布为

$$F_M(x) = \frac{1}{\sqrt{2\pi}\sigma_S}\exp\left\{-\frac{\sigma_{S'}T}{2\pi\sigma_S}\exp\left[-\frac{(x-\mu_S)^2}{2\sigma_S^2}\right]\right\}\int_{-\infty}^{x}\exp\left\{-\frac{(u-\mu_S)^2}{2\sigma_S^2}\right\}\mathrm{d}u \tag{3-41}$$

其中 $\sigma_{S'}$ 为 $S(t)$ 的导数过程 $S'(t)$ 的一维分布的标准差。

二、泊松（Poisson）方波过程

设荷载随机过程如图 3-7 所示，为泊松方波过程，在任一时段 τ_i 上，荷载不随时间变化，为一随机变量，且服从相同的分布。荷载所在时段长短各不相同，假设荷载在各时段上的分布函数为 $F_0(x)$，在结构有效使用期 $[0, T]$ 内荷载变动次数 N_T 服从泊松分布，即

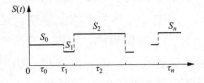

图 3-7　泊松方波过程

$$P(N_T = K) = \frac{(\lambda T)^k}{k!}e^{-\lambda T} \quad (k = 0, 1, 2, \cdots) \tag{3-42}$$

其中，λ 为单位时间内荷载平均变动次数。

根据分布函数的定义，容易得出随机过程 $S(t)$ 的最大值的分布函数为

$$F_M(x) = P(S_M \leqslant x) = P(\max S(t) \leqslant x)$$

$$= \sum_{k=0}^{\infty} P(S_0 \leqslant x \cap S_1 \leqslant x \cap \cdots \cap S_{N_T} \leqslant x \mid N_T = k)P(N_T = k)$$

$$= \sum_{k=0}^{\infty}\prod_{j=0}^{k} P(S_j \leqslant x)\frac{(\lambda T)^k}{k!}e^{-\lambda T} = \sum_{k=0}^{\infty}\prod_{j=0}^{k} F_j(x)\frac{(\lambda T)^k}{k!}e^{-\lambda T}$$

$$= \sum_{k=0}^{\infty}[F_0(x)]^{k+1}\frac{(\lambda T)^k}{k!}e^{-\lambda T} = e^{-\lambda T}F_0(x)\sum_{k=0}^{\infty}\frac{[F_0(x)\lambda T]^k}{k!}$$

$$= F_0(x)e^{-\lambda T[1-F_0(x)]} \tag{3-43}$$

三、滤过泊松过程

上述的泊松过程描述的荷载始终施加于结构上，但是不定期变动。而有些荷载，在结构有效使用期内，不但持续时间较短，而且荷载在时段出现的概率也较小，其样本函数如图 3-8 所示。这种情况的荷载随机过程，可用滤过泊松过程来描述。

如果随机过程 $S(t)$ 可表示为

$$S(t) = \sum_{k=1}^{N(t)} \omega(t, \tau_k, S_k) \qquad (3-44)$$

式中 $N(t)$——泊松过程；

$\quad\quad S_k$——一组互相独立的同分布于 $F_0(x)$ 的
随机变量。

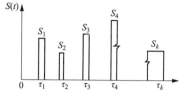

图 3-8 滤过泊松过程

$N(t)$ 与 S_k 互相独立，响应函数 $\omega(t, \tau_k, S_k)$
为三变量可测函数。称 $S(t)$ 为滤过泊松过程。

为计算简单起见，只讨论下面形式的响应函数

$$\omega(t, \tau_k, S_k) = \begin{cases} S_k & t \in \tau_k \\ 0 & t \notin \tau_k \end{cases} \qquad (3-45)$$

在这种形式的响应函数下，$S_M = \max S(t)$ 的分布函数为

$$F_M(x) = P(S_M \leqslant x) = P(\max S(t) \leqslant x)$$

$$= \sum_{k=0}^{\infty} P(S_0 \leqslant x \cap S_1 \leqslant x \cap \cdots \cap S_{N_T} \leqslant x \mid N(t) = k) P[N(t) = k]$$

$$= \sum_{k=0}^{\infty} \prod_{j=1}^{k} P(S_j \leqslant x) P[N(t) = k] = \sum_{k=0}^{\infty} [F_0(x)]^k \frac{(\lambda T)^k}{k!} e^{-\lambda T}$$

$$= e^{-\lambda T} \sum_{k=0}^{\infty} \frac{[F_0(x)\lambda T]^k}{k!}$$

$$= e^{-\lambda T[1 - F_0(x)]} \qquad (3-46)$$

第六节　既有变电构架荷载的简化分析

一、恒载

拟建变电构架的恒荷载 G 服从正态分布 $N(1.060G, 0.074G)$，其中 G 为荷载规范规定的标准值（设计尺寸乘容重标准值）。

既有变电站混凝土构架结构分析的恒载有两种处理方法：第一种是采用随机变量作为概率模型，仍能取设计分析时的随机分布和统计参数；第二种是按确定性的荷载处理。恒载在拟建变电站混凝土构架设计时之所以作为随机变量处理，是因为各种随机因素的影响使得设计时的荷载与施工完后的荷载有差异。因而对于既有变电站混凝土构架而言，恒载的随机性消失，应属确定性量，它的取值也由实测可得到。

但是由于结构庞大、构造复杂，绝大部分非破损实测不可能进行。因而本节提出一种综合的方式来处理恒载的概率模型。该方法有以下特点：

（1）规范中的分析结果来自大量的建筑结构构件的统计分析，具有一般性，其分布可认为是总体分布。对于某个具体的服役结构而言，只要它在所调查分析的结构或构件类型范围之内，就可以认为它是一个子样。因而其分布同总体分布，即仍取正态分布作

为既有变电站混凝土构架恒载的随机分布。

（2）荷载标准值取值发生变化，其原因有以下两点：第一，由于设计变更和维修加固改造，使得竣工图与施工图存在差异。因此，考虑设计变更等的荷载标准值 G_{kd} 应取构件和作法的实际尺寸或竣工、修复图纸上的标志尺寸乘以材料的标准容量。第二，由于既有变电站混凝土构架的荷载信息越来越充实，而未来基准期一般相对较短，人们对未来情况的预测会更为准确，因此一些原先设计时不按恒载处理的荷载由于使用中的变化和其确定性，这时可按恒荷载处理。这部分恒荷载为新增加部分，其标准值计为 ΔG_k。因此既有变电构架恒荷载标准值 G_{ks} 为

$$
\begin{aligned}
G_{ks} &= r_u r_d G_k \\
r_d &= G_{kd}/G_k \\
r_u &= 1 + \Delta G_k/r_d G_k
\end{aligned}
\tag{3-47}
$$

式中　r_d——考虑设计变更和维修加固改造对恒荷载标准值的影响系数；

　　　r_u——荷载性质的变化对恒荷载标准值的影响系数。

（3）对于分布的统计参数，平均值取为荷载标准值的 1.060 倍，荷载标准值由上述方法得到，而变异系数或均方差则应有变化。对同一建筑而言，由于施工过程、构件尺寸、材料等的相关，使得其恒荷载（自重）相对变异较小，而设计分析时假定的分布统计参数是由大量不同建筑统计得到的。因而，对原变异系数或均方差应乘以一个折减系数 r_z。折减系数 r_z 的取值由施工验收等级、现场抽样检测决定。

综上所述，恒荷载 G 的概率模型可取为正态分布 $N(1.060G_{ks},\ 0.074r_z G_{ks})$。

二、其他荷载

风荷载和雪荷载的分布和统计参数仍为对未来情况的预测，故在进行既有变电站混凝土构架可靠度分析时，这些荷载的任意时点分布可取为原设计分析时的情况。但由于未来使用期已发生变化，故需考虑基准期的变化。对于风、雪荷载，我国规范采用极值Ⅰ型分布，年极值分布函数为

$$
F(x) = \exp\{-\exp[-\alpha(x-u)]\}
\tag{3-48}
$$

若未来基准使用期 T_1 年，其最大值概率分布则为

$$
F_{T1}(x) = \exp\{-\exp[-\alpha(x-u) + \ln(T_1)]\}
\tag{3-49}
$$

式中　α——尺度参数；

　　　u——众值。

检修荷载平均值根据具体情况折减，其余分析同风荷载。

第四章

变电构架的抗力分析

第一节　抗力不定性因素的分析

抗力是指构件承受外加作用的能力。例如，当考虑构件承载能力极限状态计算时，为防止构件被破坏，必须使荷载效应（荷载所产生的内力，可以是轴向力、弯矩、剪力或扭矩等）小于构件的截面强度，该"强度"就是一种抗力。在考虑正常使用极限状态计算时，为防止在荷载作用下引起构件开裂或变形过大，就要求构件具有足够的抗裂能力（抗裂度）和抗变形能力（刚度），此处"抗裂度"和"刚度"也都是抗力。

严格说来，抗力是与时间长短有关的随机变量。例如，考察一根钢筋混凝土柱的强度，由于在正常情况下混凝土强度将随时间增长而缓慢地提高，因而抗力也随之提高。不过，这种随时间而变化并不显著。为简单起见，通常将抗力视作与时间无关的随机变量。

影响构件抗力 R 的因素很多。在分析构件可靠性时经常考虑的主要因素有材料性能的不定性 K_M，几何参数的不定性 K_A 和计算模式的不定性 K_P。

由于这些因素一般都是随机变量，因此结构构件的抗力经常是多元随机变量的函数。要直接获得抗力的统计资料，并确定其统计参数和概率分布类型是非常困难的。所以，人们常是先对影响抗力的各种主要因素分别进行统计分析，确定其统计参数，然后通过抗力与各有关因素的函数关系，来推求（或经验判断）抗力的统计参数和概率分布类型。

在推求结构构件抗力的统计参数时，通常采用以下近似公式。设随机变量 Z 为随机自变量 $X_i(i=1, 2, \cdots, n)$ 的函数，即

$$Z = g(x_1, x_2, \cdots, x_n) \tag{4-1}$$

$$\left.\begin{array}{l} \mu_Z = g(\mu_{x_1}, \mu_{x_2}, \cdots, \mu_{x_n}) \\[2mm] \sigma_Z = \sqrt{\sum_{i=1}^{n} \left[\left.\dfrac{\partial g}{\partial x_i}\right|_{\mu}\right]^2 \sigma_{x_i}^2} \\[2mm] \delta_Z = \dfrac{\sigma_Z}{\mu_Z} \end{array}\right\} \tag{4-2}$$

当 X_i 相互独立并已知其统计参数时，随机变量 Z 的均值、标准差及变异系数分别为

分析结构可靠性时，常常将结构构件抗力作为一个综合的基本变量来考虑。当然，也可直接将抗力的各种影响因素作为基本变量列入计算中。影响结构构件抗力的主要因

素是结构构件材料性能 M（如强度、弹性模量）、截面几何参数 A（如截面尺寸、惯性矩）和计算模式的精确度 P，它们一般是相互独立的随机变量。

以下分别介绍三种不定性因素

一、材料性能的不定性

结构构件材料性能的不定性，主要是指材料质量因素以及工艺、加荷、环境、尺寸等因素引起的结构构件中材料性能的变异性。例如，对于钢筋强度的变异性，就要考虑：钢筋本身强度的变异（材料质量及轧制工艺的影响），加荷速度对钢筋强度的影响（加荷速度快，钢筋屈服点会偏高），轧制钢筋时截面面积的变异，设计中选用钢筋规格时引起的截面面积变异等。在实际工程中，材料性能一般采用标准试件和标准试验方法确定，并以一个时期内由全国有代表性的生产单位（或地区）的材料性能的统计结果作为全国平均生产水平的代表。因此，对于结构构件的材料性能，还需考虑结构中实际材料性能与标准试件材料性能的差别以及实际工作条件与标准试验条件的差别。

结构构件材料性能不定性可用随机变量 K_M 表达

$$K_M = \frac{f_j}{k_0 f_k} = \frac{1}{k_0} \frac{f_j}{f_s} \frac{f_s}{f_k} \tag{4-3}$$

令

$$K_0 = f_j / f_s, \quad K_f = f_s / f_k$$

则式（4-3）可写成

$$K_M = \frac{1}{k_0} K_0 K_f \tag{4-4}$$

式中　k_0——规范规定的反映结构构件材料性能与试样材料性能差别的系数，如考虑缺陷、尺寸、施工质量、加荷速度、试验方法、时间等因素影响的各种系数或其函数；

　　f_j，f_s——分别为结构构件中实际的材料性能值及试样材料性能值；

　　f_k——规范规定的试件材料性能标准值；

　　K_0——反映结构构件材料性能与试件材料性能差别的随机变量；

　　K_f——反映试件材料性能不定性的随机变量。

这样，K_M 的平均值 μ_{K_M} 和变异系数 δ_{K_M} 分别为

$$\left.\begin{aligned} \mu_{K_M} &= \frac{\mu_{K_0} \mu_{K_f}}{k_0} = \frac{\mu_{K_0} \mu_f}{k_0 f_K} \\ \delta_{K_M} &= \sqrt{\delta_{K_0}^2 + \delta_f^2} \end{aligned}\right\} \tag{4-5}$$

式中

　　μ_f、μ_{K_0}、μ_{K_f}——试件材料性能 f_s 的平均值及随机变量 K_0、K_f 的平均值；

　　δ_{K_0}、δ_f——K_0 及 f_s 的变异系数。

根据国内对混凝土结构材料强度性能的统计资料，按式（4-5）求得的统计参数列于表 4-1。

表 4-1   混凝土结构材料 K_M 的统计参数

结构材料种类	受力状况	材料品种	μ_{K_M}	δ_{K_M}
钢筋	受拉	A₃	1.08	0.08
		20MnSi	1.14	0.07
		25MnSi	1.09	0.06
混凝土	轴心受压	C200	1.66	0.23
		C300	1.45	0.19
		C400	1.35	0.16

二、几何参数的不定性

结构构件几何参数是指构件的截面几何特征，如高度、宽度、面积、面积矩、惯性矩、抵抗矩、混凝土保护层厚度，以及构件的长度、跨度、偏心距等，还包括由这些几何参数构成的函数。结构构件几何参数的不定性，主要是指制作尺寸偏差和安装误差等引起的结构构件几何参数的变异性。它反映了制作安装后的实际结构构件与所设计的标准结构构件之间几何上的差异。结构构件几何参数的不定性可用随机变量 K_A 表达

$$K_A = \frac{a}{a_K} \tag{4-6}$$

K_A 的平均值 μ_{K_A} 和变异系数 δ_{K_A} 分别为

$$\left.\begin{array}{l} \mu_{K_A} = \dfrac{\mu_a}{a_K} \\[2mm] \delta_{K_A} = \delta_a \end{array}\right\} \tag{4-7}$$

式中　a、a_K——分别为构件几何参数实际值和标准值（一般采用设计值）；

　　μ_a、δ_a——分别为构件几何参数的平均值及变异系数。

结构构件几何参数值应以正常生产情况下的实测数据为基础，经统计分析而获得。当实测数据不足时，可按有关标准中规定的几何尺寸公差，经分析判断确定。

一般情况下，几何尺寸越大，其变异性越小。所以，钢筋混凝土截面几何尺寸的变异性要小于钢结构和薄壁型钢结构的变异性。截面几何特征的变异对结构构件可靠度的影响较大，不可忽视，而结构构件长度、跨度等变异的影响则相对较小，有时可按确定量来考虑。

根据国内对混凝土结构构件几何尺寸的统计资料，按式（4-7）求得的统计参数列于表 4-2。

表 4-2   混凝土结构构件几何特征 K_A 的统计参数

项目	μ_{K_A}	δ_{K_A}
截面高度、宽度	1.00	0.02
截面有效高度	1.00	0.03
纵筋截面面积	1.00	0.03

项目	μ_{K_A}	δ_{K_A}
纵筋重心到截面近边距离	0.85	0.03
箍筋平均间距	0.99	0.07
纵筋锚固长度	1.02	0.09

三、计算模式的不定性

结构构件计算模式的不定性，主要是指抗力计算中采用的某些基本假定的近似性和计算公式的不精确性等引起的对结构构件抗力估计的不定性，有时被称为"计算模型误差"。例如，在建立结构构件计算公式的过程中，往往采用理想弹性（或塑性）、匀质性、各向同性、平面变形等假定；也常采用矩形、三角形等简单的截面应力图形来替代实际的曲线分布的应力图形；还常采用简支、固定支座等典型的边界条件来替代实际的边界条件，也还常采用线性方法来简化计算表达式等。所有这些近似的处理，必然会导致实际的结构构件抗力与给定公式计算的抗力之间的差异。计算模式的不定性，就反映了这种差异。

结构构件计算模式的不定性，可用随机变量 K_P 来表达

$$K_P = \frac{R_z}{R_j} \tag{4-8}$$

式中　R_z——结构构件的实际抗力值，一般可取试验实测值或精确计算值；

　　　R_j——按规范公式计算的结构构件抗力值，计算时应采用材料性能和几何尺寸的实际值，以排除其变异性对分析 K_P 的影响。

通过对 K_P 的统计分析，可求得其平均值 μ_{K_P} 和变异系数 δ_{K_P}。对于混凝土结构构件，其 K_P 的统计参数列于表 4-3。

表 4-3　　　　　　　　**混凝土结构构件 K_P 的统计参数**

受力状态	μ_{K_P}	δ_{K_P}
轴心受拉	1.00	0.04
轴心受压	1.00	0.05
偏心受压	1.00	0.05
受弯	1.00	0.04
受剪	1.00	0.15

第二节　抗力的统计参数和概率分布类型

一、结构构件抗力的统计参数

结构构件抗力的随机性是由抗力函数中各基本变量的不定性引起的，因此，抗力分

析必须先从各基本变量的不定性入手研究其基本统计规律，在求得各基本变量的统计参数后，再利用抗力函数中各基本变量的统计参数去推求构件抗力的综合统计参数。

分别由钢、木、砖、石、素混凝土等材料制作的构件，称为单一材料组成的结构构件，其抗力表达式为

$$R = K_M K_A K_P R_K \tag{4-9}$$

式中　K_M、K_A、K_P——分别为材料性能的不定性、几何参数的不定性和计算模式的不定性；

R_K——构件抗力标准值，是材料性能标准值、几何参数标准值等变量的函数。

抗力的参数包括抗力的均值 μ_R、均值与抗力标准值比值 K_R、抗力的标准差 σ_R 和变异系数 δ_R。由统计参数计算公式可得上述各参数分别为

$$\left.\begin{aligned}
\mu_R &= \mu_{K_M}\mu_{K_A}\mu_{K_P}R_K \\
K_R &= \mu_R / R_K \\
\sigma_R &= \left[(\sigma_{K_M}\mu_{K_A}\mu_{K_P}R_K)^2 + (\mu_{K_M}\sigma_{K_A}\mu_{K_P}R_K)^2 + (\mu_{K_M}\mu_{K_A}\sigma_{K_P}R_K)^2\right]^{1/2} \\
\delta_R &= \sigma_R/\mu_R = (\delta_{K_M}^2 + \delta_{K_A}^2 + \delta_{K_P}^2)^{1/2}
\end{aligned}\right\} \tag{4-10}$$

由两种或两种以上材料组成的结构构件（例如由钢筋和混凝土组成的钢筋混凝土构件），称为复合材料组成的结构构件。其抗力的统计分析方法基本上与单一材料的构件相同，仅抗力的计算值 R_P 由两种或两种以上材料性能和几何参数组成。其抗力表达式为

$$R = K_P R_P = K_P g(f_1, f_2, \cdots, f_n; a_1, a_2, \cdots, a_m) \tag{4-11}$$
$$R_P = g(f_1, f_2, \cdots, f_n; a_1, a_2, \cdots, a_m)$$

式中　R_P——按设计规范公式计算确定的结构构件抗力；

f_i——结构构件中第 i 种材料的材料性能；

a_i——与第 i 种材料相应的结构构件几何参数。

由公式（4-3）和式（4-6），有

$$f_i = K_{M_i} k_{0i} f_{K_i} \qquad i = 1, 2, \cdots, n \tag{4-12}$$
$$a_i = K_{A_i} a_{K_i} \qquad i = 1, 2, \cdots, m \tag{4-13}$$

式中　K_{M_i}——反映结构构件中第 i 种材料的材料性能随机变量；

f_{K_i}——规范规定的第 i 种材料的材料性能试件标准值；

k_{0_i}——第 i 种材料的材料性能影响系数；

K_{A_i}、a_{K_i}——第 i 种材料相应的结构构件几何参数随机变量和标准值。

由式（4-11）可知，R_P 是随机变量 f_i、a_i 的函数，运用式（4-2）可求得 R_P 的统计参数。

视 R 为 K_P 和 R_P 的函数，若 K_P 的统计参数已知，再用式（4-2）可求得抗力 R 的统计参数

$$\left.\begin{aligned} \mu_R &= \mu_{K_P}\mu_{R_P} \\ K_R &= \mu_R/R_K \\ \delta_R &= (\delta_{K_P}^2 + \delta_{R_P}^2)^{1/2} \end{aligned}\right\} \tag{4-14}$$

其中，R_K 是按规范规定的材料性能和几何参数标准值，应用抗力求得的结构构件抗力值。

在实际问题中遇到的许多情况将比上述情况复杂得多，但只要按照上述概念，灵活地运用统计参数计算公式进行计算，最后一般都可利用式（4-14），或者式（4-10）求得有关抗力的统计参数。在现行设计规范中往往假定抗力 R 服从对数正态分布，并由此进行相应的运算。

按照上述方法，通过统计分析可以得到混凝土结构构件在不同受力情况和不同几何尺寸下的抗力参数 K_R 和 δ_R，列于表 4-4 中。

表 4-4　　　　　　　　　　混凝土结构构件抗力 R 的统计参数

受力状态	K_R	δ_R
轴心受拉	1.10	0.10
轴心受压	1.33	0.17
小偏心受压（短柱）	1.30	0.15
大偏心受压（短柱）	1.16	0.13
受弯	1.13	0.10
受剪	1.24	0.19

二、结构构件抗力的概率分布类型

从式（4-9）和式（4-11）可知，结构构件抗力是多个随机变量的函数，如果已知各随机变量的概率分布函数，则在理论上可通过多维积分，求得抗力 R 的概率分布函数。不过，目前在数学上将会遇到较大的困难。因而可采用模拟方法，如蒙特卡罗（Monte Carlo）模拟法来推求抗力的概率分布函数。

在实际工程中，常根据概率论原理，假定抗力的概率分布函数。因为概率论中的中心极限定理指出，如果 X_1，X_2，$\cdots$，X_n 是一个相互独立的随机变量序列，其中任何一个也不占优势：无论各个随机变量 $X_i(i=1, 2, \cdots, n)$ 具有怎样的分布，只要满足定理要求，那么它们的和 $Y=X_1+X_2+\cdots+X_n$ 当 n 很大时，就服从或近似服从正态分布。如果随机变量之积为 $Y=X_1X_2\cdots X_n$，则 $\ln Y=\ln X_1+\ln X_2+\cdots+\ln X_n$ 当 n 充分大时，也近似服从正态分布，而 Y 的分布则近似于服从对数正态分布。

实际上，结构构件抗力的计算模式，大多为 $Y=X_1+X_2+\cdots+X_n$ 或 $Y=X_1X_2X_3+X_4X_5X_6+\cdots+X_{n-2}X_{n-1}X_n$ 之类的形式，所以在实际应用上，不论 $X_i(i=1, 2, \cdots, n)$ 具有怎样的分布，均可近似地认为抗力服从对数正态分布。这样处理既简便，又可满足采用一次二阶矩方法分析结构可靠度的精度要求。

以上所述，都是将结构构件抗力作为一个综合基本变量来考虑的。如果将 K_M、K_A、K_P 等变量作为基本变量，直接引入可靠度分析中，则不必确定抗力 R 的概率分布类型和统计参数。当然，这样做将增加可靠度分析的工作量。

第三节 既有混凝土构架的抗力分析

结构在长期服役过程中，在环境等不良因素作用下，必将产生材质腐蚀和断面损伤，使结构抗力下降。对于一般大气环境下的钢筋混凝土结构来说，混凝土碳化和混凝土中钢筋的锈蚀将是引起结构抗力下降的主要原因。

在钢筋混凝土建筑物中，只要混凝土性能完好，内部钢筋得到保护，就能达到设计使用要求。然而，当混凝土拌合物析水严重时，所浇灌的混凝土会产生离析作用，形成沉降裂缝和收缩裂缝，硬化以后，混凝土组成发生明显变化，产生种种不良后果。当受地震作用及其他动力作用时，外力使结构产生弯曲和剪力变形，浇灌混凝土时所引起的裂缝会逐渐扩展，进而形成裂缝通道，空气、水和二氧化硫等气体随之进入，造成钢筋锈蚀，导致断面缺损，使钢筋混凝土处于一种极危险的状态。

混凝土除具有受压作用力学性能外，还表现出其他的性能。从化学性质方面看混凝土显强碱性，这对混凝土结构内部的钢筋起到了保护作用。但是，硬化后的混凝土，其表面受到空气中二氧化碳气体的作用，氢氧化钙逐渐地变成碳酸钙。作用时间太长，混凝土的表面就会发生碳化现象，若碳化深度达到钢筋表面，混凝土对钢筋就失去了保护作用，钢筋则开始锈蚀。

因此，应制定和采取多种办法来提高钢筋混凝土的耐久性，以确保建筑物的长期使用寿命。这也是服役结构可靠性评价的根本问题。由于环境所产生的这种损伤随服役时间不断累积，因此，建立损伤的预测模型将是建立服役结构抗力衰减模型的首要问题。

一、混凝土碳化的预测模型

混凝土碳化是一般大气环境钢筋锈蚀的前提条件，对钢筋混凝土结构的耐久性有重要影响。国内外学者围绕混凝土碳化深度的预测进行了大量快速碳化试验和实际建筑物调查，提出了一些预测模型。目前国内外普遍公认的碳化预测模式为

$$d = k\sqrt{t} \tag{4-15}$$

式中　d——混凝土的碳化深度，mm；

　　　k——碳化速度系数；

　　　t——碳化的持续时间，年。

碳化速度系数 k 受水泥用量、水灰比、水泥品种、养护时间和振捣情况等多个因素的影响。然而，作为衡量混凝土性能的综合指标是混凝土抗压强度。根据国内外长期暴露试验结果和实际结构调查结果，可建立混凝土碳化系数与混凝土抗压强度标准值之间的关系

$$k = K_d K_r K_t \left(\frac{24.48}{\sqrt{f_{cuk}}} - 2.74 \right) \tag{4-16}$$

式中　f_{cuk}——混凝土抗压强度标准值，MPa；

K_d——地区影响系数，对北方地区取为 1.0，对南方地区或沿海地区取为 0.5～0.8；

K_r——室内外影响系数，建议室外取 1.0，室内取 1.87；

K_t——养护时间修正系数，对一般结构可取为 1.5。

碳化深度平均值的预测模型可以表示为

$$\mu_d(t) = K_d K_r K_t \left(\frac{24.48}{\sqrt{f_{cuk}}} - 2.74 \right) \sqrt{t} \tag{4-17}$$

碳化深度标准差的预测模型可以表示为

$$\sigma_d(t) = 5.19 + 0.00384 t^2 \tag{4-18}$$

一般来说，混凝土强度随龄期缓慢增长。但在实际环境中，由于腐蚀介质等的影响，使混凝土强度具有初期增长、后期下降的经时变化特性。利用国内外一般大气环境中混凝土长期暴露试验结果和经年结构实测结果，也可对混凝土抗压强度的平均值和标准差随时间的变化进行统计回归分析。混凝土抗压强度的平均值和标准差预测模型可以表示为

$$\mu_{f_{cu}}(t) = \mu_{f_{cu0}} 1.4529 e^{-0.0246(\ln t - 1.7154)^2} \tag{4-19}$$

$$\sigma_{f_{cu}}(t) = \sigma_{f_{cu0}}(0.0305 t + 1.2368) \tag{4-20}$$

式中 $\mu_{f_{cu0}}$、$\sigma_{f_{cu0}}$——混凝土 28 天抗压强度的平均值和标准差。

二、钢筋锈蚀的预测模型

钢材所处的环境条件不同，腐蚀情况也不同；防腐涂层的维护和维修管理方法不同，腐蚀状况也不同。存在水分时的腐蚀常称为湿腐蚀，不存在水分时的腐蚀称为干腐蚀。前者是由于酸溶解作用发生的腐蚀，后者则是由于热空气的氧化作用或腐蚀性气体所产生的腐蚀。当钢材受到化学或电化学侵蚀时，钢材表面生成非金属性的物质，使断面产生缺损现象。

按钢材腐蚀的环境分类，可分为大气腐蚀、淡水腐蚀、酸腐蚀、碱腐蚀、盐类腐蚀、高温腐蚀、土壤腐蚀、海水腐蚀等。若按腐蚀源分类，可分为细菌腐蚀、杂散电流腐蚀、酸腐蚀、碱腐蚀、异种金属接触腐蚀、通气差腐蚀和冲击腐蚀等。

利用腐蚀电化学原理，可建立一般大气环境下钢筋锈蚀开裂前和锈蚀开裂后的锈蚀量预测公式，单位长度钢筋锈蚀质量损失（g/mm）可以按以下两种情况分别表示如下：

（1）室外或室内潮湿环境

$$w = \begin{cases} 2.35 P_{RH} D_0 \dfrac{R}{k^2} \left[\sqrt{R^2 - (R + c - k\sqrt{t})^2} - (R + c - k\sqrt{t}) \arccos \dfrac{R + c - k\sqrt{t}}{R} \right] & t_p \leqslant t \leqslant t_{cr} \\ w_{cr} + 1.173 P_{RH} D_0 (t - t_{cr}) & t > t_{cr} \end{cases}$$

$$\tag{4-21}$$

（2）一般室内环境

$$w = \begin{cases} 2.23 P_{RH} D_0 \dfrac{R}{k^2} \left[k\sqrt{t} - c_e + x_0 \ln \dfrac{k\sqrt{t} - x_0}{c} \right] \arccos \dfrac{R + c_e - k\sqrt{\xi}}{R} & t_p \leqslant t \leqslant t_{cr} \\ w_{cr} + 1.173 P_{RH} D_0 (t - t_{cr}) & t > t_{cr} \end{cases}$$

$$\tag{4-22}$$

$$w_{cr} = 1.204 \times 10^{-3} R \left(1 + \frac{c}{R}\right)^{0.85} \tag{4-23}$$

$$D_0 = 0.01 \left(\frac{32.15}{f_{cuk}} - 0.44\right) \tag{4-24}$$

$$t_p = (c_e/k)^2 \tag{4-25}$$

式中 R——钢筋半径，mm；

P_{RH}——环境湿度 RH 的修正系数，取为大于腐蚀临界相对湿度（一般为 60%）的概率（RH 服从正态分布）；

w_{cr}——锈蚀开裂时的锈蚀量，g/mm；

D_0——氧气在混凝土中扩散系数，平均氧气扩散系数与混凝土抗压强度标准值相关；

c——混凝土保护层厚度，mm；

c_e——等效混凝土保护层厚度，mm，对室外或室内潮湿环境 $c_e = c$；对一般室内环境，$c_e = c + x_0$（x_0 一般可取为 $10 \sim 30$mm）；

t_p——钢筋锈蚀的开始时间，由式（4-15）求得；

t_{cr}——钢筋锈蚀开裂时间，令式（4-21）或式（4-22）的第一式等于 w_{cr}，解方程求得。

锈蚀钢筋的屈服拉力、极限拉力和极限伸长率可以表示为

$$F_y(t) = F_{y0}[0.986 - 1.038\eta(t)] \tag{4-26}$$

$$F_u(t) = F_{u0}[0.981 - 1.502\eta(t)] \tag{4-27}$$

$$\delta_s = 0.874 - 0.012\eta(t) \tag{4-28}$$

式中 F_{y0}、F_{u0}——未锈钢筋的屈服拉力和极限拉力；

$\eta(t)$——钢筋锈蚀截面损失率（$\%$），可由式（4-21）或式（4-22）计算。

三、服役结构抗力的概率模型和统计分析

既有混凝土构件的抗力衰减模型可表示为

$$R_p(t) = R[f_{ci}(t), a_i(t)] \tag{4-29}$$

式中 $R(x)$——规范规定的抗力函数式；

$f_{ci}(t), a_i(t)$——第 i 种材料的材料性能和相应的几何参数，是服役时间 t 的函数。

对钢筋混凝土结构抗力，取为非平稳的二项随机过程，其任意时点分布 $f_R(r, t)$ 为对数正态分布

$$f_R(r,t) = \frac{1}{\sqrt{2\pi}\sigma_R(t)r} \exp\left\{-\frac{[\ln r - \mu_R(t)]^2}{2\sigma_R^2(t)}\right\} \tag{4-30}$$

式中 $\mu_R(t)$ 和 $\sigma_R(t)$——t 时刻抗力的平均值和标准差。

在影响结构抗力的诸因素中，各项几何参数，如截面尺寸、混凝土保护层（钢筋截面面积除外）等，均取为正态分布的随机变量；钢筋截面面积 $A_S(t)$ 取为非平稳的二项随机过程；其截面损失率的平均值、标准差函数 $\mu_\eta(t)$、$\sigma_\eta(t)$ 考虑了混凝土保护层厚度 c、R 钢筋半径、混凝土碳化系数 k、氧气在混凝土中扩散系数 D_0、原钢筋截面面积

A_S 等随机变量及其他环境影响参数等。对混凝土抗压强度的历时变化模型，取为非平稳正态随机过程，其任意时点 t 的平均值、标准差函数取为式（4-19）、（4-20）。

对钢筋屈服强度的历时变化模型，也取为非平稳正态随机过程；钢筋屈服拉力的平均值与标准差函数 $\mu_{Fy}(t)$、$\sigma_{Fy}(t)$ 为

$$\mu_{Fy}(t) = \mu_{Fy0}(0.986 - 1.038\mu_{\eta}(t)) \tag{4-31}$$

$$\sigma_{Fy}(t) = \mu_{Fy}(t)\,\mathrm{sqr}[\delta_{Fy0}{}^2 + \delta_a^2(t)] \tag{4-32}$$

$$\delta_a(t) = 1.038\sigma_{\eta}(t)/[0.986 - 1.038\mu_{\eta}(t)] \tag{4-33}$$

$$\mu_{Fy0} = \mu_{As}\mu_{fy}$$

$$\delta_{Fy0} = \mathrm{sqr}(\delta_{fy}^2 + \delta_{As}^2)$$

式中　μ_{Fy0}、δ_{Fy0}——未锈蚀钢筋屈服拉力的平均值、变异系数。

μ_{As}、μ_{fy}、δ_{As}、δ_{fy}——未锈蚀钢筋截面面积、屈服强度的平均值、变异系数。

在截面可靠指标 $\beta(t)$ 的分析中，需将钢筋截面面积 $A_S(t)$ 与其屈服强度 $f_y(t)$ 分开，取为

$$\mu_{fy}(t) = \mu_{Fy}(t)/\mu_{As}(t) \tag{4-34}$$

$$\sigma_{fy}(t) = \mathrm{sqr}\{[\sigma_{Fy}(t)\mu_{fy}(t)/\mu_{Fy}(t)]^2 - [\sigma_{As}(t)\mu_{fy}(t)/\mu_{As}(t)]^2\} \tag{4-35}$$

$$\mu_{As}(t) = [1 - \mu_{\eta}(t)]\mu_{As} \tag{4-36}$$

$$\sigma_{As}(t) = \delta_{As}(t)\mu_{As}(t) \tag{4-37}$$

$$\delta_{As}(t) = \mathrm{sqr}\{\delta_{As}^2 + [\sigma_{\eta}(t)/(1 - \mu_{\eta}(t))]^2\} \tag{4-38}$$

在 $\beta(t)$ 的分析中，对以上影响构件抗力的诸因素可均近似取为时点随机变量；或可参照 Turkstra 作用效应组合法则，仅取其中一种为设计基准期 T 内最小值分布的随机变量。

第四节　沿海环境变电站构架混凝土构件承载力退化

钢筋混凝土构架结构受力简单，且构件不存在防腐问题，因此，早期的变电站构架结构中较多采用这种结构形式。但钢筋混凝土构架结构存在易开裂、难修复、钢箍焊接点难防腐等问题。经过一段时间的使用之后，老化程度明显大于预期，杆身的纵、环向裂缝以及内部钢筋的锈蚀老化等问题日渐突出。因此，钢筋混凝土构架的维护成为了亟待解决的问题。本节对混凝土构架结构进行有限元分析，掌握其遭受侵蚀的钢筋混凝土构件性能退化规律及其在荷载作用下的受力特点和变形特点，进而为钢筋混凝土构架的运行与维护提供参考。

一、钢筋混凝土构架梁仿真

仿真对某 220kV 变电站进行分析，其结构大部分为矩形钢筋混凝土排架结构构架，少部分为圆柱钢筋混凝土柱和钢结构梁构架。主体由预制钢筋混凝土柱、梁承重，并采用预埋节点板连接拼装而成，主要采用 A 字柱和 T 形梁承重，其结构简化模型如图 4-1 所示。

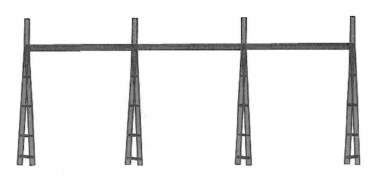

图 4-1　220kV 变电站 A 字架计算模型简图

这里利用大型结构分析软件 ANSYS 对某一钢筋混凝土构架梁进行强度、刚度计算。在钢筋混凝土构架梁有限元模型构建过程中，针对性地进行了计算模型的简化、材料特性的简化。该钢筋混凝土构架梁的截面参数以及所承受的荷载根据设计图纸及相关资料进行确定。该梁跨度 12m，为 T 形梁结构，在构架梁跨中及距离跨中 3m 处连接导线。其截面如图 4-2 所示。

在 ANSYS 中，主要采用实体单元 SOLID65 构建该钢筋混凝土构架梁有限元模型，设计等级为 C30，泊松比为 0.2，弹性模量为 30000N/mm²。构架梁两端未采用水平和垂直支座约束，用 SOLID45 单元构建刚体单元来仿真构架梁的支座。

钢筋混凝土构架梁计算荷载包括以下三个部分：

（1）重力荷载。材料密度考虑结构设计重量，取 2.5×10^{-9} t/mm³。重力加速度取 9800mm/s²。

（2）风荷载。根据 GB 50135《高耸结构设计规范》要求，风荷载按式（4-39）进行计算

$$w_k = \mu_s \mu_z \beta_z w_0 A \varphi \qquad (4-39)$$

（3）其他附属设施荷载，如上人爬梯、避雷针等产生的荷载。

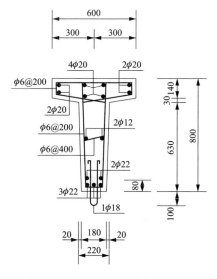

图 4-2　钢筋混凝土构架梁截面

二、钢筋混凝土构架梁性能退化分析

将计算得到的荷载加载到钢筋混凝土构架梁上，进行求解运算，得到相应的有限元分析结果。图 4-3 为钢筋混凝土构架梁竖向位移云图，图 4-4 为钢筋混凝土构架梁水平位移云图。

由图可知，跨中的竖直位移及水平位移最大，竖直位移为 2.64mm，水平位移为 4.57mm。

在 DL/T 5457—2012《变电站建筑结构设计技术规程》中，220kV 及以下的构架梁的挠度限值为 $L/200$。本文中钢筋混凝土构架梁的跨度为 12m，其挠度限值为 60mm。显然，此构架梁在荷载作用下的挠度满足规范要求。

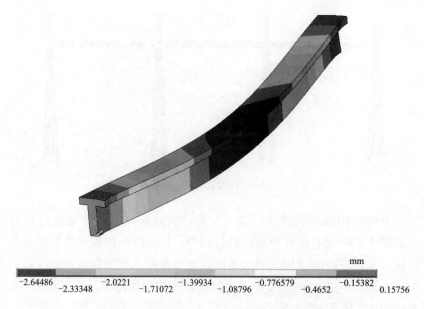

mm

-2.64486　-2.0221　-1.39934　-0.776579　-0.15382
　-2.33348　-1.71072　-1.08796　-0.4652　0.15756

图 4-3　钢筋混凝土构架梁竖向位移云图

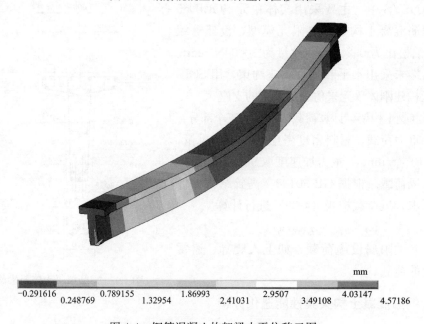

mm

-0.291616　0.789155　1.86993　2.41031　3.49108　4.03147
　0.248769　1.32954　　　2.9507　　　4.57186

图 4-4　钢筋混凝土构架梁水平位移云图

　　在构架梁中，混凝土的退化对梁的性能退化贡献很小，在计算时，可以不考虑混凝土的材料性能退化。锈蚀钢筋的抗拉性能退化的有限元模拟有两种方法，一种是降低钢筋截面面积，钢筋屈服强度不变；另一种是钢筋截面不变，把钢筋的屈服强度用名义屈服强度取代。本文采用的是第一种方法。锈蚀后的钢筋截面面积为

$$A_{sx} = A_s(1 - \rho_s) \tag{4-40}$$

式中　A_{sx}——锈蚀后的钢筋截面面积，mm^2；

　　　A_s——原始钢筋截面面积，mm^2；

ρ_s——锈蚀率一般按 20% 考虑。

令构架梁上的荷载不变，进行有限元分析，可以得到锈蚀构架梁的开裂情况。计算发现跨中受拉区和两端支撑区出现明显的开裂，而这种开裂现象会进一步的促进钢筋的锈蚀。对比钢筋未锈蚀前，梁的跨中没有开裂现象。

三、沿海环境钢筋混凝土梁受剪承载力退化试验研究

目前国内外对沿海环境下腐蚀钢筋混凝土梁的抗剪性能研究较少，本节通过试验模拟沿海地区的盐雾环境，对在沿海环境下遭受侵蚀的钢筋混凝土构件斜截面退化规律加以研究，以识别其破坏模式并建立沿海环境下短梁受剪的承载力计算公式。

1. 试验方案

盐雾试验方式有连续喷雾和循环喷雾两种模式。在干燥湿润交替循环喷雾模式中，钢筋的腐蚀大部分都发生干燥后再湿润的交替区间，而不是发生在整个湿润的阶段，具有腐蚀周期短、腐蚀速率快的特点。这是由于水分蒸发、盐沉积，在干燥表面盐溶液浓度过高导致构件表面腐蚀速率增加。而在连续喷雾的盐雾试验中，这种现象不会发生。而且盐雾的出现与雾散的过程也是一种干湿循环的过程，因此本试验采用干湿循环的试验方法来模拟盐雾环境下对钢筋混凝土的侵蚀过程。为方便进行对比分析，试验共制作了 28 根试验梁（A1~A14、B1~B14），尺寸均为 150mm×150mm×550mm，混凝土净保护层厚度 a_z 为 20mm。

试验着重对在不同氯离子浓度、不同干湿循环次数侵蚀后短梁的腐蚀情况进行研究。把在 35℃下喷雾 1h，紧接着在 35℃下干燥 1h 作为一个循环，取汕头地区 56 年的年平均雾日为 18 天作为一个循环周期进行分组试验。其中 A7、A14、B7、B14 作为未腐蚀的对比梁。试验梁编号、试验方法以及试验所需材料用量见表 4-5 和表 4-6。

表 4-5　　　　　　　　试验梁编号、试验方法

试件编号	混凝土等级	水灰比	试验梁数目	氯离子浓度	循环次数
A1~A6	C20	0.45	6	3%	36/72/108/144/180/216
A8~A13	C20	0.45	6	5%	36/72/108/144/180/216
B1~B6	C30	0.6	6	3%	36/72/108/144/180/216
B8~B13	C30	0.6	6	5%	36/72/108/144/180/216

表 4-6　　　　　　　　试 验 需 要 材 料 用 量

混凝土等级	水泥品种	水灰比	水（kg）	水泥（kg）	掺合料粉煤灰（kg）	不大于 20mm 的碎石（kg）	中砂（kg）
C20	P. C32.5	0.6	38.61	80	4	234	140
C30	P. C32.5	0.45	38.61	105	5.5	250	110

试验方法如下：构件经 28 天标准养护后，根据预定设定的试验时间，将试件分批放入盐雾综合腐蚀箱中进行试验，循环次数见表 4-5。

2. 试验梁的各种力学指标

试件截面尺寸及配筋图及钢筋材料性质见图 4-5 和表 4-7。

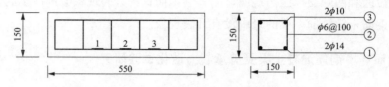

图 4-5   试件截面尺寸及配筋图

表 4-7   钢筋材料性质

钢筋种类	屈服强度（MPa）	抗拉强度（MPa）	弹性模量（MPa）	用途
R235	235	370	2.1×10^5	箍筋
R235	235	370	2.1×10^5	架立筋
HRB335	335	445	2.0×10^5	受力筋

图 4-6   试验装置

3. 试验加载及仪表布置

钢筋混凝土试验梁简支于钢筋混凝土支墩上，一端为固定铰支座，另一端为滚动铰支座。支墩高度应一致，并且以方便观测和安装测量仪器为准，且支墩上部应有足够大的平整的支撑面。本试验采用手动千斤顶对 28 根试验梁进行加载，千斤顶产生的荷载直接作用于钢筋混凝土梁上跨中位置。应变仪与传感器相连接，便于测量荷载的大小。试验梁的试验装置如图 4-6 所示。

试验梁的仪表布置如下：试验梁支承于台座上，通过千斤顶施加集中荷载，由力传感器读取荷载读数；在梁支座和跨中各布置一个百分表；在跨中梁侧面布置三排应变引伸仪测点；在跨中梁上表面布置一只应变片；在跨中受力主筋中间位置和箍筋预埋应变片。

4. 试验步骤

（1）试验准备工作：

1）制作试验梁。

2）进行混凝土和钢筋力学性能试验。

3）试验梁两侧用稀石灰刷白，用铅笔画出 30mm×50mm 的方格线（以便观测裂缝），粘贴应变引伸仪测点。

4）根据试验梁的截面尺寸、配筋数量和材料强度标准值计算试验梁的承载力、正常使用荷载和开裂荷载。

（2）试验加载：

1）安装试验梁，布置安装试验仪表。

2）对试验梁进行预加载，利用力传感器进行控制，加荷值可取开裂荷载的 50%，分三级加载，每级稳定时间为 1min，然后卸载，加载过程中检查试验仪表是否正常。

3）调整仪表并记录仪表初读数。

4）按估算极限荷载的 10% 左右对试验梁分级加载（第一级应考虑梁自重和分配梁的自重），相邻两次加载的时间间隔为 2～3min。在每级加载后的间歇时间内，认真观察试验梁上是否出现裂缝，加载持续 2min 后记录电阻应变仪、百分表和手持式应变仪读数。

5）当达到试验梁开裂荷载的 90% 时，改为按估算极限荷载的 5% 进行加载，直至试验梁上出现第一条裂缝，在试验梁表面对裂缝的走向和宽度进行标记，记录开裂荷载。

6）开裂后按原加载分级进行加载，相邻两次加载的时间间隔为 3～5min，在每级加载后的间歇时间内，认真观察试验梁上原有裂缝的开展和新裂缝的出现等情况并进行标记，记录电阻应变仪、百分表和手持式应变仪读数。

7）当达到正常使用荷载值时，持续 5min，然后记录电阻应变仪、百分表和手持式应变仪读数。

8）超过正常使用荷载后继续加载，按估算极限荷载的 10% 进行加载，相邻两次加载的时间间隔为 3～5min，在每级加载后的间歇时间内，认真观察试验梁上原有裂缝的开展和新裂缝的出现等情况并进行标记，记录电阻应变仪、百分表和手持式应变仪读数。

9）当达到试验梁破坏荷载的 90% 时，改为按估算极限荷载的 5% 进行加载，直至试验梁达到极限承载状态，记录试验梁承载力实测值。

10）当试验梁出现明显较大的裂缝时，撤去百分表，加载至试验梁完全破坏，记录混凝土应变最大值和荷载最大值。

11）卸载，记录试验梁破坏时裂缝的分布情况。

5. 试验计算内容

（1）各级荷载下支座沉陷与跨中的位移。

（2）各级荷载下主筋跨中的拉应变及混凝土受压边缘的压应变。

（3）各级荷载下梁跨中上边纤维、中间纤维、受拉筋处纤维的混凝土应变。

（4）记录、观察梁的开裂荷载和开裂后各级荷载下裂缝的发展情况（包括裂缝分布和最大裂缝宽度 W_{max}）。

（5）记录梁的破坏荷载、极限荷载和混凝土极限压应变。

6. 试验结果与分析

在相同的氯离子含量下，无裂缝试件钢筋腐蚀面积约为 0.5%，裂缝宽度 0.03mm 时为 1.5%，裂缝宽度 0.06mm 时为 2.5%。这说明了随着裂缝宽度的增大，钢筋腐蚀面积也在增大。故 ACI224 委员会规定"受到海水、盐雾干湿循环作用的混凝土结构，允许最大裂缝宽度为 0.15mm"。国内外混凝土结构耐久性设计规范中，根据环境条件的不同，分别限制了混凝土结构裂缝的宽度（见表 4-8）。依此，对试验结果从以下几个方面进行分析：

表 4-8   由耐久性决定允许的最大裂缝宽度

条件	允许裂缝宽度（mm）
在干燥空气中或有保护涂层时	0.4
湿空气或土中	0.3
与防冻剂接触时	0.175
受海水潮湿、盐雾干湿交替作用时	0.15
防水结构构筑物	0.10

（1）受剪承载力试验梁裂缝。本试验中的 28 根试验梁，经过 36～216 次的干湿循环腐蚀试验后，从外观上看水灰比为 0.6 的试验梁比水灰比为 0.45 的试验梁腐蚀程度高；水灰比相同的试验梁，5％氯离子浓度腐蚀的试验梁腐蚀程度高于 3％氯离子浓度腐蚀的试验梁；外观检测表明未出现混凝土保护层脱落、钢筋裸露的情况；只经过腐蚀的试验梁颜色深于未腐蚀的试验对比梁。试验结束后取出 28 根试验梁配置的钢筋进行观察，发现大部分钢筋并未存在锈蚀的痕迹。

混凝土短梁裂缝实际图见图 4-7。

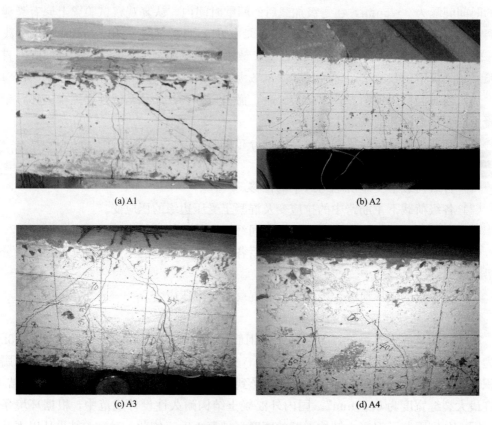

(a) A1   (b) A2

(c) A3   (d) A4

图 4-7   混凝土短梁裂缝实际图（一）

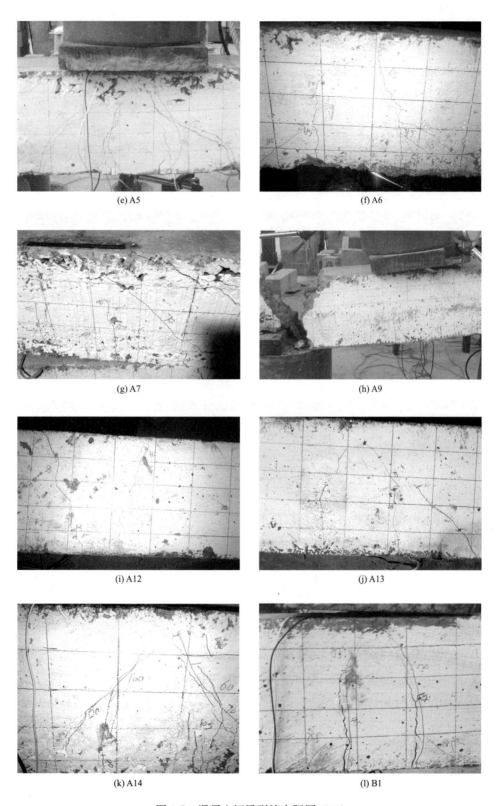

(e) A5

(f) A6

(g) A7

(h) A9

(i) A12

(j) A13

(k) A14

(l) B1

图 4-7　混凝土短梁裂缝实际图（二）

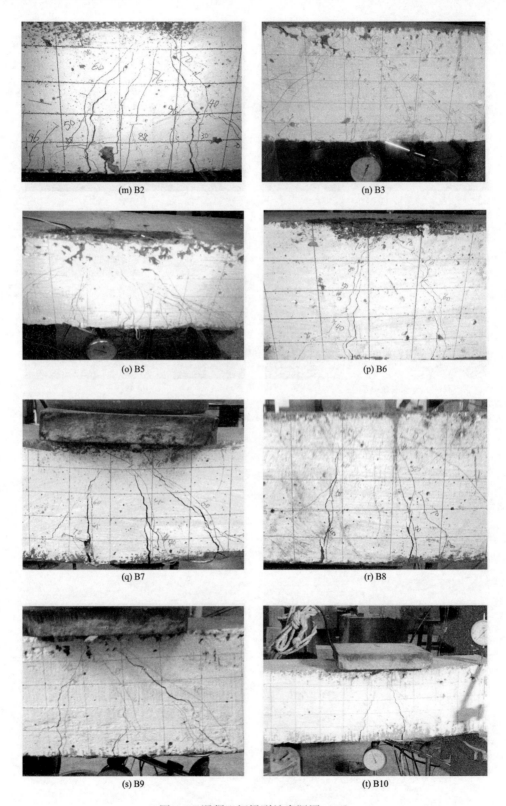

(m) B2

(n) B3

(o) B5

(p) B6

(q) B7

(r) B8

(s) B9

(t) B10

图 4-7　混凝土短梁裂缝实际图（三）

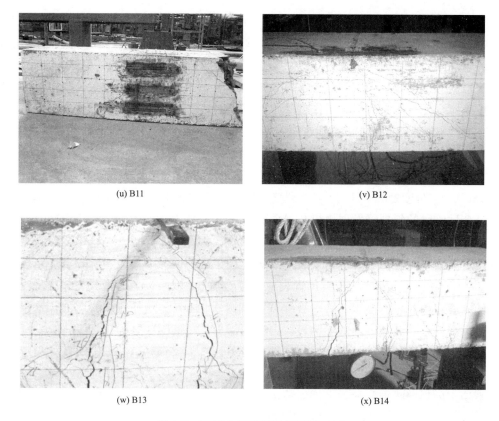

(u) B11　　　　　　　　　　　　　(v) B12

(w) B13　　　　　　　　　　　　　(x) B14

图 4-7　混凝土短梁裂缝实际图（四）

（2）裂缝的发展。

1）对于遭受腐蚀的 A2 梁，当荷载加载到 25～35kN 时，混凝土受拉区应变急剧增加（见图 4-8），这是因为原来由混凝土承受的拉力转加给纵向钢筋，导致钢筋应力突然增加。首先在梁底部 5/11 跨度处出现高度为 2～5cm，宽度为 0.02～0.03mm 左右的垂直裂缝，此时的荷载约为极限荷载 P_u 的 1/4～1/3。再加 1～2 级荷载后，5/11 跨度处裂缝向跨中顶部延伸，长度延伸明显，宽度延伸不十分明显，同时 7/11 跨度处出现裂缝且向跨中顶部延伸。根据试验观察，受腐蚀构件斜裂缝的出现是一个极为突然的过程。

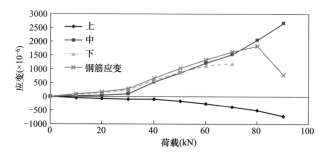

图 4-8　A2 梁的荷载-应变图

2）当荷载加载到 60kN 左右时，短梁突然从支座处出现一条斜裂缝，能量释放比较集中并经常伴随有噼啪响声。斜裂缝一出现就有较大的延伸长度，发展很快并随着荷载加载级别的提高而向跨中顶部延伸。裂缝的倾斜度大约为 35°，宽度为 0.04mm。此外，5/11 跨度处和 7/11 跨度处裂缝宽度加宽到 0.06mm，附近还出现一些小裂缝，此时受拉区应变片被拉断而退出工作。

3）荷载达到 80kN 时，钢筋屈服，承力部位混凝土破坏，并导致构件最终完全破坏。

4）当荷载达到极限荷载时，支座出现的斜裂缝延伸到跨中顶部，宽度为 1.6～2.2mm，5/11 跨度处和 7/11 跨度处裂缝也延伸到跨中顶部，宽度为 1.2～2mm。

其余试验梁的斜裂缝发展规律与 A2 基本一致，当荷载加载到 25～35kN 时，初始裂缝就会出现，并随着荷载的增加而延长、加宽。但是 A4、A9、B11 开裂时斜裂缝倾斜的角度较大，并且初始裂缝出现后发展缓慢。在这种情况下，当外荷载增加至极限剪力的 70% 左右时，在右支座位置出现裂缝，倾斜角度约为 75°。同时该裂缝出现时的宽度比初始斜裂缝开裂时要宽一些，裂缝宽度可达 0.04mm。随外荷载的增加，这条在支座位置出现的斜裂缝宽度增加不明显，向梁顶部 1/11 跨度处延伸的宽度增加也不明显。而与此同时，初始斜裂缝的宽度增加缓慢，表现为 5/11 跨度处和 7/11 跨度处裂缝向跨中顶部延伸，宽度增加速度很小。当外荷载增加到 90% 极限承载力时，斜裂缝进入了一种不稳定的裂缝扩展阶段，此时，支座位置裂缝向梁顶部 1/11 跨度处继续延伸，长度为 10cm。此时荷载无法加载到极限荷载，支座出的斜裂缝急速延伸，变宽。这使斜裂缝两侧混凝土骨料咬合作用逐渐减小，纵向受拉钢筋的销栓作用减少，剪压区混凝土承担更大的剪力和压力。短梁支座处于竖向压应力与纵向受拉钢筋锚固区应力组成的复合应力作用区，局部应力很大，当达到了复合受力时的极限强度时，导致支座处被剪断，使整个梁丧失承载力而最终发生破坏。

（3）试验梁的荷载挠度曲线。

1）试验对所有的试验梁进行了挠度观测，根据试验数据绘制盐雾腐蚀后短梁的荷载挠度曲线（见图 4-9）。从图 4-9 中可以看出，在荷载加载的初期，随着荷载的增加，挠度增加缓慢，在 50kN 之前各个试验梁荷载和挠度基本上呈线性关系，裂缝出现后挠度增加的速度随荷载增加比之前明显加快。

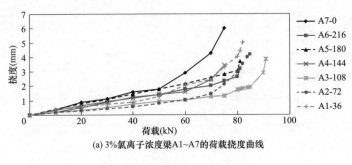

(a) 3%氯离子浓度梁A1~A7的荷载挠度曲线

图 4-9　试验梁挠度曲线（一）

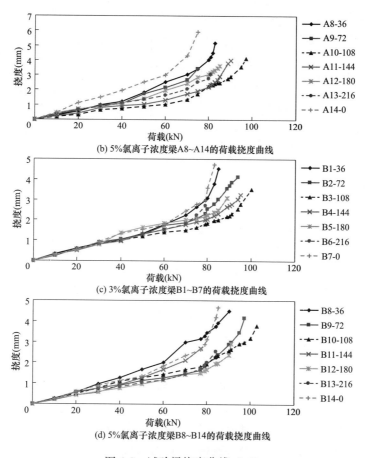

(b) 5%氯离子浓度梁A8~A14的荷载挠度曲线

(c) 3%氯离子浓度梁B1~B7的荷载挠度曲线

(d) 5%氯离子浓度梁B8~B14的荷载挠度曲线

图 4-9　试验梁挠度曲线（二）

2）图 4-10 是相同循环次数，不同水灰比的荷载挠度图。从图中可以看出梁的水灰比不同，其变形规律大致相同。相对于遭受高腐蚀的钢筋混凝土梁，遭受低腐蚀的钢筋混凝土梁的变形能力和延性较好，并且遭受腐蚀后钢筋混凝土梁的变形能力随腐蚀时间增加而变差。水灰比高的钢筋混凝土试验梁的变形能力大于水灰比低的钢筋混凝土试验梁。

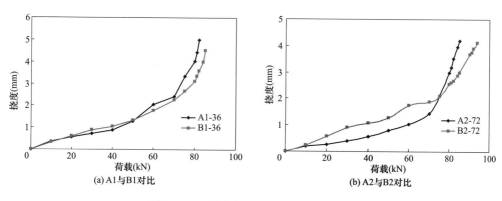

(a) A1与B1对比

(b) A2与B2对比

图 4-10　不同水灰比的荷载挠度图（一）

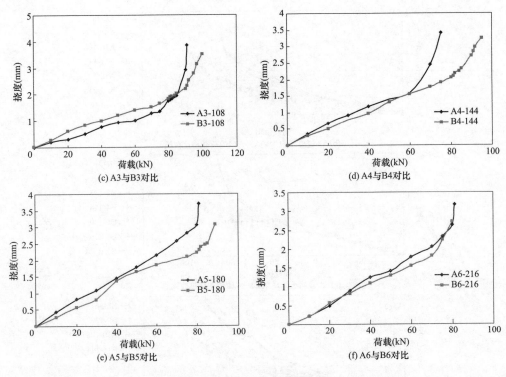

图 4-10   不同水灰比的荷载挠度图（二）

3）图 4-11 是列举的部分相同水灰比，不同氯离子浓度的荷载挠度图。从图中可以看出，其他条件相同的情况下，遭受腐蚀浓度高的钢筋混凝土试验梁的变形能力小于遭受腐蚀浓度低的钢筋混凝土试验梁。

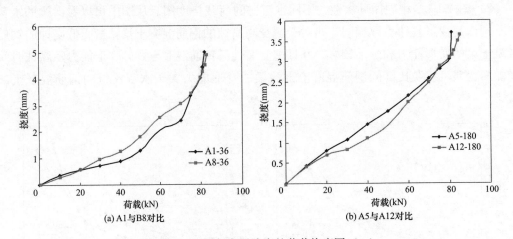

图 4-11   不同氯离子浓度的荷载挠度图（一）

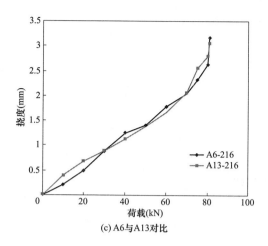

(c) A6与A13对比

图 4-11　不同氯离子浓度的荷载挠度图（二）

7. 试验梁的抗剪承载力分析

试验测得盐雾腐蚀下短梁的开裂荷载和极限荷载（见表 4-9、表 4-10）。从表 4-9 及图 4-13 中可以看出开裂荷载随循环次数的增加，呈现出增长的趋势。由于梁在开裂前箍筋承担的荷载很小，因此开裂时混凝土独自承担了荷载并将剪力传递到支座上，裂缝由底部向梁的跨中顶部延伸。随荷载的增加，支座处也会出现斜裂缝延伸到跨中附近的顶部。而且经过一定循环次数氯离子侵蚀的混凝土在膨胀应力的作用下，更加密实，强度也有所提高，开裂荷载随侵蚀程度的加深而增加。当膨胀应力超过混凝土的抗拉强度时，混凝土中产生微裂缝，导致膨胀应力释放，钢筋混凝土梁的开裂荷载下降。试验结果也表明，当梁腐蚀程度较轻时梁的开裂荷载与箍筋无关。从表 4-10 及图 4-12 中可以看出，随着腐蚀时间的增加，极限荷载先是与腐蚀时间成正比关系，到 108 次循环时极限荷载达到最大。此后，极限荷载随腐蚀时间成反比关系。所以沿海城市的实际工程中，必须加强防腐措施，尽量减少因氯离子侵入而对钢筋混凝土承载力的影响。

表 4-9　　　　　　　　　　盐雾腐蚀下短梁的开裂荷载　　　　　　　　　　（kN）

梁的编号	氯离子浓度	干湿循环次数（次）						
		36	72	108	144	180	216	0
A1～A7	3%	30	26	35	29	30	33	34
A8～A14	5%	26	28	30	32	35	34	37
B1～B7	3%	33	32	35	35	37	40	25
B8～B14	5%	30	35	36	38	34	35	30

表 4-10　　　　　　　　　　盐雾腐蚀下短梁的极限荷载　　　　　　　　　　（kN）

梁的编号	氯离子浓度	干湿循环次数（次）						
		36	72	108	144	180	216	0
A1～A7	3%	82	85	91	75	81	81	75
A8～A14	5%	83	75	97	90	85	81	77
B1～B7	3%	85	94	100	95	89	79	83
B8～B14	5%	90	97	103	77	91	84	85

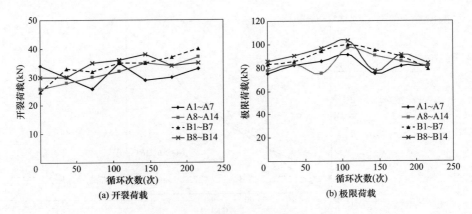

图 4-12 荷载与循环次数关系曲线

四、腐蚀钢筋混凝土短梁受剪承载力计算

剪切破坏机理的理论和分析方法主要有以下几种：

（1）桁架模型理论：梁中配置箍筋，出现斜裂缝后，梁的剪力传递机构由原来无腹筋梁的拉杆拱传递机构转变为桁架与拱的复合传递机构。斜裂缝间齿状体混凝土似斜压腹杆，箍筋的作用有如竖向拉杆，临界斜裂缝上部及受压区混凝土相当于受压弦杆，纵筋相当于下弦拉杆。箍筋将齿状体混凝土传来的荷载悬吊到受压弦杆，增加了混凝土传递受压的作用。斜裂缝间的骨料咬合作用，还将一部分荷载传递到支座。

（2）有限元模型：有限元模型可以准确地分析钢筋混凝土梁的受力全过程，包括裂缝开展情况、受力特性、变形、应力分布、破坏形态和极限承载力等。

（3）试验回归模型：由于一般计算方法尚不完善且计算过于复杂，目前普遍采用简单力学模型与试验数据统计相结合的方法，建立采用混凝土抗拉强度指标并适合于混凝土强度等级在 C20～C80 的钢筋混凝土梁受剪承载力计算公式。

盐雾环境下，受盐雾腐蚀钢筋混凝土短梁除与混凝土强度、箍筋和纵筋的数量和布置以及受力阶段有关以外，还与腐蚀程度有关。本节采用适用于深梁、短梁和浅梁受剪承载力计算的统一公式与本试验数据拟合方法，建立受腐蚀钢筋混凝土梁抗剪承载力模型。

根据 GB 50010《混凝土结构设计规范》，可从深梁、短梁和浅梁的受力机理分析中提出了钢筋混凝土梁受剪的桁架-拱受力模型，推导出适用于深梁、短梁和浅梁受剪承载力计算的统一公式。因为本试验梁未配置水平腹筋，所以在集中荷载的作用下有

$$V \leqslant \left(\frac{0.33}{0.8+1.7\lambda}\right)f_c b h_0 + \frac{\lambda^2}{1.42+1.03\lambda} \cdot \frac{A_{sv}}{s}f_{yv}h_0 \qquad (4-41)$$

式中　λ——钢筋混凝土梁的剪跨比；

　　f_c——混凝土抗压强度设计值，MPa；

　　b、h_0——钢筋混凝土梁截面宽度和有效高度，mm；

　　f_{yv}、A_{sv}——箍筋的抗拉强度和同一截面内截面面积，mm^2；

　　s——箍筋的间距，mm。

对于本试验的混凝土构件，腐蚀构件的受剪承载力公式可变为

$$V \leqslant K\left(\frac{0.33}{0.8+1.7\lambda}\right)f_cbh_0 + \frac{\lambda^2}{1.42+1.03\lambda} \cdot \frac{A_{sv}}{s}f_{yv}h_0 \qquad (4\text{-}42)$$

根据试验结果和实测数据，可以求得 K 值（见表 4-11），由表计算出的 K 值，用最小二乘法对数据进行拟合。拟合图形见图 4-13。

表 4-11　　　　　　　　　　　　　　梁 的 K 值 表

梁的编号	K	梁的编号	K	梁的编号	K
A1	0.960	A2	1.016	K3	1.126
A4	0.832	A5	0.940	A6	0.943
A7	0.831	A8	0.978	A9	0.831
A10	1.237	A11	1.107	A12	1.016
A13	0.941	A14	0.865	B1	0.872
B2	1.015	B3	1.109	B4	1.031
B5	0.936	B6	0.777	B7	0.841
B8	0.951	B9	1.063	B10	1.158
B11	0.745	B12	0.968	B13	0.857
B14	0.872				

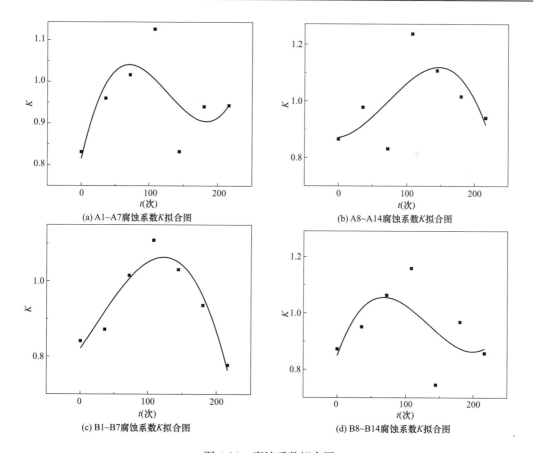

(a) A1~A7腐蚀系数K拟合图

(b) A8~A14腐蚀系数K拟合图

(c) B1~B7腐蚀系数K拟合图

(d) B8~B14腐蚀系数K拟合图

图 4-13　腐蚀系数拟合图

通过拟合可知 K 值符合三次多项式的规律，因此 K 值的解析式为

$$K = A + Bx + Cx^2 + Dx^3 \qquad (4\text{-}43)$$

拟合结果见表 4-12。K 值的解析式反映出盐雾环境下与干湿循环次数的关系。

表 4-12   **K 值 解 析 式 系 数 值**

试验梁编号	A	B	C	D	σ^2
A1～A7	0.81493	0.00732	-7.17776×10^{-5}	1.88138×10^{-7}	0.03005
A8～A14	0.87086	3.39065×10^{-4}	3.00007×10^{-5}	-1.41699×10^{-7}	0.06137
B1～B7	0.82143	0.00266	4.96033×10^{-6}	-8.5733910^{-8}	0.00648
B8～B14	0.84845	0.00689	-6.81309×10^{-5}	1.70277×10^{-7}	0.07173

第五章

变电构架的时变可靠度分析

第一节　结构可靠度理论基础

结构计算主要解决两个问题，一是考虑材料固有的性能，使结构的力学分析日趋完善；二是合理地选择影响结构安全的参数，如荷载值、材料强度值以及安全系数等。结构设计理论由于采用了现代力学方法（例如非线性分析），应用计算机和日益完善的结构试验方法而更趋精确。但若不考虑荷载、材料强度等参数的不确定性和它们对结构安全的影响，那就会与日益精确的力学分析不相匹配。另外，由于可靠性和经济性之间的矛盾：安全系数取大些，荷载值取大些，就多用材料；安全系数取小些，荷载值取小些，就少用材料。那么如何在结构的可靠性与经济性之间选择一种最佳的平衡，力求以最经济的途径使所建造的结构以适当的可靠度满足各种预定的功能要求，是结构设计要解决的根本问题。

以概率论为基础的可靠性理论极限状态设计法引入结构可靠度的概念，用概率来描述结构可靠性的问题，这就使复杂的可靠性问题变成一个可以用数学方法近似处理的问题，是比较科学的分析和解决的方法（如图 5-1 所示）。

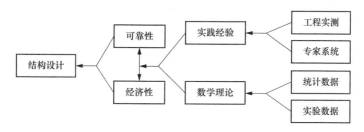

图 5-1　结构可靠性设计

一、结构可靠性的基本概念

1. 结构的功能要求

结构所要满足的功能要求是指结构在规定的使用年限内，满足下列 4 项功能要求：

（1）能承受在正常施工和正常使用时可能出现的各种作用（包括荷载以及外加变形或约束变形）；

（2）在正常使用时具有良好的工作性能；

（3）在正常维护下具有足够的耐久性能；

（4）在偶然事件（如爆炸、车辆撞击、超过设计烈度的地震、龙卷风等）发生时及发生后，仍能保持必需的整体稳定性（即结构仅产生局部的损坏而不致发生连续倒塌）。

在以上的 4 项功能要求中，第（1）、（4）两项通常指结构的强度、稳定，即所谓的安全性；第 2 项是指结构的适用性；第 3 项是指结构的耐久性；三者总称即为结构可靠性，是指结构在规定的时间内，在规定的条件下，完成预定功能的能力。目前结构可靠性包括：结构的安全性、适用性、耐久性、可维修性。结构可靠性定义的外延显然比安全性大。

其中"规定的时间"是指结构可靠性分析时考虑各项基本变量与时间关系所取用的设计基准期。目前，国际上对设计基准期的取值并不统一，例如国际结构安全度联合委员会（JCSS）建议的结构设计基准期为 50 年，加拿大国际建筑法规取 30 年。我国 GB 50068《建筑结构设计统一标准》规定建筑结构的设计基准期为 50 年。其中"规定的条件"，一般是指正常设计、正常施工、正常使用条件，即不考虑人为过失的影响。

度量结构可靠性的数量指标称为结构可靠度，指结构在规定的时间内，在规定的条件下，完成预定功能的概率。可见，结构可靠度是结构可靠性的概率度量。

2. 结构的极限状态

衡量一个结构是否可靠，或者说是否完成功能要求，应有明确的标志。因此，工程设计中引入了按极限状态设计的概念，指当整个结构或结构的一部分超过某一状态就不能满足设计规定的某一功能要求时，此特定状态就称为该功能的极限状态。显然，结构应具有足够大的可靠度来保证不致达到规定的极限状态，这样才能认为结构满足预定的功能要求。

结构的极限状态一般可分为如下三类：

（1）承载能力极限状态，指结构或结构构件达到最大承载能力，或达到不适于继续承载的变形。当出现了下列状态之一时，即认为结构超过了承载能力极限状态。

1）整个结构或某一部分作为刚体失去平衡，如倾覆等；

2）结构构件或连接处因超过材料强度而破坏（包括疲劳破坏）或因很大塑性变形而不适于继续承载；

3）结构转变为机动体系；

4）结构或结构构件丧失稳定，如压屈等。

在设计时，以足够大的可靠度来避免这种状态的发生是保证结构安全可靠的必要前提，因此所有结构构件均应进行强度（包括压屈失稳）计算，在必要时应验算结构的倾覆和滑移。对直接承受重级工作制吊车的构件，还应进行疲劳验算。

（2）正常使用极限状态，指结构或结构构件达到正常使用和耐久性的各项规定限值。当出现下列状态之一时，即认为结构超过了正常使用极限状态。

1）影响正常使用或外观的变形，例如，变形过大造成房屋内粉刷层剥落、填充墙和隔断墙开裂及屋面积水等；

2）影响正常使用或耐久性能的局部损坏（包括裂缝）；

3) 影响正常使用的振动;

4) 影响正常使用的其他特定状态。

为了结构构件能满足正常使用的功能要求,应做到:根据使用条件需控制变形值的结构构件,应进行变形验算;根据使用条件不允许混凝土出现裂缝的构件,应进行抗裂度验算;对使用上需要限制裂缝宽度的构件,应进行裂缝宽度验算。

(3) 逐渐破坏极限状态,指偶然作用后产生的次生灾害限度,即结构因偶然作用造成局部破坏后,其余部分不致发生连续破坏的状态。偶然作用包括超过设计烈度的地震、爆炸、车辆撞击及地基塌陷等。当考虑偶然事件时,仅要求按承载能力极限状态对主要承重结构进行设计,并遵照以下原则:

1) 按考虑偶然事件所造成的荷载效应的偶然组合进行设计或采取保护措施,使主要承重结构不致因偶然事件而丧失承重能力;

2) 应使主要承重结构因偶然事件而发生局部破坏后,其剩余部分仍应具有适当的安全度,在一段时间内不至于发生连续倒塌,以避免生命和经济的重大损失,并为修复提供条件。

以上前两类极限状态在我国现行结构设计中已经被采用,国际上也通常采用这两类极限状态。至于第三种极限状态国内外目前都正在研究。

3. 数学表达

结构可靠度通常受到各种荷载、材料性能、几何参数、计算公式精确性等因素的影响。这些因素一般具有随机性,称为基本变量,记作 $x_i(i=1,2,\cdots,n)$,则结构功能可用下面的功能函数表示

$$Z = g(x_1, x_2, \cdots, x_n) \tag{5-1}$$

当 $Z>0$ 时,结构处于可靠状态;当 $Z=0$ 时,结构处于极限状态;当 $Z<0$ 时,结构处于失效状态。

故称方程

$$Z = g(x_1, x_2, \cdots, x_n) = 0 \tag{5-2}$$

为极限状态方程。

通常,描述结构的基本变量 x_i 为随机变量。这样,结构可靠度可表述为结构处于可靠状态的概率,或简称为可靠概率,其表达式为

$$P_r = P(Z > 0) \tag{5-3}$$

式中　P_r——结构可靠度;

　$P(\cdot)$——括号内事件发生的概率。

同理,我们有结构的失效概率

$$P_f = P(Z < 0) \tag{5-4}$$

结构达到极限状态的概率

$$P_1 = P(Z = 0) \tag{5-5}$$

又因 x_i 通常为连续型变量,可以认为功能函数 $Z=g(x_1, x_2, \cdots, x_n)$ 的分布函数为连续函数。在这种情况下,由概率论的知识可知,$P_1=0$,故有

$$P_r + P_f = 1 \tag{5-6}$$

或

$$P_f = 1 - P_r \tag{5-7}$$

这就是说，在处理结构可靠问题时，只考虑结构的两种状态，这称为结构可靠性的二态模型。

4. 结构可靠性的分类

（1）根据结构出现的某种极限状态对可靠性进行分类，结构可靠性可分为强度可靠性、刚度可靠性、稳定性可靠性、疲劳强度可靠性、耐久强度可靠性、抗裂可靠性等。

（2）根据结构生命的全过程（设计期、施工期、服役期和超龄期），结构可靠性可分为结构设计期可靠性、结构施工期可靠性、结构服役期可靠性和结构超龄期可靠性。结构可靠性研究的趋势是由单纯的结构设计可靠性（静态）到结构生命全过程（建造、使用、维修、老化等）的可靠性（动态）。

1）在结构设计阶段，根据结构可靠性的基本计算公式，由分析计算预测出的结构可靠性称为设计可靠性，有时亦称为固有可靠性。在进行这种可靠性的分析计算时，既要考虑到结构未来工作的实际情况，也要考虑到正常施工和使用维修等条件。但在分析计算时所考虑的只是一种简化模式，而真实情况要复杂得多，用数学公式表达的这种简化模式，必然会给分析计算带来误差。在设计阶段，分析计算中所用的一部分数据，是根据过去类似的结构确定的；这种数据与设计中的结构的真实数据会有差别，这也会不可避免地导致计算误差。因此，设计可靠性只是未来所实现结构的可靠性的一种近似表达。

2）在结构物施工期 $[-T_g, 0]$ 内，在预期的正常施工条件（考虑环境影响、正常施工工艺、施工作用等）下，完成预定功能（建筑完成整个建筑物的）的能力，称为施工期结构可靠性。其可靠度为

$$p_r(T_g) = P\{Z_i(t) > 0, \quad t \in [-T_g, 0]\} \tag{5-8}$$

$$Z_i(t) = R_i(t) - S_i(t)$$

式中　$Z_i(t)$——第 i 个时变结构的功能函数，为全随机过程；

　　　$R_i(t)$——第 i 个时变结构抗力随机过程；

　　　$S_i(t)$——第 i 个时变结构作用效应随机过程。

随着施工过程的变化，结构在不断地变化，它由已建成的部分结构的构件和临时支撑体系组成，其结构计算简图在不断变化，所以结构的功能函数本身是变化的。这里的处理是分时段或按施工阶段划分时变结构取功能函数。

结构本身在施工过程是不断变化的，使得结构抗力和荷载效应变化很大。作用效应 $S_i(t)$ 包括各类重力荷载、施工荷载、地基变形及约束温度变形等。由于施工期相对较短，可忽略偶遇作用地震的影响。值得考虑的是施工荷载的统计分析、地基土体的性质及其应力状态以及随施工方法、过程变化的结构计算简图等，特别是由于结构形状不断变化以及施工过程中产生的临时荷载，会使某些构件上的荷载超过设计值。

结构抗力 $R_i(t)$ 取决于构件的几何形状、尺寸，所用材料的力学性能与抗力计算模

式等，同样取决于变化的结构计算简图（如联结构造的变化）。而建筑材料的性质，如混凝土强度和变形模量也随时间变化。

施工期结构可靠性分析与结构设计可靠性分析有明显的共同点，又有根本的区别。后者是在设计阶段进行结构的可靠性分析，在结构安全和经济之间选择一种合理的平衡，使所建造的结构能满足各种预定功能的要求；而施工期结构可靠性分析是在结构施工阶段对结构上的作用、结构抗力及其相互关系作出综合分析，评估其施工过程的结构可靠性，使结构能维持正常施工。

施工过程产生的可靠性与计划中拟定的可靠性有差别，而产品规格的实际概率特征与设计时分析计算所用的概率特征有差别，实际结构尺寸与图纸上标定尺寸也有差别。因此在分析结构施工期可靠性时，应充分考虑这些差别。如果设计中拟定的结构在施工期得到了完全的实现，则也可认为施工期可靠性与设计可靠性相同。

3）服役期可靠性既不同于设计可靠性，又不同于施工期可靠性。因为设计时总是考虑最严重的情况，所以结构实际使用条件不可能与设计时分析计算可靠性所设想的条件完全一致；施工过程中，结构材料要受到加工作用，加工出结构的材料特性与原始材料的特性会有差别等。一般来说，只有在设计出的结构投入使用时，才可能获得结构可靠性的准确的数据。

4）超龄期可靠性是指结构服役时间超过设计基准期的结构可靠性，特别需考虑结构的老化，其分析类似服役期可靠性。超龄阶段的风险主要来自各种损伤的积累和正常抗力的丧失。在超龄阶段，各种自然和人为灾害发生的可能性仍然存在，而建造阶段形成的各种隐患以及结构在使用过程中承受的各种损伤所造成的疲劳累积以及建筑材料性能的下降，使结构整体抗力降低。不维修结构进入超龄阶段后，其平均风险率将急剧上升。超龄阶段结构可靠性受荷载和抗力以及人为因素的综合影响，研究这一阶段的结构可靠性需考虑荷载效应与抗力的相关性。进入超龄阶段的结构还面临维修加固问题，维修加固不仅改变了材料的性质、构件的几何形状，而且将改变结构系统的承载力方式。目前，这方面的研究还很薄弱。

5）其他。结构构件可靠性是指相对独立的构件的可靠性。结构体系可靠性是指始终组合在一起的构件构成的结构系统可靠性，这些构件可能是串联，也可能是并联、混联或其他复杂的联接形式，它们彼此之间可能独立，也可能相关。结构可能同时或分别出现多种极限状态，但对于每一种极限状态，结构的失效情况会有所不同。体系可靠性就考虑到结构可能处于各种极限状态而具有的可靠性。结构体系可靠性还是每一种极限状态下可靠性的函数。

（3）根据动力效应的特点、按结构的反应，结构可靠性可分为静力可靠性、动力可靠性。

5.结构可靠性的计算

随着可靠性技术的飞速发展，提出了定量计算可靠性的各种方法，但最终可归结为两种，即数学模型法和物理原因法。

（1）数学模型法。运用数学模型法进行可靠性计算时，设想可靠性的变化遵从某些由实验确定的统计规律。研究方法有两种。

1）把可靠性看作时间范畴的量，即可靠性随时间按某种确定的规律变化。这种方法在研究结构的疲劳寿命（如吊车梁寿命）时经常采用，这是因为构件以及整个结构系统的耗损限制了其使用寿命。这种方法得出的结果，能够与实验事实很好地吻合。

2）把可靠性视为某些偶然因素的结果，失效是由不希望出现的偶然因素的出现引起的，因而可靠性作为随机事件发生的概率来计算。这种方法多用于瞬时一次使用的结构，如导弹助推器。在这种情况下，实际上不可能运用可靠性的时间特征。

数学模型法的缺点是，它没有阐明失效产生的原因，并且也没有指出消除失效的可能性。目前这种方法在电子系统和机电系统应用较为广泛。

（2）考虑到失效存在的物理原因法同样有两个研究方法。

1）作用-抗力模型法。这种方法认为施于结构上的作用和结构的抗力均为随机变量，服从一定的分布。结构的可靠度是结构抗力大于施加于结构上作用的概率。在这种情况下，计算可靠度所用的初始数据，也是由统计得到，但不是可靠性本身的特征量，而是结构材料的强度特性、材料规格的几何参数，作用于结构上的外载荷等。这种方法考虑了导致结构失效的原因，且经过许多学者的不懈努力，逐渐发展并完善了这种计算方法的动态模型，使它变成了结构可靠性分析计算的基本模型，得到了广泛的应用。

2）把可靠度定义为随机过程或随机场不超出规定任务水平的概率。根据这种方法，引入了系统空间 V、系统状态允许域 Q、系统随时间变化的轨迹 $V(t)$，轨迹 $V(t)$ 超出了状态允许域则认为系统失效。为了计算结构可靠度，同样需要一定的初始统计资料，从而导出随机过程或随机场的参数，但这种参数的得出，要比作用-抗力模型所用统计参数的得出困难得多。

在对具体结构进行可靠性计算时，应根据结构的实际情况进行分析，以便选取最为合理的计算方法。

二、结构可靠指标

1. 可靠指标 β 的定义

（1）在结构设计中经常遇到两个基本变量的情况，其功能函数为线性函数，以 R 表示结构的抗力（结构的承载力或允许变形）；以 S 表示结构的作用效应（由结构上的作用所引起的各种内力、变形、位移等），则判断结构是否可靠的功能函数为

$$Z = g(R,S) = R - S$$

极限状态方程为

$$Z = R - S = 0 \tag{5-9}$$

在以 R 和 S 为坐标的平面上，式（5-9）表示一条直线，称之为极限状态直线。它将平面划分为可靠区（$R > S$）和失效区（$R < S$）。当功能函数中的基本变量 R、S 满足极限状态方程式（5-9）时，就称结构达到极限状态，即点（S，R）位于极限状态直线上（如图 5-2 所示），由于此时结构处于临界状态，所以设计中取极限状态作为结构的失效标准。

当 R，S 相互独立且均服从正态分布时，则由前节 $Z=R-S$ 也服从正态分布，其均值、标准差为

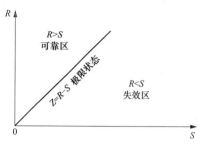

图 5-2　极限状态曲线

$$\mu_z = \mu_R - \mu_S$$
$$\sigma_z = \sqrt{\sigma_R^2 + \sigma_S^2}$$

Z 的概率密度函数为

$$f_z(z) = \frac{1}{\sigma_z \sqrt{2\pi}} \exp\left[-\frac{1}{2}\left(\frac{z - \mu_z}{\sigma_z}\right)^2\right],$$
$$-\infty < z < \infty$$

其分布函数为

$$F_z(z) = \frac{1}{\sigma_z \sqrt{2\pi}} \int_{-\infty}^{z} \exp\left[-\frac{1}{2}\left(\frac{t - \mu_z}{\sigma_z}\right)^2\right] dt$$

经变换 $u=(t-\mu_z)/\sigma_z$ 可将分布函数化成标准正态分布函数

$$F_z(z) = \frac{1}{\sqrt{2\pi}} \int_{-\infty}^{(z-\mu_z)/\sigma_z} \exp\left[-\frac{u^2}{2}\right] du = \Phi\left[\frac{z - \mu_z}{\sigma_z}\right]$$

于是结构的失效概率 P_f 为

$$P_f = P\{z < 0\} = F_z(0) = \Phi(-\mu_z/\sigma_z) \tag{5-10}$$

可见，当 Z 服从正态分布时，可由 Z 的均值和标准差之商，按式（5-10）经查标准正态分布表得出结构的失效概率。令

$$\beta = \frac{\mu_z}{\sigma_z} = \frac{\mu_R - \mu_S}{\sqrt{\sigma_R^2 + \sigma_S^2}} \tag{5-11}$$

则

$$P_f = \Phi(-\beta)$$

或

$$\beta = \Phi^{-1}(1 - P_f)$$

于是，β 值与失效概率 P_f 具有一一对应的关系。由概率论知识可知，分布函数是单调函数，β 取正值，且 β 增加时，结构的失效概率 P_f 减少，而相应地结构的可靠度 P_r 增加，故我们可直接通过 β 值的大小来描述结构的可靠性，称 β 为结构的可靠指标。

可靠指标 β 是以基本变量的统计参数直接表达的，概念清楚、计算简单，加之它是一个无量纲的正数，所以 GB 50068《建筑结构设计统一标准》规定以可靠指标代替失效概率作为可靠性的度量。

可靠指标 β 的计算公式是在基本变量 R 及 S 均服从正态分布的条件下得出的，但这并不影响它的适用性。由于工程中的 R 和 S 一般都是以基本变量的和或积的形式组合而成的函数，根据概率论的"中心极限"定理，当 R、S 为非正态分布时，可用相应的正态分布或对数正态分布作为它们的渐近正态分布。不论 R、S 是否服从正态分布，若能计算出结构功能函数 $Z=g(R，S)$ 的均值 μ_z 和标准差 σ_z，则结构的可靠指标 β 为

$$\beta = \frac{\mu_z}{\sigma_z} \tag{5-12}$$

当 R、S 服从正态分布时，式（5-12）算出的 β 值为精确值，当 R、S 中至少有一

个不服从正态分布时，式（5-12）算出的 β 值是近似值，此时，由 $P_f=\Phi(-\beta)$ 算出的失效概率称为"运算失效概率"，但习惯上仍称之为失效概率。如果对此近似程度不满意，可进一步根据基本变量的已知分布，通过随机抽样分析方法或统计试验方法另行拟合一个更合理的分布。

下面来说明 β 的几何意义。建立三维空间 $(Z，R，S)$，则 $Z=R-S$ 为该空间中的一个平面，它与坐标面 $Z=0$（SR 平面）的交线为 l

$$Z = R - S$$
$$Z = 0$$

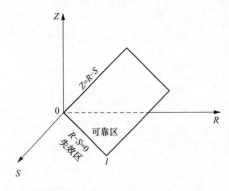

图 5-3 可靠区和失效区的划分

l 即为 SR 平面上的一条直线 $R-S=0$，它表示结构的极限状态，且 l 将 SR 平面划分为可靠区和失效区（如图 5-3 所示）。现在 SR 平面上取一点 M，它的坐标为 $M(\mu_R，\mu_S)$，该点称之为"中心点"。我们求中心点 M 到直线 l 的距离，为方便起见，作坐标变换，将坐标原点移到中心点 M 上，令

$$\bar{R} = \frac{R-\mu_R}{\sigma_R}, \quad \bar{S} = \frac{S-\mu_S}{\sigma_S}, \quad \bar{Z} = Z$$

则

$$R = \sigma_R\bar{R}+\mu_R \quad S = \sigma_S\bar{S}+\mu_S$$

代入 SR 平面上直线 l 的方程中，得

$$\sigma_R\bar{R}-\sigma_S\bar{S}+(\mu_R-\mu_S)=0 \tag{5-13}$$

点 $M(\mu_R，\mu_S)$ 在 SR 平面上的坐标为 $M(0，0)$，即点 M 成为新坐标系的坐标原点，由解析几何中点到直线的距离公式得到 SR 平面上点 $M(0，0)$ 到式（5-13）所表示的直线的距离为

$$d = \frac{\mu_R-\mu_S}{\sqrt{\sigma_R^2+\sigma_S^2}}$$

可见 $\beta=d$，故可靠指标 β 的值等于中心点 $M(\mu_R，\mu_S)$ 到极限状态直线 l 的距离。

当 R、S 服从对数正态分布，结构的功能函数 $Z=\ln(R/S)$，且 $\ln R$、$\ln S$ 相互独立时，于是由 $\ln R$ 与 $\ln S$ 服从正态分布得到 Z 的统计参数

$$\mu_Z = \mu_{\ln R}-\mu_{\ln S}, \quad \sigma_Z = \sqrt{\sigma_{\ln R}^2+\sigma_{\ln S}^2}$$

对于对数正态分布有

$$\left.\begin{aligned}
\mu_{\ln X} &= \ln\mu_X - \frac{1}{2}\ln(1+\delta_X^2) \\
\sigma_{\ln X} &= \sqrt{\ln(1+\delta_X^2)}
\end{aligned}\right\} \tag{5-14}$$

成立，式中 δ_X 为 X 的变异系数。由式（5-14）有

$$\left.\begin{array}{l} \mu_Z = \ln \dfrac{\mu_R}{\mu_S} \dfrac{\sqrt{1+\delta_S^2}}{\sqrt{1+\delta_R^2}} \\[3mm] \sigma_Z = \sqrt{\ln(1+\delta_R^2)(1+\delta_S^2)} \end{array}\right\} \tag{5-15}$$

从而，当 R、S 服从对数正态分布、结构的极限状态方程为 $Z=\ln(R/S)=0$ 时，结构的可靠指标 β 为

$$\beta = \frac{\mu_Z}{\sigma_Z} = \frac{\ln \dfrac{\mu_R}{\mu_S} \dfrac{\sqrt{1+\delta_S^2}}{\sqrt{1+\delta_R^2}}}{\sqrt{\ln(1+\delta_R^2)(1+\delta_S^2)}} \tag{5-16}$$

当 R、S 的变异系数 δ_R 和 δ_S 的值较小时（工程上只需 δ_R 和 $\delta_S < 0.3$），则可靠指标 β 可按下式作近似计算

$$\beta \approx \frac{\ln \mu_R - \ln \mu_S}{\sqrt{\delta_R^2 + \delta_S^2}} \tag{5-17}$$

工程结构问题中的随机变量的变异系数 δ 值一般都小于 0.3，按式（5-17）计算时，误差约为 2%。所以式（5-17）是工程中计算可靠指标 β 时用得较多的公式。例如，美国基于可靠性的钢结构设计规范就是采用式（5-17）作为构件设计的基本公式。

（2）当有 n 个随机变量 $X(X_1, X_2, \cdots, X_n)$ 影响结构的可靠性时，其状态函数为

$$Z = g(X_1, X_2, \cdots, X_n) = g(X) \tag{5-18}$$

极限状态方程是

$$g(X) = 0 \tag{5-19}$$

这个极限状态曲面分空间为两个区域：ω 为 $Z>0$ 是结构安全区，Ω 为 $Z<0$ 是结构失效区，而曲面 L 为 $Z=0$ 是极限状态。所以失效概率为

$$P_f = P(Z<0) = \int_\Omega f(X)\mathrm{d}x \tag{5-20}$$

式中 $f(X)$ 为 X 的联合概率密度函数。

由于影响结构可靠性的因素很多，精确的概率分布是难以确定的，即使确定概率分布也很难给出解析解。另一方面，人们容易得到二阶矩信息，即平均值和均方差，故很自然地想到利用二阶矩进行分析。

对于 n 个随机变量情况，仍可由式（5-12）定义可靠指标。

当 Z 为正态分布时，有

$$P_f = P(Z<0) = P\left(\frac{Z-\mu_Z}{\sigma_Z} < -\frac{\mu_Z}{\sigma_Z}\right) = \Phi(-\beta) \tag{5-21}$$

式中　$\Phi(\cdot)$——标准正态分布函数。

式（5-12）的定义最先由 Cornel 给出。当 Z 为非正态分布时，式（5-21）是不能成立的，而且当对同一个问题给出两个不同状态函数时，将得到两个不同的 β 值。而事实上，对于同一失效模式，无论选择怎样不同的状态函数，其可靠性应该是不变的。因此，式（5-12）的定义是不严密的。

Hasofer 和 Lind 将可靠指标定义为标准正态坐标系中原点到极限状态曲面的最短距

离。然而，Ditlevsen 指出，这个定义缺乏比较性，也是不科学的，如图 5-4 所示，a、b、c 三条极限状态曲线，显然当联合概率密度函数相同时，$\beta_c > \beta_b > \beta_a$，但 Hasofer-Lind 却给出相同的可靠指标。可见 Hasofer-Lind 定义只能作为一种近似计算，不能定义是不恰当的。为此 Ditlevsen 给出了一个广义可靠指标的定义

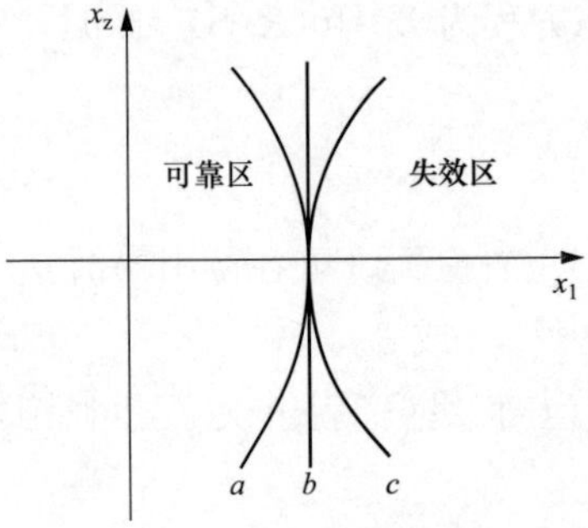

$$\beta = G\left[\int_\omega f(X)\mathrm{d}X\right] \tag{5-22}$$

函数 G 的确定是使 $f(X) = f(X_1)f(X_2)\cdots f(X_n)$。当随机变量 X 为正态分布时，有 $G = \Phi^{-1}$。

事实上，广义可靠指标 β 的定义式（5-22）还可以进一步拓广。对于任意分布的 Z 都可以定义

$$\beta = \Phi^{-1}\left(\int_\omega f(X)\mathrm{d}X\right) = \Phi^{-1}\left(1 - \int_\Omega f(X)\mathrm{d}X\right)$$
$$= \Phi^{-1}(1 - P_f) \tag{5-23}$$

当 Z 为正态分布时，由上式得

$$\beta = \frac{\mu_z}{\sigma_z} \tag{5-24}$$

图 5-4　三条不同极限状态曲线
对应的可靠与失效区域

式（5-23）、式（5-24）型式类同于式（5-21）、式（5-12），意义却不同。式（5-12）的定义是 Cornel 定义的逆序，从而更加科学合理，它指出了一次二阶矩法的本质和思维途径。不难看出式（5-23）的计算困难，式（5-24）的计算简单，但式（5-24）要求 Z 为正态分布。只有当 Z 为各随机变量的线性组合，且各随机变量均为正态分布时，Z 才是正态分布。因此，一次二阶矩理论的本质要求，是必须将非正态分布化为当量正态分布，将极限状态函数 Z 化为线性函数。

2. 结构可靠指标与安全系数的关系

安全系数定义。传统的设计原则是抗力不能小于荷载效应，其安全程度用安全系数来表示。例如，用均值表达的单一平均安全系数 K 可以定义为

$$K = \frac{\text{平均结构抗力}}{\text{平均荷载效应}} = \frac{\mu_R}{\mu_S} \tag{5-25}$$

其相应的设计表达式为

$$\mu_R \geqslant K\mu_S \tag{5-26}$$

从统计学观点看，传统的安全系数 K 存在着两个问题：

1）没有定量地考虑抗力和荷载效应的随机性质，而靠经验或工程判断方法取值，因此不可避免带有人为因素。

2）由式（5-25）可见，K 只与 R 和 S 的均值的比值有关，如图 5-5 所示。因此，这种系数是不能反映结构的实际失效情况的。例如，图 5-5 中，$K_1 = \mu_{R1}/\mu_{S1}$，$K_2 = \mu_{R2}/\mu_{S2}$，这说明它们的安全度一样。但实际上它们的失效概率（与图中阴影部分的面积有关）却相差很多。由阴影部分的面积可以看出，图 5-5（a）极限状态对应的失效概率 P_{f1} 远小于图 5-5（b）极限状态对应的失效概率 P_{f2}。

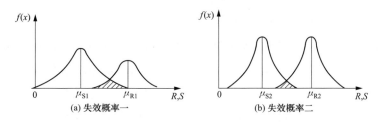

图 5-5 极限状态对应的失效概率

图 5-5 表明，P_f 不仅与 $f_R(r)$、$f_S(s)$ 图形面积中心位置有关（可各自用均值 μ_R 与 μ_S 来表示），而且还与它们面积图形的离散程度（可用 σ_R、σ_S 或 δ_R、δ_S 来表示）有关。传统的安全系数的明显缺点，就是没有反映这一特征，但可靠指标就解决了这个问题。这可以由数学公式加以说明。两个正态变量时，由可靠指标式（5-12），有

$$\beta = \frac{\mu_R - \mu_S}{\sqrt{\sigma_R^2 + \sigma_S^2}} = \frac{\dfrac{\mu_R}{\mu_S} - 1}{\sqrt{\left(\dfrac{\mu_R}{\mu_S}\right)^2 \delta_R^2 + \delta_S^2}} = \frac{K - 1}{\sqrt{K^2 \delta_R^2 + \delta_S^2}} \tag{5-27}$$

或

$$K = \frac{1 + \beta\sqrt{\delta_R^2 + \delta_S^2 - \beta^2 \delta_R^2 \delta_S^2}}{1 - \beta^2 \delta_R^2} \tag{5-28}$$

可见，从概率理论出发，安全系数应与结构中各变量的分布规律、变异系数以及相应的可靠指标 β 有关。或者，代表结构可靠度的可靠指标 β，不仅与安全系数 K 有关，而且与分布规律和变异系数 δ_R 和 δ_S 也有关。

3. 结构可靠指标与分项系数的关系

现行的设计准则，并不采用上面所述的单一安全系数设计表达式，而一般采用分项系数表达式。例如，在恒载和活载组合下设计表达式为

$$\gamma_R \mu_R \geqslant \gamma_G \mu_G + \gamma_Q \mu_Q \tag{5-29}$$

式中　γ_R——抗力分项系数；

γ_G——恒载分项系数；

γ_Q——活载分项系数。

分项系数是利用分离函数得到的。分离函数的作用是与可靠指标联系起来，把安全系数加以分离，使其表达为分项系数的形式。这样做可以同现行设计准则相配合，从而使基于可靠度的设计实用化。

下面介绍两种分离法。

（1）林德的 0.75 线性分离法。为了将可靠指标公式中的根式进行分离并使其线性化，林德引入了分离函数 Φ_1。设 X_1，X_2 为任意的两个变量，令

$$V_1 = \frac{X_1}{X_2}, \quad \Phi_1 = \frac{\sqrt{X_1^2 + X_2^2}}{X_1 + X_2}$$

林德指出，当 $1/3 < V_1 < 3$ 时，取 $\Phi_1 = 0.75$，相对误差不超过 6%，因而有

$$\sqrt{X_1^2 + X_2^2} = \varPhi_1(X_1 + X_2) \approx 0.75(X_1 + X_2) \tag{5-30}$$

这个分离并线性化的公式，可用于将基于可靠度的设计式表达为分项函数的形式。

设抗力 R 和荷载效应 S 均为正态分布，且满足 $1/3 < \sigma_R/\sigma_S < 3$ 条件，则由式（5-11）可得

$$\mu_R - \mu_S = \beta\sqrt{\sigma_R^2 + \sigma_S^2} \approx 0.75(\sigma_R + \sigma_S)\beta$$

将式中的标准差用变异系数表示，移项整理后得

$$(1 - 0.75\delta_R\beta)\mu_R = (1 + 0.75\delta_S\beta)\mu_S$$

令

$$\gamma_R = 1 - 0.75\delta_R\beta$$
$$\gamma_S = 1 + 0.75\delta_S\beta$$

从而得设计表达式

$$\gamma_R\mu_R \geqslant \gamma_S\mu_S$$

式中　γ_R——抗力分项系数；

　　　γ_S——荷载分项系数。

如果荷载效应 S 是由恒载 G 和活载 Q 的效应组成的，即 $S = G + Q$，而且 $1/3 < \sigma_G/\sigma_Q < 3$，则同理可以进行下述的分离。

由式（5-30）进行一次分离后有

$$\mu_R - \mu_S = \beta\sqrt{\sigma_R^2 + \sigma_S^2} \approx 0.75(\sigma_R + \sigma_S)\beta$$

$$\mu_R - (\mu_G + \mu_Q) = 0.75(\sigma_R + \sqrt{\sigma_G^2 + \sigma_Q^2})\beta$$

进行二次分离后得

$$\mu_R - 0.75\delta_R\beta\mu_R = \mu_G + 0.75^2\delta_G\beta\mu_G + \mu_Q + 0.75^2\delta_Q\beta\mu_Q$$

从而得

$$\left.\begin{aligned}
\gamma_R &= 1 - 0.75\delta_R\beta \\
\gamma_G &= 1 + 0.75^2\delta_G\beta = 1 + 0.5625\delta_G\beta \\
\gamma_Q &= 1 + 0.75^2\delta_Q\beta = 1 + 0.5625\delta_Q\beta
\end{aligned}\right\} \tag{5-31}$$

得相应的设计表达式（5-29）。

由式（5-29）及式（5-31）可以看出抗力与荷载效应的分布和参数的确定在基于可靠度的设计中的重要性。

（2）一般分离法。一般分离法通过一定的数学变换，定义分离函数 $\varPhi_i$，然后进行分离。该法适用范围广，不仅可以用于两个变量的情况，而且容易推广到多个非正态变量的情况。

设有两个任意变量 X_i，X_j，令

$$\varPhi_i = \frac{X_i}{\sqrt{X_i^2 + X_j^2}} = \frac{X_i}{X}, \quad \varPhi_j = \frac{X_j}{X} \tag{5-32}$$

$\varPhi_i$、$\varPhi_j$ 称为分离函数，是小于 1 的数，从而有

$$\sqrt{X_i^2 + X_j^2} = \frac{X_i^2 + X_j^2}{\sqrt{X_i^2 + X_j^2}} = \Phi_i X_i + \Phi_j X_j \tag{5-33}$$

对于 n 个变量 $X(i=1，2，\cdots，n)$，分离函数变为

$$\Phi_i = \frac{X_i}{\left(\sum\limits_{k=1}^{n} X_k^2 \right)^{\frac{1}{2}}} \tag{5-34}$$

同时有

$$\sqrt{\sum_{i=1}^{n} X_i^2} = \frac{\sum\limits_{i=1}^{n} X_i^2}{\sqrt{\sum\limits_{i=1}^{n} X_i^2}} = \sum_{i=1}^{n} \Phi_i X_i \tag{5-35}$$

下面讨论上式的具体应用。

1）正态分布情况。由式（5-11）和式（5-33）有

$$\mu_R - \mu_S = \beta \sqrt{\sigma_R^2 + \sigma_S^2} = \beta \Phi_R \sigma_R + \beta \Phi_S \sigma_S$$

将 $\sigma_R = \delta_R \mu_R$，$\sigma_S = \delta_S \mu_S$ 代入上式，移项整理后得

$$(1 - \Phi_R \delta_R \beta) \mu_R = (1 + \Phi_S \delta_S \beta) \mu_S$$

令

$$\gamma_R = 1 - \Phi_R \delta_R \beta, \quad \gamma_S = 1 + \Phi_S \delta_S \beta \tag{5-36}$$

相应的表达式为

$$\gamma_R \mu_R \geqslant \gamma_S \mu_S$$

同理，作两次分离后，可得到由恒载 G 和活载 Q 产生效应下的分项系数为

$$\left. \begin{array}{l} \gamma_R = 1 - \Phi_R \delta_R \beta \\ \gamma_G = 1 + \Phi_G \delta_G \beta \\ \gamma_Q = 1 + \Phi_Q \delta_Q \beta \end{array} \right\} \tag{5-37}$$

设计表达式为

$$\gamma_R \mu_R \geqslant \gamma_G \mu_G + \gamma_Q \mu_Q$$

式（5-37）中分离函数为

$$\Phi_R = \frac{\sigma_R}{\sqrt{\sigma_R^2 + \sigma_S^2}} = \frac{\sigma_R}{\sigma_Z}, \quad \Phi_S = \frac{\sigma_S}{\sigma_Z}, \quad \Phi_G = \frac{\sigma_G}{\sigma_Z}, \quad \Phi_Q = \frac{\sigma_Q}{\sigma_Z} \tag{5-38}$$

2）一般情况。设极限状态函数 Z 为一组相互独立的随机变量 $X_i(i=1，2，\cdots，n)$ 的函数，即

$$Z = g(X_1, X_2, \cdots, X_n) \tag{5-39}$$

现将 Z 在均值处按泰勒级数展开并取一阶近似式，即可得均值和标准差的近似公式为

$$\mu_Z \approx g(\mu_{X1}, \mu_{X2}, \cdots, \mu_{Xn})$$

$$\sigma_Z \approx \sqrt{\sum_{i=1}^{n} \left[\left(\left. \frac{\partial g}{\partial X_i} \right|_{\mu} \right)^2 \sigma_{Xi}^2 \right]} \tag{5-40}$$

仿照式（5-38），这里分离函数 Φ_{Xi} 可定义为

$$\Phi_{Xi} = \frac{\left(\frac{\partial g}{\partial X_i}\bigg|_{\mu}\right)\sigma_{Xi}}{\left\{\sum_{i=1}^{n}\left[\left(\frac{\partial g}{\partial X_i}\bigg|_{\mu}\right)^2\sigma_{Xi}^2\right]\right\}^{\frac{1}{2}}} \tag{5-41}$$

同时，由式（5-35）将下列根式分离并线性化为

$$\left\{\sum_{i=1}^{n}\left[\left(\frac{\partial g}{\partial X_i}\bigg|_{\mu}\right)^2\sigma_{Xi}^2\right]\right\}^{\frac{1}{2}} = \sum_{i=1}^{n}\Phi_{Xi}\sigma_{Xi} \tag{5-42}$$

最后根据可靠指标定义，有

$$\beta = \frac{\mu_Z}{\sigma_Z} \approx \frac{g(\mu_{X1},\mu_{X2},\cdots,\mu_{Xn})}{\left\{\sum_{i=1}^{n}\left[\left(\frac{\partial g}{\partial X_i}\bigg|_{\mu}\right)^2\sigma_{Xi}^2\right]\right\}^{\frac{1}{2}}} \tag{5-43}$$

$$g(\mu_{X1},\mu_{X2},\cdots,\mu_{Xn}) \approx \beta\left\{\sum_{i=1}^{n}\left[\left(\frac{\partial g}{\partial X_i}\bigg|_{\mu}\right)^2\sigma_{Xi}^2\right]\right\}^{\frac{1}{2}} = \sum_{i=1}^{n}\Phi_{Xi}\sigma_{Xi}\beta \tag{5-44}$$

当 $g(\mu_{X1}, \mu_{X2}, \cdots, \mu_{Xn})$ 为线性函数时，可将式（5-44）移项整理，以得到相应的分项系数表达式。下面以三个变量为例加以说明。

设 $Z = g(R,G,Q) = R - G - Q$，按正态分布，则有

$$\mu_Z = \mu_R - \mu_G - \mu_Q$$

又根据式（5-40），有

$$\sigma_Z^2 = \left(\frac{\partial g}{\partial R}\bigg|_{\mu}\right)^2\sigma_R^2 + \left(\frac{\partial g}{\partial G}\bigg|_{\mu}\right)^2\sigma_G^2 + \left(\frac{\partial g}{\partial Q}\bigg|_{\mu}\right)^2\sigma_Q^2 = \sigma_R^2 + \sigma_G^2 + \sigma_Q^2$$

再由式（5-44）得

$$\mu_Z = \mu_R - \mu_G - \mu_Q = \beta(\Phi_R\sigma_R + \Phi_G\sigma_G + \Phi_Q\sigma_Q)$$

移项整理后得

$$\mu_R(1 - \Phi_R\delta_R\beta) = \mu_G(1 + \Phi_G\delta_G\beta) + \mu_Q(1 + \Phi_Q\delta_Q\beta)$$

从而有

$$\left.\begin{array}{l} \gamma_R = 1 - \Phi_R\delta_R\beta \\ \gamma_G = 1 + \Phi_G\delta_G\beta \\ \gamma_Q = 1 + \Phi_Q\delta_Q\beta \end{array}\right\}$$

Φ_R、Φ_G、Φ_Q 由式（5-41）求得

$$\Phi_R = \frac{\sigma_R}{\sqrt{\sigma_R^2 + \sigma_S^2}} = \frac{\sigma_R}{\sigma_Z}, \quad \Phi_S = \frac{\sigma_S}{\sigma_Z}, \quad \Phi_G = \frac{\sigma_G}{\sigma_Z}, \quad \Phi_S = \frac{\sigma_Q}{\sigma_Z}$$

本结果与按两个变量进行二次分离所得结果相同。

第二节　结构可靠度计算

近似概率设计方法目前已进入实用阶段。我国建筑结构、铁道工程结构和港口工程结构等的设计标准就采用这种设计方法。该法用可靠指标 β 作为结构可靠度的度量尺度，因此，掌握可靠指标和可靠度的计算方法，在今后结构设计中是非常重要的。

一、中心点法

设结构的功能函数为

$$Z = g(X_1, X_2, \cdots, X_n)$$

极限状态方程为

$$Z = g(X_1, X_2, \cdots, X_n) = 0$$

$X_i (i=1, 2, \cdots, n)$ 为结构的基本变量，它们是相互独立的，其统计参数为均值 μ_{Xi}、标准差 σ_{Xi}。

由 $X_i (i=1, 2, \cdots, n)$ 生成的空间记为 Ω，$(X_1, X_2, \cdots, X_n)$ 表示 Ω 中的点。点 $M = (\mu_{X1}, \mu_{X2}, \cdots, \mu_{Xn}) \in \Omega$，称为 Ω 的中心点，以各基本变量的均值为坐标。极限状态方程 $Z=0$ 所对应的曲面将空间 Ω 分为结构的可靠区和失效区，$Z=0$ 所对应的曲面称为失效边界．中心点 M 位于结构的可靠区内。

中心点法是在中心点 M 处将结构的功能函数 $Z = g(X_1, X_2, \cdots, X_n)$ 展开成泰勒级数，并只取到一次项对结构的功能函数作线性化处理

$$Z = g(\mu_{X1}, \mu_{X2}, \cdots, \mu_{Xn}) + \sum_{i=1}^{n} (X_i - \mu_{Xi}) \frac{\partial g}{\partial X_i}\Big|_{\mu} \tag{5-45}$$

此时，Z 的统计参数为

$$\mu_Z = g(\mu_{X1}, \mu_{X2}, \cdots, \mu_{Xn})$$

$$\sigma_Z = \sqrt{\sum_{i=1}^{n} \left(\sigma_{Xi} \frac{\partial g}{\partial X_i}\Big|_{\mu} \right)^2} \tag{5-46}$$

式（5-46）是误差传递公式，当结构的功能函数 $Z = g(X_1, X_2, \cdots, X_n)$ 是线性函数或近似于线性函数时，两式的计算结果比较准确；若 $Z = g(X_1, X_2, \cdots, X_n)$ 为非线性函数时，两式仍可作为统计参数计算公式，但作线性化处理后难免存在误差。

由式（5-2）及可靠指标的定义，按中心点法计算结构可靠指标的公式为

$$\beta = \frac{\mu_Z}{\sigma_Z} = \frac{g(\mu_{X1}, \mu_{X2}, \cdots, \mu_{Xn})}{\sqrt{\sum_{i=1}^{n} \left(\sigma_{Xi} \frac{\partial g}{\partial X_i}\Big|_{\mu} \right)^2}} \tag{5-47}$$

由式（5-47），可按 $P_f = \Phi(-\beta)$ 计算结构的失效概率。并由此计算结构的可靠度 $P_r = 1 - P_f$。

运用中心点法进行结构可靠性计算时，不必知道基本变量的真实概率分布，只需知道其统计参数，即均值、标准差或变异系数，即可按公式（5-47）计算出结构的可靠指标 β 值以及失效概率 P_f。

在运用中心点法计算结构可靠指标 β 和失效概率 P_f 时，若 β 值较小，即 P_f 值较大（$P_f \geqslant 10^{-3}$）时，P_f 值对基本变量联合概率分布类型很不敏感，由各种合理分布计算出的 P_f 值大致在同一个数量级内；若 β 值较大，即 P_f 值较小（$P_f \leqslant 10^{-5}$）时，P_f 值对基本变量联合概率分布类型很敏感，此时，概率分布不同，计算出的 P_f 值可在几个数量级范围内变化。因此，在运用中心点法进行结构可靠性计算时，可靠指标 $\beta = 1.0 \sim 2.0$

的结果精度高；当 $P_f < 10^{-5}$ 时，使用中心点法必须正确估计基本变量的概率分布和联合分布类型。

当基本变量不服从正态分布或对数正态分布时，运用中心点法计算结构可靠度的结果与结构的实际情况出入较大，这时一般不能直接采用中心点法进行计算。对于非线性结构的功能函数运用中心点法计算时，由于进行了线性化处理，所以误差较大，且这个误差无法避免。此外，运用中心点法计算时，对同一个结构的几种等价的极限状态方程可能得出不同的可靠性结果，这将使设计人员无所适从。尽管中心点法有这些缺点，但该方法概念清楚，计算简单，便于实际应用，所以仍是目前常用的结构可靠计算方法之一。

二、验算点法

验算点法是由西德的拉克维茨（Rackwitz，R.）和菲斯勒（Fiessler，B.）针对中心点法的弱点提出改进的方法。这个方法也被很多国家所采纳，我国的《建筑结构设计统一标准》也是以该方法作为可靠性校准的基础。

验算点法主要有两个特点：

（1）当功能函数 Z 为非线性时，不以通过中心点的超切平面作为线性近似，而以通过 $Z=0$ 上的某一点 $X^*(x_1^*, x_2^*, \cdots, x_n^*)$ 的超切平面作为线性近似，以避免中心点方法中的误差。

（2）当基本变量 x_i 具有分布类型的信息时，将 x_i 的分布在 $(x_1^*, x_2^*, \cdots, x_n^*)$ 处以与正态分布等价的条件，变换为当量正态分布，这样可使所得的可靠指标 β 与失效概率 P_f 之间有一个明确的对应关系，从而在 β 中合理地反映了分布类型的影响。

这个特定点 $(x_1^*, x_2^*, \cdots, x_n^*)$ 我们称之为验算点，下面将详细说明这个方法。

设功能函数 $\qquad Z = g(X_1, X_2, \cdots, X_n)$

按

$$U_i = \frac{X_i - \mu_{X_i}}{\sigma_{X_i}}$$

将 X 空间变换到 U 空间，得

$$Z = g_1(U_1, U_2, \cdots, U_n) \tag{5-48}$$

可靠指标 β 在几何上就是 U 空间内从原点 M（即中心点）到极限状态超曲面 $Z=0$ 的最短距离。在超曲面 $Z=0$ 上，离原点 M 最近的点 $P^*(u_1^*, u_2^*, \cdots, u_n^*)$ 即为验算点。

这样很容易写出通过验算点 P^* 在超曲面 $Z=0$ 上的超切平面的方程式

$$Z' = g_1(u_1^*, u_2^*, \cdots, u_n^*) + \sum_{i=1}^{n}(U_i - u_i^*)\frac{\partial g_1}{\partial U_i}\bigg|_{P^*}$$

由于 P^* 是 $Z=g_1(\cdot)=0$ 上的一点，因此

$$g_1(u_1^*, u_2^*, \cdots, u_n^*) = 0 \tag{5-49}$$

则得超切平面的方程式为

$$Z' = \sum_{i=1}^{n} (U_i - u_i^*) \frac{\partial g_1}{\partial U_i} \Big|_{P^*} \tag{5-50}$$

而从原点 M 到该切平面的距离也就是可靠指标 β。因此

$$\beta = \frac{-\sum_{i=1}^{n} \frac{\partial g_1}{\partial U_i} \Big|_{P^*} u_i^*}{\sqrt{\sum_{i=1}^{n} \left(\frac{\partial g_1}{\partial U_i} \Big|_{P^*} \right)^2}} \tag{5-51}$$

令

$$\alpha_i = \frac{-\frac{\partial g_1}{\partial U_i} \Big|_{P^*}}{\sqrt{\sum_{i=1}^{n} \left(\frac{\partial g_1}{\partial U_i} \Big|_{P^*} \right)^2}} \tag{5-52}$$

则

$$\beta = \sum_{i=1}^{n} \alpha_i u_i^* \tag{5-53}$$

且

$$\sum_{i=1}^{n} \alpha_i^2 = 1 \tag{5-54}$$

因此 α_i 就是 MP^* 的方向余弦，从而可得

$$u_i^* = \alpha_i \beta \tag{5-55}$$

仍变换回 X 空间，可得

$$x_i^* = \mu_{Xi} + \alpha_i \beta \sigma_{Xi} \tag{5-56}$$

因

$$\frac{\partial g_1}{\partial U_i} \Big|_{P^*} = \frac{\partial g}{\partial X_i} \Big|_{X^*} \sigma_{Xi}$$

得

$$\alpha_i = \frac{-\frac{\partial g}{\partial X_i} \Big|_{X^*} \sigma_{Xi}}{\sqrt{\sum_{i=1}^{n} \left(\frac{\partial g}{\partial X_i} \Big|_{X^*} \sigma_{Xi} \right)^2}} \tag{5-57}$$

此外

$$g_1(x_1^*, x_2^*, \cdots, x_n^*) = 0 \tag{5-58}$$

一般宜采用逐次迭代法解上述的方程组。其中，式（5-56）～式（5-58）中包含的 x_i、α_i 及 β 共 $2n+1$ 个未知数和标准差以及极限状态的条件为已知时，就可解上述联立方程式，确定验算点的位置和相应的 β 值。式中的 α 也称为敏感性系数，它反映了各基本变量的不定性对结构可靠度影响的权重。

当基本变量为多维正态分布时，可直接由计算所得的 β 估计结构的失效概率。不然，应按 Rackwitz-Fiessler 的算法，将非正态的基本变量 x_i 在验算点处，根据分布函数 $F_{xi}(x)$ 及密度函数 $F_{xi}(x)$ 等价条件变换为当量正态的变量 X_i（如图 5-6 所示），并

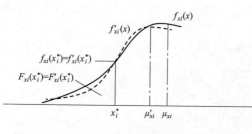

图 5-6　当量正态化条件

确定 X_i' 的平均值 $\mu_{X_i'}$ 和标准差 σ_{X_i}。

按在验算点上分布函数相等的条件有

$$F_{X_i}(x_i^*) = F_{X_i'}(x_i^*) = \Phi\left(\frac{x_i^* - \mu_{X_i'}}{\sigma_{X_i'}}\right)$$

(5-59)

得出

$$\mu_{X_i'} = x_i^* - \Phi^{-1}[F_{X_i}(x_i^*)]\sigma_{X_i'}$$

(5-60)

按在验算点上密度函数相等的条件有

$$f_{X_i}(x_i^*) = f_{X_i'}(x_i^*) = \frac{1}{\sigma_{X_i'}}\varphi\left(\frac{x_i^* - \mu_{X_i'}}{\sigma_{X_i'}}\right)$$

(5-61)

可得

$$\sigma_{X_i'} = \frac{\varphi\left(\dfrac{x_i^* - \mu_{X_i'}}{\sigma_{X_i'}}\right)}{f_{X_i}(x_i^*)} = \frac{\varphi\{\Phi^{-1}[F_{X_i}(x_i^*)]\}}{f_{X_i}(x_i^*)}$$

(5-62)

式中 $\Phi(\cdot)$ 和 $\Phi^{-1}(\cdot)$ 为标准正态分布函数和它的反函数；$\varphi(\cdot)$ 为标准正态的分布密度函数。

当基本变量 X_i 为对数正态时，其当量正态变量的平均值和标准差的公式可导出如下：

对于对数正态的基本变量 X_i，有

$$F_{X_i}(x_i^*) = \Phi\left(\frac{\ln x_i^* - \mu_{\ln X_i'}}{\sigma_{\ln X_i'}}\right)$$

$$f_{X_i}(x_i^*) = \frac{1}{x_i^* \sigma_{\ln X_i'}}\varphi\left(\frac{\ln x_i^* - \mu_{\ln X_i'}}{\sigma_{\ln X_i'}}\right)$$

由式（5-62）和对数正态分布特性得

$$\sigma_{X_i'} = \frac{\phi\left(\dfrac{\ln x_i^* - \mu_{\ln X_i'}}{\sigma_{\ln X_i'}}\right)}{f_{X_i}(x_i^*)} = x_i^* \sigma_{\ln X_i'} = x_i^* \sqrt{\ln(1 + \delta_{X_i}^2)}$$

(5-63)

式中　δ_{X_i}——X_i 的变异系数。

由式（5-60）和对数正态分布特性得

$$\mu_{X_i'} = x_i^* - \left(\frac{\ln x_i^* - \mu_{\ln X_i}}{\sigma_{\ln X_i}}\right)\sigma_{X_i'} = x_i^*(1 - \ln x_i^* + \mu_{\ln x_i^*}) = x_i^*\left[1 - \ln x_i^* + \ln\frac{\mu_{X_i}}{\sqrt{1 + \delta_{X_i}^2}}\right]$$

(5-64)

按验算点法计算时，x_i^* 和 β 可用逐次迭代的方法依照下述步骤进行：

（1）列出极限状态条件 $g(X_1, X_2, \cdots, X_n) = 0$，并确定所有基本变量 X_i 的分布类型和统计参数均值和标准差；

（2）假定 x_i^* 和 β 的初始值，一般取 x_i^* 的初始值等于 X_i 的平均值，相当于 β 的初始值为零；

（3）对非正态变量在 x_i^* 的初始值处按公式（5-60）和（5-62）计算其当量正态变量的平均值和标准差分别代替原有的平均值和标准差；

（4）按式（5-57）求方向余弦 α_i；

（5）将 x_i^* 代入式（5-58）解 β；

（6）由式（5-56）计算 x_i^* 的新值。

重复步骤第（3）步到第（6）步，直到前后两次计算所得的 β 值之差不超过容许限值（例如 0.01）。

验算点法也可用于已知可靠指标 β，计算某个统计参数。

由于影响结构可靠度的因素既多又复杂，有些因素的研究尚不够深入，因此很难用一种统一的方法来准确确定基本变量的概率分布类型。近年来，国内外不少学者致力于寻找一种统一的近似计算方法，用来计算结构的可靠度。在一般情况下，一阶矩（均值）和二阶矩（标准差）是比较容易得到的参数，故国内外目前采用的结构可靠度计算方法的特点是：仅用均值和标准差来描述所有基本变量的统计特征，当结构功能函数为非线性函数时，则设法对其进行线性化处理。具有这种特点的方法称为一次二阶矩法（FOSM）。中心点法和验算点法都是一次二阶矩法。

三、设计点法

目前还出现了一些在一次二阶矩法基础上进行了某些改进的计算方法，本节即介绍一种设计点法。

由于非正态分布的随机变量可以当量正态化，故不妨假设随机变量 $X=[x_1,\ x_2,\ \cdots,\ x_n]^T$ 服从正态分布，将结构功能函数 $Z=g(X_1,\ X_2,\ \cdots,\ X_n)$ 展成泰勒级数，并取线性项，用向量表示，得

$$Z = g(X^*) + [\nabla g\,|\,X^*](X - X^*) \tag{5-65}$$

其中 X^* 为展开点坐标向量

$$[\nabla g\,|\,X^*] = \left[\frac{\partial g}{\partial x_1}\bigg|_{X^*}\quad \frac{\partial g}{\partial x_2}\bigg|_{X^*}\quad \cdots\quad \frac{\partial g}{\partial x_n}\bigg|_{X^*}\right]$$

由式（5-12）有

$$\beta = \frac{E[Z]}{\sigma[Z]} = \frac{g(X^*) + [\nabla g\,|\,X^*](E[X] - X^*)}{\sqrt{[\nabla g\,|\,X^*]\Sigma_X\Sigma_X[\nabla g\,|\,X^*]^T}} \tag{5-66}$$

其中

$$E[X] = [E[x_1]\quad E[x_2]\quad \cdots\quad E[x_n]]^T \tag{5-67}$$

$$\Sigma_X = \begin{bmatrix} \sigma[x_1] & 0 & \cdots & 0 \\ 0 & \sigma[x_1] & \cdots & 0 \\ \cdots & \cdots & \cdots & \cdots \\ 0 & 0 & \cdots & \sigma[x_1] \end{bmatrix} \tag{5-68}$$

在中心点法中，$X^* = E[X]$；在验算点法中，$X^* = E[X] + \Sigma_X X^0$，$X^0$ 为标准正态空间中原点到极限状态曲面最短距离的点的坐标构成的列向量。

在验算点法中，验算点向量为

$$\left.\begin{array}{l} X^* = E[X] + \beta\Sigma_X X\{\cos\theta\} \\ \{\cos\theta\} = [\cos\theta_1 \quad \cos\theta_2 \quad \cdots \quad \cos\theta_n]^T \end{array}\right\} \tag{5-69}$$

式中　$\cos\theta_i$——标准正态坐标系中法线对坐标的方向余弦。

因式中含有未知的 β，所以需经多次迭代方能确定。如果我们用一定值来代替 X^*，且使 β 计算结果的误差在允许范围之内，则计算将大大简化。由概率理论可知，随机变量对于其数学期望的偏离程度比它关于其他任何值的偏离程度要小，故以 X^* 的期望值来代替 X^*，即

$$\overline{X^*} = E[X^*] = E[X] + \overline{\beta}\Sigma_X\{\overline{\cos\theta}\} \tag{5-70}$$

统计资料表明 β 的平均值为 3.3，而

$$\overline{\cos\theta} = \frac{2}{\pi}\text{sgn}(\cos\theta) = -\frac{2}{\pi}\text{sgn}[\nabla g \,|\, X]^T$$

故

$$\begin{aligned} \overline{X^*} &= E[X] - 3.3\Sigma_X \frac{2}{\pi}\text{sgn}[\nabla g \,|\, \overline{X^*}]T \\ &= E[X] - 2\Sigma_X \text{sgn}[\nabla g \,|\, \overline{X^*}]T \end{aligned} \tag{5-71}$$

将上式代入式（5-66），则

$$\begin{aligned} \beta &= \frac{g(\overline{X^*}) + 2[\nabla g \,|\, \overline{X^*}]\Sigma_X \text{sgn}[\nabla g \,|\, \overline{X^*}]^T}{\sqrt{[\nabla g \,|\, \overline{X^*}]\Sigma_X\Sigma_X[\nabla g \,|\, \overline{X^*}]^T}} \\ &= \frac{g(\overline{X^*}) + 2abs([\nabla g \,|\, \overline{X^*}])\sigma[X]}{\sqrt{[\nabla g \,|\, \overline{X^*}]\Sigma_X\Sigma_X[\nabla g \,|\, \overline{X^*}]^T}} \end{aligned} \tag{5-72}$$

$$\sigma[X] = [\sigma(x_1) \quad \sigma(x_2) \quad \cdots \quad \sigma(x_n)]^T$$

其中 $abs(\cdot)$ 代表（·）的绝对值。

若随机向量中含有非正态分布的随机变量，也可采用当量正态化法（JC 法），将非正态随机变量当量正态化。在验算点法中，在设计验算点 X^* 处当量正态法，因并不知道 X^* 的值，必须进行多次迭代，有时还收敛较慢（尤其是极限状态方程为非线性时），更增加了计算的繁冗。但当设计点处当量正态化时，而可予先算出 X^* 的值，而无需迭代，因而大大简化了计算。

JC 法的当量正态化条件为

$$\left.\begin{array}{l} F(X^*) = \Phi\sum_{X'}^{-1}(X^* - E[X']) \\ \sigma[X'] = [f(X^*)]^{-1}\Phi(\sum_{X'}^{-1}(X^* - E[X'])) \end{array}\right\} \tag{5-73}$$

式中　X'——经过当量正态分布后的随机向量；

$\Phi(\cdot)$——标准正态分布密度函数。

$$[f(X)] = \begin{bmatrix} f_{x_1}(x_1) & & & 0 \\ & f_{x_2}(x_2) & & \\ & & \cdots & \\ 0 & & & f_{x_n}(x_n) \end{bmatrix} \tag{5-74}$$

将式（5-71）代入式（5-73）和由式（5-71），得

$$\left.\begin{array}{l} \overline{X^*} = F^{-1}\Phi(-2\operatorname{sgn}[\nabla g \mid \overline{X^*}]^T) \\ \sigma[X'] = [f(\overline{X^*})]^{-1}\Phi(-2\operatorname{sgn}[\nabla g \mid \overline{X^*}]^T) \\ E[X'] = \overline{X^*} + 2\Sigma_{X'}\operatorname{sgn}[\nabla g \mid \overline{X^*}]^T \end{array}\right\} \tag{5-75}$$

式中　$F(\cdot)$、$f(\cdot)$——当量正态分布前的随机向量的分布函数和密度函数。

因此，设计点法求解可靠指标的计算步骤为：若均为正态分布，由式（5-27）计算设计点值；若有非正态分布变量，由式（5-31）可求得设计点值和当量正态化后的二阶矩参数。然后，由式（5-72）计算 β。

从上面的分析中可以看出，当求设计点值时必须计算符号函数。我们可以采用验算点法的技巧，用 $\operatorname{sgn}[\nabla g \mid E(X)]^T$ 代替 $\operatorname{sgn}[\nabla g \mid \overline{X^*}]^T$。简单情况下无需用微分判别，凡是对安全有利的变量取负号，凡是对安全不利的变量取正号。

我国各种结构设计规范常采用 2σ 原则确定设计值，或取平均值加（减）2 倍均方差作为设计值，它的保证率为 97.73%。故有

$$\overline{X^*} = E[X] \pm 2\sigma[X] \tag{5-76}$$

因为此点为设计点，故称此法为设计点法。工程技术人员既按设计值进行设计，故设计点近似满足极限状态方程。

设计点法是验算点法的近似，故设计点法的计算结果必与验算点法的计算结果相似。合理的设计方法和优化设计原则将使这两种方法的差异变得更小。另外，设计点法还考虑了随机变量的实际分布，这也是它具有较高精度的重要原因。

四、蒙特卡洛（Monte Carlo）法

蒙特卡洛法又称为随机抽样法、概率模拟法或统计试验法。该法是通过随机模拟和统计试验来求解结构可靠性的近似数值方法，是以概率论和数理统计理论为基础的计算方法，具有随机性的特征。

根据大数定理，设 x_1，x_2，$\cdots$，x_n 是 n 个独立的随机变量，若它们来自同一母体，有相同的分布，且具有相同的有限均值和方差，分别用 μ 和 σ^2 表示，则对于任意 $\varepsilon > 0$ 有

$$\lim_{n \to \infty} P\left(\left| \frac{1}{n}\sum_{i=1}^{n} x_i - \mu \right| \geqslant \varepsilon \right) = 0 \tag{5-77}$$

另有，若随机事件 A 发生的概率为 $P(A)$，在 n 次独立试验中，事件 A 发生的频数为 m，频率为 $W(A) = m/n$，则对于任意 $\varepsilon > 0$，有

$$\lim_{n \to \infty} P\left(\left| \frac{m}{n} - P(A) \right| < \varepsilon \right) = 1 \tag{5-78}$$

　　蒙特卡洛法是从同一母体中抽去简单子样来做抽样试验。根据简单子样的定义，x_1，x_2，$\cdots$，x_n 是 n 个具有相同分布的独立随机变量，由式（5-77）和式（5-78）两式可知，当 n 足够大时，$(\sum x_i)/n$ 依概率收敛于 μ，而频率 m/n 以概率 1 收敛于 $P(A)$，这就是蒙特卡洛法的理论基础。因此，从理论上说，这种方法的应用范围几乎没有限制。

　　当用蒙特卡洛法求解某一事件发生的概率时，可以通过抽样试验的方法，得到该事件出现的频率，将其作为问题的解。但在应用时，由于需要进行大量的统计试验，如果由人工进行这些试验会遇到很大的困难，而高速电子计算机的发展，为蒙特卡洛方法提供了强有力的模拟工具，使该法得以用于工程实践。

　　使用蒙特卡洛方法时通常把从有已知分布的母体中产生的简单子样，称为由已知分布的随机抽样，简称为随机抽样。

　　从 $[0，1]$ 区间上有均匀分布的母体中产生的简单子样称为随机数序列（r_1，r_2，$\cdots$，r_n），而其中的每一个个体称为随机数，产生随机数的方法很多，如随机数表法、物理方法、数学方法等。在计算机上用数学方法产生随机数，是目前使用较广、发展较快的一种方法，它是利用数学递推公式来产生随机数，因为其具有半经验的性质，所得出的数只是近似地具备随机性质，通常把这种随机数称为伪随机数。

　　目前，广泛应用的一种产生伪随机数的方法是同余法。用以产生在 $[0，1]$ 上均匀分布的同余递推公式为

$$x_i \equiv \lambda x_{i-1}(\mathrm{mod}M) \qquad (i=1,2,\cdots) \tag{5-79}$$

　　其中，λ、M 和 x_0 都是预先选定的常数。该式的意义是以 M 除 λx_{i-1} 后得到的余数记为 x_i。利用该式算出序列 x_1，x_2，$\cdots$，x_i，$\cdots$，将该序列各数除以 M，则得

$$r_i = x_i/M \qquad (i=1,2,\cdots) \tag{5-80}$$

　　此即为第 i 个均匀分布的随机数 r_i，如此得到随机数序列 r_1，r_2，$\cdots$。因为 x_i 是除数为 M 的除法中的余数，所以必有 $0 \leqslant x_i \leqslant M$，即 $0 \leqslant r_i \leqslant 1$，可知序列 $\{r_i\}$ 为在 $[0，1]$ 上的均匀分布序列。

　　由式（5-79）可知，不同的 x_i 最多只能有 M 个，因而不同的 r_i 最多也只能有 M 个。所以产生的序列 $\{x_i\}$ 和 $\{r_i\}$ 有周期 $L \leqslant M$。产生 L 个数值之后就出现循环，即 $r_{i+L} = r_i$。发生循环后，r_i 的产生不能再视为随机数，这样，同余法只能产生 L 个随机数。但只要 L 充分大，且参数 λ、M 和 x_0 的选择合理，则在同一个周期内的数有可能经受得住数理统计中独立性和均匀性等的检验。这里，推荐下列参数：取 $x_0=1$ 或任意正奇数，$M=2^k$，$\lambda=5^{2q+1}$，k 和 q 都是正整数，k 愈大，周期就愈长。若计算机尾部字长为 n，一般取 $L \leqslant n$，q 可选满足 $5^{2q+1}<2^k$ 的最大整数。例如，选 $x_0=1$，$k=36$，$q=6$，就有 $M=2^{36}$，$\lambda=5^{13}$，周期 L 为 2×10^{10}。

　　有时，也用其他一些公式产生随机数，如混合同余法，其递推公式为

$$\left. \begin{array}{l} x_i \equiv (\lambda x_{i-1}+c)(\mathrm{mod}M) \\ r_i = x_i/M \end{array} \right\} \; i=1,2,\cdots \tag{5-81}$$

　　产生的随机数序列为 $r_i=x_i/M$，$i=1$，2，$\cdots$。用该式通过适当选取参数可以改善

伪随机数的统计性质。例如，若 c 取为正奇数，$M=2^k$，$\lambda=4q+1$，x_0 取为任意非负整数，就可产生随机性较好，且有最大周期 $L=2^k$ 的随机数序列 $\{r_i\}$。

在结构可靠性分析中，也能够用蒙特卡洛法得出可靠度的近似值。设结构功能函数为

$$Z=g(x_1,x_2,\cdots,x_n)$$

则极限状态方程 $g(x_1,x_2,\cdots,x_n)=0$ 把结构的基本变量空间分成失效区和可靠区两部分。传统上，失效概率 P_f 可表示为

$$P_f=\int_{g(X)\leqslant 0}\cdots\int f_X(x_1,x_2,\cdots,x_n)\mathrm{d}x_1\mathrm{d}x_2\cdots\mathrm{d}x_n \tag{5-82}$$

其中，$f_X(x_1,x_2,\cdots,x_n)$ 是 x_1，x_2，$\cdots$，x_n 的共同概率密度函数。若各基本变量是相互独立的，则有

$$P_f=\int_{g(X)\leqslant 0}\cdots\int f_{x_1}(x_1)f_{x_2}(x_2)\cdots f_{x_n}(x_n)\mathrm{d}x_1\mathrm{d}x_2\cdots\mathrm{d}x_n \tag{5-83}$$

通常，式（5-82）和式（5-83）只对两个变量情况能够积分得出结果。若变量多于两个，这种多重积分的求解是十分麻烦和困难的。除前面介绍的方法外，用蒙特卡洛方法也能解决这个问题，只要随机数序列足够大，就能保证足够的精度。

首先考察各基本变量互相独立的情况。设基本变量 x_1，x_2，$\cdots$，x_n 分别有分布函数 $F_{x1}(x_1)$，$F_{x2}(x_2)$，$\cdots$，$F_{xn}(x_n)$。因为 $F_{x_i}(x_i)$ 为 $[0，1]$ 区间上的一个数，可以将其与蒙特卡洛法中产生的随机数相对应，即令 $F_{x_i}(x_i)=r_i$。这里，r_i 是由蒙特卡洛法产生的随机序列中的一个数。这样，便可得到 $x_i=F_{x_i}^{-1}(r_i)$，$i=1$，2，$\cdots$，n。对于每个 r_i 的值，可以得到一组对应的基本变量的值 x_1，x_2，$\cdots$，x_n。将这组值代入功能函数 $g(x_1$，x_2，$\cdots$，$x_n)$，便得出功能函数的一个取值。

将该值与 0 比较，若小于 0，则在计算机程序中记入一次功能函数的实现；若大于 0，则不记入。这样在计算机中就完成了一次预定的计算，再对另一个随机数重复进行这些计算，直到完成预定的循环步骤为止。注意，这里所定的循环步骤数不能超过所产生的伪随机数。假设计算机中所进行的总的循环次数为 K 次，得到 $Z=g(x_1$，x_2，$\cdots$，$x_n)\leqslant 0$ 的次数为 m 次，则根据式（5-78），只要 K 足够大，便可得出结构的失效概率（估计值）为

$$P_f=\frac{m}{K} \tag{5-84}$$

在计算中，也可根据计算精度的要求，规定必须实现 $Z\leqslant 0$ 的次数 m。

若结构基本变量相关，可以利用条件概率密度，把多维问题化成一维问题来解决。设结构基本变量 x_1，x_2，$\cdots$，x_n 彼此相关，则可将联合密度函数用条件密度函数表示为

$$f_X(x_1,x_2,\cdots,x_n)=f_{x_1}(x_1)f_{x_2}(x_2\mid x_1)f_{x_3}(x_3\mid x_1,x_2)\cdots f_{x_n}(x_n\mid x_1,x_2,\cdots,x_{n-1})$$

在此式中右边各个因子都是一维概率密度。因此，可仿独立情况，对于每个 r_j，产生一组基本变量 $(x_1$，x_2，$\cdots$，$x_n)$。其方法为，首先根据 $f_{x_1}(x_1)$，由其分布函数 $F_{x_1}(x_1)$，根据 $x_1=F_{x_1}^{-1}(r_j)$ 产生 x_1，再将 x_1 代入 $f_{x_2}(x_2\mid x_1)$ 中，根据 $F_{x_2\mid x_1}^{-1}(r_j)=x_2$ 产生 x_2，$\cdots$，依次进行下去，产生一组 $(x_1$，x_2，$\cdots$，$x_n)$，实现计算机的一次循环，最后，用（5-84）式估算出结构的失效概率 P_f。

在结构可靠性问题中，一般可靠度 P_r 值都比较高，而失效概率值往往很小，为了保证计算的精度，要求计算机执行循环计算的次数取得很大，可达数万或数十万次，这在计算过程中要耗费大量的机时，成本很高。因而在结构工程中较少采用这种方法，而多在理论方面用于检验新提出的计算方法的计算精度，或者进行不同方法的比较。

第三节　既有结构时变可靠性基本概念

在引入时间因素之后，作用和抗力均变为随机过程；作用效应（简化为"作用"下同）随机过程用 $S(t)$，$t \in T$ 表示，抗力随机过程用 $R(t)$，$t \in T$ 表示。$[0，T]$ 是人为规定的基准期，即为可靠度定义中的规定时间。这时，结构的功能函数仍如前所定义，但它与时间有关，称为功能随机过程。最常见的功能随机过程有如下三种

$$Z(t) = R - S(t) \qquad (t \in T) \tag{5-85}$$

$$Z(t) = R(t) - S \qquad (t \in T) \tag{5-86}$$

$$Z(t) = R(t) - S(t) \qquad (t \in T) \tag{5-87}$$

前两类统称为作用-抗力半随机过程模型，后一种情况称为作用-抗力全随机过程模型。

在结构的服役期内，对于每个指定的时刻 $t=t_i$，$t_i \in T$，功能随机过程 $Z(t)$ 的取值为随机变量。因此可以认为功能随机过程 $Z(t)$ 是依赖于时间 t 的随机变量系 $Z(t_1)$，$Z(t_2)$，…，$Z(t_n)$。这样，随机过程与随机变量存在着相互对应的联系。

根据上面对功能随机过程的分析，结构的动态可靠性定义为：在规定的服役基准期内，在正常使用、正常维护条件下，考虑环境和结构抗力衰减等因素的影响，结构服役某一时刻后在后续服役基准期内能完成预定功能的能力可用可靠度度量

$$p_r(t) = P\{Z(t,\tau) > 0, \quad \tau \in [t, T_S]\} \tag{5-88}$$

$$Z(t,\tau) = R(t,\tau) - S(t,\tau) \tag{5-89}$$

式中　t——结构服役分析时刻，动态变量；

　　　T_s——服役基准期；

$Z(t,\tau)$——考虑结构 t 时刻预期技术状况影响的功能函数，为全随机过程（如图 5-7 所示）；

$R(t,\tau)$——考虑 t 时刻预期结构状态修正的抗力随机过程，其任意时点分布可取为对数正态分布；

$S(t,\tau)$——考虑 t 时刻预期结构工作状态修正和后续服役基准期变化的荷载效应随机过程，其任意时点分布可取为极值 I 型分布。

从上面的定义可看出服役结构动态可靠度属于瞬时可靠度。瞬时可靠度随时间 t 而异，但某一确定时刻其值为确定量。

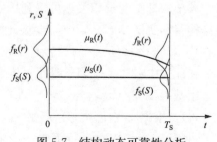

图 5-7　结构动态可靠性分析的全随机过程模型

第四节 随机过程模型的简化变换

一、半随机过程模型作用随机过程的极大化变换

在半随机过程模型中，若功能随机过程式为（5-85），即抗力为随机变量、不随时间变化，作用为随机过程，这是工程实践中常遇到的一种模型。有很多结构，在规定的使用环境条件下，在相对短的时间内，其抗力变化是不够明显的，为了简化计算，往往忽略抗力随时间的变化因素，用与时间无关的随机变量来描述，而施加于结构上的载荷，则必须用随机过程来描述。例如一些土木工程中，结构强度可视为随机变量，而风载荷、雪载荷、楼面上的活载荷等，一般均为随机过程。

对于半随机过程模型，可以经过适当的变换，将问题归结为静态模型加以处理，这是解决结构动态可靠性问题的有效途径之一，其中最常用的方法是功能函数的极小化变换法。一般说来，功能随机过程 $Z(t)$ 的统计特征是比较复杂的，但是在过程的任何时点，只要保证 $Z(t) > 0$，则可保证结构可靠；若在整个过程中，只要过程的最小值 $\min Z(t) > 0$，则可保证结构在整个服役期 $[0, T]$ 期间可靠。因此，所谓极小化变换，是指功能随机过程 $Z(t)$ 在结构服役期内取最小值的变换。

作用为随机过程，抗力为随机变量的半随机过程模型，功能随机过程的极小化变换为

$$Z_{\min} = \min_{t \in T} Z(t) = \min_{t \in T}[R - S(t)] = R - \max_{t \in T} S(t) \qquad (5\text{-}90)$$

记

$$\max S(t) = S_{\mathrm{M}} \qquad (5\text{-}91)$$

表示在结构服役期内出现的最大作用。

经这一变换之后。问题归结为

$$Z_{\min} = R - S_{\mathrm{M}} \qquad (5\text{-}92)$$

的计算问题。该式的工程意义是：若结构抗力在整个服役期内不变，则只要在该期间出现的最大作用不会使结构破坏，则结构在服役期内就不会出现破坏。

这样，动态结构可靠性问题即可归结为静态可靠性计算问题，有

$$P_{\mathrm{rT}} = P(Z(t) > 0) = P(Z_{\min} > 0) = P(R - S_{\mathrm{M}} > 0) \qquad (5\text{-}93)$$

据此，只要知道 R 和 S_{M} 的具体分布形式和统计参数，便可用第 5 章所介绍的方法进行结构可靠性的分析计算。

在许多实际情况下，往往假设在给定的时间区间内，作用出现的次数服从泊松分布。根据作用的极大值变换法，对于滤过泊松过程，作用极大值的分布函数为

$$F_M(S) = e^{-\lambda T(1 - F_0(S))} \qquad (5\text{-}94)$$

如果给出了抗力随机变量 R 的密度函数为 $f_R(R)$，则可给出结构可靠度的表达式为

$$P_{\mathrm{rT}} = P(Z_{\min} > 0) = \int_0^\infty f_R(r) e^{-\lambda T(1 - F_0(R))} dR \qquad (5\text{-}95)$$

如果 λT 的值很小，可取 $e^{-\lambda T(1-F_0(S))}$ 展开成无穷级数的前几项进行计算，得到结构可靠度的近似值。若仅取级数的前两项，则有

$$e^{-\lambda T(1-F_0(S))} \approx 1 - \lambda T + \lambda T F_0(R)$$

这时，结构可靠度近似为

$$P_{rT} \approx \int_0^\infty f_R(r)[1 - \lambda T + \lambda T F_0(R)]dR = 1 - \lambda T + \lambda T \int_0^\infty f_R(r)F_0(R)dR \quad (5\text{-}96)$$

同样，对于其他一些形式的作用随机过程的极大化变换，也可以进行类似的计算确定半随机过程的结构可靠度。

二、半随机过程模型抗力随机过程的极小化变换

对于半随机过程模型，当功能随机过程为式（5-86），即作用为随机变量，不随时间变化，为抗力随机过程情况。也可仿照半随机过程作用随机过程的极大化变换，从实用角度出发，将抗力随机过程进行极小化变换，并将功能函数转化力静态模型，然后用前节介绍的办法，对结构可靠性做出计算。

对功能随机过程在结构服役期内进行极小化变换，有

$$Z_{min} = \min_{t \in T} Z(t) = \min_{t \in T}[R(t) - S] = \min_{t \in T} R(t) - S \quad (5\text{-}97)$$

经过这种变换之后，仅抗力为随机过程的半随机过程模型，在服役期 T 内的结构可靠度计算就归结为如下形式的问题

$$Z_{min} = R_{min} S \quad (5\text{-}98)$$

$$R_{min} = \min R(t) \quad (5\text{-}99)$$

显然，这是一种静态结构可靠性计算模型，计算公式可表示为

$$P_{rT} = P(Z(t) > 0) = P(Z_{min} > 0) = P(R_{min} > S) \quad (5\text{-}100)$$

只要 R_{min}、S 的分布形式和分布参数均已知，就可以应用结构可靠性的基本计算公式或近似计算办法得出结构的可靠度。

金属材料及其他一些材料会受周围环境介质的化学与电化学作用，在表面或断口处留下腐蚀产物，且腐蚀从表面开始逐渐向内部扩展，使材料的有效截面减小，从而使构件强度降低。例如上章所述钢筋混凝土结构，由于腐蚀等原因，抗力会随时间推移而下降，这种情况称为结构的老化。在老化情况下，抗力仅是时间 t 的函数，可取如下形式

$$R(t) = R_0 \varphi(t) \quad (5\text{-}101)$$

式中　R_0——$t=0$ 时刻的结构抗力；

$\varphi(t)$——时间 t 的确定函数，它精确地描述抗力如何随时间而降低。例如，设 $\varphi(t)=1-0.001t$，这意味着，每经过一个时间单位，抗力降低量为初始抗力的 0.1%。初始抗力虽然是一个随机变量，但是一旦知道了它的值，则未来的抗力便是已知的。在这种情况下，抗力的极小化变换为

$$R_{min} = \min_{t \in T} R(t) = \min_{t \in T} R_0 \varphi(t) = R_0 \varphi(T) \quad (5\text{-}102)$$

这时，结构可靠度的基本计算公式可表示为

$$P_{rT} = P[R_0 \varphi(T) > S] \tag{5-103}$$

若在 $t=0$ 时刻抗力的概率密度函数为 $f_{R_0}(R_0)$，作用的密度函数为 $f_S(S)$，则有

$$P_{rT} = \int_0^\infty f_{R_0}(R_0) \left[\int_0^{R_0 \varphi(t)} f_S(S) dS \right] dR_0 \tag{5-104}$$

一般情况下，分布参数会随时间而改变，但是由于缺乏改变规律的足够统计资料，所以在既有结构可靠性的分析计算中大都假设分布参数不随时间变化。

三、全随机过程模型的简化分析

为简化计算，且出于安全性考虑，也可采用后续服役基准期内的最小抗力和最大荷载效应的概率分布，将上述全随机过程模型转化为随机变量模型

$$p_r = P\{Z_m = R_m - S_m > 0\} \tag{5-105}$$

$$\left. \begin{array}{l} R_m = \min\limits_{t \leqslant \tau \leqslant T_s - t} R(t, \tau) \\ S_m = \max\limits_{t \leqslant \tau \leqslant T_s - t} S(t, \tau) \end{array} \right\} \tag{5-106}$$

式中　R_m——后续服役基准期 $T_s - t$ 内最小抗力随机变量；

　　　S_m——后续服役基准期 $T_s - t$ 内最大荷载效应随机变量。

由此可见，分析服役结构可靠性的关键是确定服役基准期内最小抗力的概率分布和最大荷载效应的概率分布。

第五节　既有混凝土结构的抗力概率模型

一、混凝土抗压强度概率模型

一般来说，混凝土强度在初期随时间增大，之后速度逐渐减慢，在后期则随时间下降。国内外在一般环境下混凝土长期暴露实验和经年建筑物实测方面作了大量的研究，混凝土抗压强度概率模型在总结国内外暴露实验和实测结果的基础上，分析了一般大气环境下混凝土强度的历时变化规律，用非平稳正态随机过程描述既有结构的混凝土强度，利用统计回归方法提出了混凝土强度平均值和标准差的历时变化模型。根据该模型，一般大气环境下混凝土强度平均值和标准差可分别表示为

$$m_c(t) = \eta(t) m_{c0} \tag{5-107}$$

$$\sigma_c(t) = \xi(t) \sigma_{c0} \tag{5-108}$$

$$\eta(t) = 1.4529 \exp[-0.0246(\ln t - 1.7154)^2] \tag{5-109}$$

$$\xi(t) = 0.0305t + 1.2368 \tag{5-110}$$

式中　m_{c0}、σ_{c0}——混凝土 28 天强度的平均值和标准差。

本研究在广东省境内数座变电站的既有混凝土构架上采用回弹仪、超声波法和钻芯取样法进行了混凝土强度测试，获得了一批混凝土强度数据，可以分别求出各变电站在其目前使用年数的混凝土强度平均值 m_c 及标准差 σ_c，考虑到小样本子样的影响，采用下式对标准差 σ_c 进行修正，得到修正值 σ_c'。

$$\sigma_{c}' = \sigma_{c}\sqrt{\frac{2n^2 - 3n - 5}{2n(n-3)}} \tag{5-111}$$

由上述实际的混凝土强度的统计参数对混凝土强度平均值和标准差的历时变化模型进行修正，考虑到混凝土强度测试的误差和小样本子样的影响，取实际构件目前使用时刻的 $\eta_S(t)$、$\xi_S(t)$ 和该时刻的理论值 $\eta(t)$、$\xi(t)$ 的中间值并基于最小二乘原理修正混凝土强度平均值和标准差的历时变化模型，并考虑到式（5-109）、式（5-110）当 t 为 0 时无解的缺陷，修正式（5-109）、式（5-110），得

$$\eta(t) = 1.408\exp[-0.02(\ln(t+0.09) - 1.73)^2] \tag{5-112}$$

$$\xi(t) = 0.034t + 1 \tag{5-113}$$

二、钢筋强度历时变化模型

钢筋锈蚀后，特别是混凝土锈蚀开裂之后，钢筋强度随时间的增长而退化，其平均值和标准差是锈蚀时间的函数，而且试验研究表明，锈蚀钢筋的强度仍服从正态分布。因此，可以用非平稳正态随机过程来描述锈蚀钢筋的强度。本研究运用 Monte Carlo 法计算各时刻钢筋强度的平均值和标准差，然后采用回归拟合方法建立锈蚀钢筋强度的历时变化数学模型。各时刻钢筋强度的平均值和标准差分别如图 5-8、图 5-9 所示。

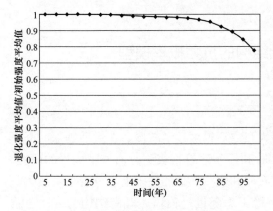

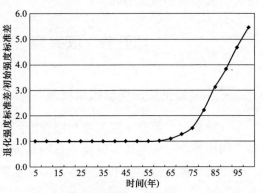

图 5-8　锈蚀钢筋强度平均值的历时变化曲线　　图 5-9　锈蚀钢筋强度标准差的历时变化曲线

由图 5-8、图 5-9 可以看出，在锈蚀开裂之前，钢筋强度基本保持不变；锈蚀开裂之后，钢筋强度平均值随时间增长而减小，标准差则随时间增大，即钢筋强度的离散性增大；但时间超过一定界限之后标准差的增长幅度减缓。经过 t 年后钢筋强度的平均值可表示为

$$\mu(t) = \lambda(t)\mu_0 \tag{5-114}$$

$$\lambda(t) = a_1 + a_2(t - 52.5) + a_3(t - 52.5)^2 + a_4(t - 52.5)^3 \tag{5-115}$$

式中　μ_0——钢筋初始强度的平均值；

　　　$\lambda(t)$——随时间变化的函数，基于最小二乘法原理采用多项式进行拟合得到。

式（5-15）中各系数 a_i 见表 5-1。

经过 t 年后钢筋截面积的标准差可表示为

$$\sigma(t) = \eta(t)\sigma_0 \tag{5-116}$$

$$\eta(t) = b_1 + b_2(t-52.5) + b_3(t-52.5)^2 + b_4(t-52.5)^3 + b_5(t-52.5)^4 + b_6(t-52.5)^5 \tag{5-117}$$

式中　σ_0——钢筋初始强度的平均值；

$\eta(t)$——随时间变化的函数，基于最小二乘法原理的多项式拟合得到。

式（5-117）中各系数 b_i 见表 5-1。

表 5-1　　　　　　　　　　钢筋强度变化模型时间函数系数表

i	a_i	b_i
1	9.97029×10^{-1}	9.14940×10^{-1}
2	-1.89325×10^{-4}	-4.89833×10^{-3}
3	-4.17406×10^{-5}	9.57864×10^{-4}
4	-9.33616×10^{-7}	4.29511×10^{-5}
5	—	4.05809×10^{-8}
6	—	-8.92786×10^{-9}

因此，可根据式（5-114）～式（5-117）估计在役期间任一时刻钢筋强度的平均值和标准差，即已经建立了钢筋强度的非平稳正态随机过程模型。

三、钢筋截面积的历时变化模型

混凝土中钢筋开始锈蚀后，其截面积随时间的增长而减少，其平均值和标准差是锈蚀时间的函数。一般地，钢筋的初始截面积可以认为服从正态分布。钢筋锈蚀后，任一时刻其截面积的截口分布形式是否仍服从正态分布的问题尚需进一步的分析和工程统计确定，但目前采用正态分布描述锈蚀钢筋截面积的截口分布是可以接受的。因此，可采用非平稳正态随机过程来描述锈蚀钢筋的截面积。运用 Monte Carlo 法计算锈蚀钢筋截面积损伤的历时变化如图 5-10、图 5-11 所示。

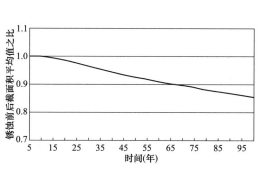

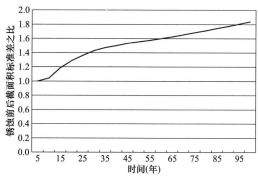

图 5-10　钢筋截面积平均值的历时变化　　　　图 5-11　钢筋截面积标准差的历时变化

由图 5-10 和图 5-11 可以看出，在均匀锈蚀模型下钢筋截面积的平均值随时间增长而降低，钢筋截面积的标准差随时间增长而增大。经过 t 年后钢筋截面积的平均值可表

示为

$$\mu_A(t) = \lambda_A(t)\mu_{A0} \tag{5-118}$$

$$\lambda_A(t) = c_1 + c_2(t-52.5) + c_3(t-52.5)^2 + c_4(t-52.5)^3 \tag{5-119}$$

式中 μ_{A0}——钢筋初始截面积的平均值;

$\lambda_A(t)$——随时间变化的函数,基于最小二乘法原理采用多项式进行拟合得到。

对于均匀锈蚀,式(5-119)中各系数 c_i 见表5-2。

经过 t 年后钢筋截面积的标准差可表示为

$$\sigma_A(t) = \eta_A(t)\sigma_{A0} \tag{5-120}$$

$$\eta(t) = d_1 + d_2(t-52.5) + d_3(t-52.5)^2 + d_4(t-52.5)^3 \tag{5-121}$$

式中 σ_{A0}——钢筋初始截面积的平均值;

$\eta_A(t)$——随时间变化的函数,基于最小二乘法原理的多项式拟合得到。

对于均匀锈蚀,式(5-121)中各系数 d_i 见表5-2。

因此,可根据式(5-118)~式(5-121)估计在役期间任一时刻钢筋截面积的平均值和标准差,即已经建立了钢筋截面积的非平稳正态随机过程模型。

表 5-2   钢筋截面面积变化模型时间函数系数表

i	c_i	d_i
1	9.2363×10^{-1}	1.5777×10
2	-1.7761×10^{-3}	5.0429×10^{-3}
3	3.7610×10^{-6}	-7.2291×10^{-5}
4	9.8409×10^{-8}	1.8599×10^{-6}

第六节　既有混凝土构架时变可靠度分析

一、理论分析

结构在设计基准期内的时变可靠度定义为在正常设计、使用、维护条件下,考虑环境等因素的影响,完成预定功能的任意时点概率 $P_S(t)$,$t\in[0,T]$。$P_S(t)$ 或时变可靠指标 $\beta(t)$ 的计算取决于作用效应与抗力。

(1)影响混凝土构架可靠度的各种荷载效应,除永久荷载外,其他可变荷载如检修荷载、风荷载等,均取为平稳二项随机过程,其截口分布 $f_s(s)$ 为极值 I 型分布或威布尔分布。

(2)对以上各种可变荷载效应的组合,仍按设计基准期 T,将其转化为最大值分布的随机变量;但在可变荷载效应组合的计算中,运用 Turkstra 法则,仅取其中一项极值。

(3)钢筋混凝土构架的结构抗力取为非平稳的二项随机过程,其截口分布 $f_R(r)$ 为对数正态分布。在影响结构抗力的因素中,对各项几何参数,如截面尺寸、混凝土保护层厚度(钢筋截面面积除外)等,均取为正态分布的随机变量;对钢筋截面面积 $A_g(t)$

取为非平稳的二项随机过程，其截面损失率的平均值、标准差函数 $\mu_\eta(t)$、$\sigma_\eta(t)$ 考虑了混凝土保护层厚度 c、钢筋半径 R、混凝土碳化系数 K_c、氧气在混凝土中扩散系数 D_0、原钢筋截面面积 A_g 等随机变量的影响，以及其他环境因素参数。混凝土抗压强度的历时变化模型取式（5-107）、式（5-108）和式（5-112）、式（5-113）计算。

（4）考虑钢筋屈服强度时，将其与钢筋屈服拉力及钢筋截面面积相联系。钢筋屈服拉力的平均值与标准差函数及钢筋截面面积平均值与标准差函数取式（5-114）～式（5-117）和式（5-118）～式（5-121）计算。

钢筋屈服强度的平均值与标准差函数即按如下公式计算

$$\mu_{fy}(t) = \mu_{Fy}(t)/\mu_{Ag}(t) \tag{5-122}$$

$$\sigma_{fy}(t) = \text{sqr}\{[\sigma_{Fy}(t)\mu_{fy}(t)/\mu_{Fy}(t)]^2 - [\sigma_{Ag}(t)\mu_{fy}(t)/\mu_{Ag}(t)]^2\} \tag{5-123}$$

根据以上理论，可编制钢筋混凝土构件时变可靠度分析程序，该程序具有两大功能：

（1）在已知 R_g，R_a，A_g，a_g，R 五个变量的平均值及统计参数和环境影响参数、时间的前提下，分析影响结构抗力退化的各项参数，即钢筋与混凝土强度平均值、标准差 $R_a(t)$、$R_g(t)$、$\sigma_{Ra}(t)$、$\sigma_{Rg}(t)$、钢筋截面面积的平均值、标准差 $\mu_{Ag}(t)$、$\sigma_{Ag}(t)$ 随时间变化的规律，结果均可用图形直观地表示，既而使用上述结果计算任一时刻 t 的可靠度指标。

（2）对影响某一时刻结构可靠度指标的参数进行敏感性分析，分析某一参数时，直接在变量参数统计表中修改其值即可，结果仍可用图形表示，这一部分具有友好的用户界面。

二、实例与分析

1. 实例 1

钢筋混凝土矩形截面梁、混凝土 C20、钢筋 I 级、$A_g = 1256\text{mm}^2$、$h_0 = 460\text{mm}$、$M_j = 95\text{kNm}$。此例主要分析混凝土、钢筋强度的变化对钢筋混凝土矩形截面梁可靠度的影响程度，分析结果如图 5-12 所示。

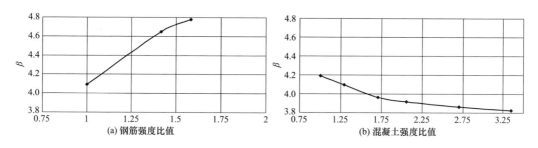

图 5-12　β 与钢筋强度、混凝土强度关系图

为了使比较结果更直观，图中横坐标分别表示钢筋强度标准值与 I 级钢筋强度标准值的比值及混凝土强度标准值与 C20 混凝土强度标准值之比，纵坐标表示相应的可靠指标 β（以下同）。由图可见，可靠指标 β 随钢筋强度的提高而提高，当比值小于 1.5 时，

提高的幅度较大；可靠指标 β 随混凝土强度的提高而降低，当比值大于 2 时，变化幅度不大。但 β 对钢筋的强度更敏感，这与理论分析中采用 JC 法计算时得到的功能函数中各变量的方向余弦所反映的敏感度一致。

2. 实例 2

钢筋混凝土矩形截面梁、混凝土 C20、钢筋 I 级、$A_g = 1256\text{mm}^2$、$h_0 = 460\text{mm}$、$b = 240\text{mm}$，$M_j = 95\text{kNm}$。分析结果如图 5-13 所示。其中纵坐标、横坐标的意义同前，横坐标均表示可能值与变量基本值（例中所列值）的比值。

可见，钢筋混凝土梁可靠指标 β 随梁截面高、宽的增大而有所降低，但保护层厚度的增大使可靠指标 β 有微小的提高趋势。同时可以看出配筋率的增大可使梁可靠指标 β 的有较大程度的提高。

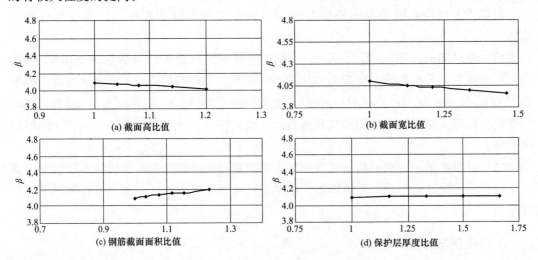

图 5-13　β 与几何参数关系图

3. 实例 3

钢筋混凝土矩形截面梁混凝土 C25、钢筋 II 级、$A_g = 1256\text{mm}^2$、$b = 240\text{mm}$、$h_0 = 460\text{mm}$。按室外环境分析，其时变可靠指标 β 如图 5-14 所示。

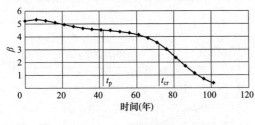

图 5-14　β-t 曲线图

其中，钢筋锈蚀开始时间为 t_p

$$t_p = (c/K_c)^2 \qquad (5\text{-}124)$$

$$K_c = k_1 k_2 k_3 \left(\frac{24.48}{\sqrt{R_{ak}}} - 2.74 \right) \qquad (5\text{-}125)$$

式中　K_c——混凝土碳化系数，$\text{mm/年}^{1/2}$；

　　　R_{ak}——混凝土抗压强度标准值，MPa；

　　　t_{cr}——钢筋锈蚀开裂时间。

混凝土顺筋开裂的临界锈蚀量为

$$H_{cr} = 1.204 R \left(1 + \frac{c}{R} \right)^{0.85} \times 10^{-3} \qquad (5\text{-}126)$$

在役 t 年后钢筋锈蚀量的计算公式为

$$H_t(t) = 2.35 P_{RH} D_0 \frac{R}{K_c^2} \left[\sqrt{R^2 - (R + c - K_c\sqrt{t})^2} - (R + c - K_c\sqrt{t}) \cdot \arccos \frac{R + c - K_c\sqrt{t}}{R} \right]$$

$$(5-127)$$

$$D_0 = 0.01 \left(\frac{24.48}{\sqrt{R_{ak}}} - 2.74 \right) \tag{5-128}$$

式中 R——钢筋原半径，mm；

c——保护层厚度，mm；

P_{RH}——空气湿度修正系数；

D_0——氧气扩散系数。

令 $H_t(t) = H_{cr}$ 即可解得锈蚀开裂时间 t_{cr}。

由图 5-14 可见，当 t 小于钢筋锈蚀开始时间时，钢筋强度变化不大，而混凝土强度甚至有所提高，因此，$\beta(t)$ 没有明显下降；当 t 大于 t_{cr}（钢筋锈蚀开裂时间）时，虽然钢筋屈服强度仍无明显变化，但由于钢筋截面面积显著减少，及混凝土强度平均值降低、而标准差增大，导致 $\beta(t)$ 显著下降。

采用 Origin 软件的 Nonlinear Curve Fit 功能对所得的数据进行非线性拟合，得到 β 关于 t 的函数关系式，由于结构在役前期可靠指标有上升趋势，因此得

$$\beta = \beta_0 = 5.1038 \qquad (t < 6)$$

$$\beta = \beta_0 [0.97776 - 0.02362 \exp(0.04311t)] \quad (t > 6)$$

第七节 基于时变可靠度的混凝土构架耐久性分析

一、混凝土结构时变可靠度基本理论

结构在役某一时刻后，在后续在役基准期内能完成预定功能的能力，可用可靠度度量

$$P_r(t) = P\{Z(t, \tau) \geq 0, \tau \in [t, T_s]\} \tag{5-129}$$

$$Z(t, \tau) = R(t, \tau) - S(t, \tau) \tag{5-130}$$

式中 t——结构在役分析时刻，年；

T_s——在役基准期；

$Z(t, \tau)$——考虑结构 t 时刻预期技术状况影响的功能函数，为全随机过程；

$R(t, \tau)$——考虑 t 时刻预期结构状态修正的抗力随机过程，可取为非平稳随机过程，其任意时点分布为对数正态分布；

$S(t, \tau)$——考虑 t 时刻预期结构工作状态修正和后续在役基准期变化的荷载效应随机过程，可取为平稳二项随机过程，其任意时点分布为极值 I 型。

为简化计算，且出于安全性考虑，也可采用后续在役基准期内的最小抗力和最大荷载效应的概率分布，将上述全随机过程模型转化为随机变量模型

$$P_r = P\{(R_m - S_m)\} \geq 0 \tag{5-131}$$

式中　　R_m——后续在役基准期 T_S-t 内最小抗力随机变量；

　　　　S_m——后续在役基准期 T_S-t 内最大荷载效应随机变量。

$P_r(t)$ 或时变可靠指标 $\beta(t)$ 的计算取决于作用效应和抗力，对影响构架可靠度的各类作用效应，除永久作用外，其他可变作用主要有车辆荷载等，取为平稳二项随机过程，其任意时点分布 $f_S(S)$ 为极值 I 型分布。

混凝土构架的结构抗力取为非平稳的二项随机过程，其任意时点分布 $f_R(r)$ 为对数正态分布。在影响结构抗力的因素中，对各项几何参数，如截面尺寸、混凝土保护层（钢筋截面面积除外）等，均取为正态分布的随机变量；对钢筋截面面积 $A_g(t)$ 取为非平稳的二项随机过程，其截面损失率的平均值、标准差函数 $u_\eta(t)$、$\sigma_\eta(t)$ 考虑了混凝土保护层厚度 C、钢筋半径 R、混凝土碳化系数 K_c、氧气在混凝土中扩散系数 D_0、原钢筋截面面积 A_S 等随机变量，以及其他环境参数等。

二、基于时变可靠指标的混凝土构架耐久性分析

为反映共性问题，便于寻找规律，定义结构构件相对时变可靠指标为

$$\xi(t) = \beta(t)/\beta_0 \tag{5-132}$$

式中　　$\beta(t)$——结构构件 t 时刻的可靠指标，为时变可靠指标；

　　　　β_0——结构构件初始时刻的可靠指标。

因为 $\xi(t)$ 反映了结构构件时变可靠指标随时间衰减的程度，所以又称 $\xi(t)$ 为时变可靠指标衰减系数。

钢筋混凝土构件时变可靠指标受环境潮湿程度影响很大，根据工程调查结果和钢筋锈蚀的条件，钢筋锈蚀的开始时间可表为

$$t_p = (C_e/k)^2 \tag{5-133}$$

式中

C_e 为等效混凝土保护层厚度，mm，对室外环境有 $C_e = C$，C 为混凝土保护层厚度，mm。

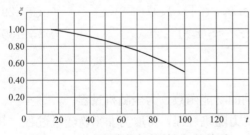

图 5-15　时变可靠指标与时间 t 的关系

按照 JCSS 法，编制钢筋混凝土梁时变可靠度分析程序，经大量计算并分析得出钢筋混凝土构架时变可靠指标与时间 t 的关系曲线（如图 5-15 所示）。

研究表明，一般 $\beta(t)$ 按指数规律衰减，故设

$$\xi(t) = a - b\exp(ct) \tag{5-134}$$

对图 5-15 曲线回归得出钢筋混凝土构架可靠指标的衰减规律为

$$\xi(t) = \begin{cases} 1 & t < 10 \\ 1.111 - 0.091\exp(0.0199t) & t \geqslant 10 \end{cases} \tag{5-135}$$

或

$$\beta(t) = \begin{cases} \beta_0 & t < 10 \\ \beta_0(1.111 - 0.091\exp(0.0199t)) & t \geqslant 10 \end{cases} \tag{5-136}$$

现行的混凝土结构设计规范中的所有计算及验算公式可归结为

$$S \leqslant R \tag{5-137}$$

式中　S——内力设计值部分；

　　　R——结构构件强度设计值部分。满足式（5-137）时的结构构件可靠度指标 β_0 为定值。

引入耐久性设计概念后，公式（5-137）变为

$$S \leqslant \eta R \tag{5-138}$$

式中　η——耐久性设计系数。

实际上 η 为 $\beta(t)$ 的函数

$$\eta = f[\beta(t)] \tag{5-139}$$

即有

$$\eta = \eta(t) = \beta_0 / [\beta_0 + \beta_t - \beta(t)] \tag{5-140}$$

式中　β_t——耐久性设计中，在 t 时刻要求的可靠指标确定值。

β_t 不仅与结构作用、结构抗力、环境因素等客观条件有关，而且也涉及许多的主观因素，但我们可以简化地假定，在初期（10 年内）可靠性指标不下降，后期取 β_t 为在 90 年内由 β_0 到 $0.7\beta_0$ 间的线性递减。这是因为随着在役时间的增长，有理由降低可靠性期望值。即有

$$\beta_t = \begin{cases} \beta_0 & t < 10 \\ \beta_0(1 - (t-10)/300) & t \geqslant 10 \end{cases} \tag{5-141}$$

把式（5-136）、（5-141）代入式（5-140）得混凝土构架耐久性设计系数下降段（10 年后）计算公式为

$$\eta(t) = 1/[0.922 - t/300 + 0.091\exp(0.0199t)] \tag{5-142}$$

由式（5-142）可得到耐久性设计系数与时间 t 的关系曲线（如图 5-16 所示）。从图中可看出耐久性设计系数随时间而降低。由式（5-133）研究分析表明，一般构件的钢筋开始锈蚀时间为 35 年左右，锈蚀开裂时间为 57 年左右，这两个时间也分别指出了耐久性设计系数小于 1 和应该考虑耐久性（小于 0.95）的时间。

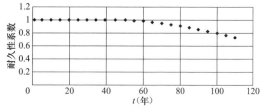

图 5-16　耐久性设计系数与时间 t 的关系

第八节　基于验证荷载法的既有混凝土构架可靠性分析

验证荷载法利用验证荷载试验（Proof-load test）所提供的信息进行可靠性分析，最早应用于航空领域。验证荷载试验因为实施荷载试验需要大量的人力、物力及财力，

还可能造成结构损伤，验证荷载法的应用受到限制。对建筑结构而言，由于施加验证荷载十分困难，一直影响该方法在这个领域的应用，20 世纪 70 年代初人们才开始讨论验证荷载法在建筑结构中的应用。由于在水工结构中将结构所承受的水压力作为验证荷载，用验证荷载法校核结构可靠在水工结构中得到了应用，由此也拓宽了验证荷载法的应用范围。在分析建筑结构时，可将结构在使用期间或荷载试验中承受的最大荷载作为验证荷载，由此得到结构抗力的截尾分布。如张俊芝等人对确定性的验证荷载及随机性验证荷载对抗力分布的影响进行了大量的研究，并运用验证荷载法分析了既有结构可靠度。

设结构在试验前的失效域为

$$R - S < 0 \tag{5-143}$$

式中　R，S——结构抗力和荷载效应。

假定 R，S 两者相互独立，相应的可靠指标为 β，结构的可靠概率 p_r 为

$$p_r = \int_0^\infty f_R(r) \left[\int_{-\infty}^r f_S(s) \, \mathrm{d}s \right] \mathrm{d}r \tag{5-144}$$

若结构在使用或荷载试验中承受较大荷载（即验证荷载）后结构未出现破坏或累计损伤现象，则说明结构抗力 R 不小于验证荷载效应 x_P，即 $R \geqslant x_P$ 为必然事件。由于验证荷载试验消除了抗力的部分不定性，则结构抗力分布规律改变，由一条截去尾部的抗力分布曲线代替。此时结构抗力用新的随机变量 R^* 来描述，R^* 和 S 亦相互独立。R^* 的概率密度函数可取 R 在 x_P 处的截尾分布，即

$$f_{R^*}(x) = \begin{cases} \dfrac{f_R(x)}{1 - F_R(x_P)} & x \geqslant x_P \\ 0 & x < x_P \end{cases} \tag{5-145}$$

式中　$f_R(x)$，$F_R(x)$——结构抗力 R 的概率密度函数和分布函数。

设验证荷载试验后结构可靠概率为 p_r^*，相应地，结构可靠指标为 β^*，则

$$p_r^* = \int_{x_P}^\infty f_{R^*}(r) \left[\int_{-\infty}^r f_S(s) \, \mathrm{d}s \right] \mathrm{d}r \tag{5-146}$$

当然，利用（5-146）式很难求解结构可靠度，需要借助极限状态方程求解。为了便于描述验证荷载效应 x_P 对结构可靠度的影响，引入验证荷载水准 K，令

$$K = \Phi^{-1}[F_R(x_P)] \tag{5-147}$$

K 即为映射于标准正态随机变量空间 x_P 的映象，当结构抗力 R 服从正态分布时，有

$$K = \frac{x_P - \mu_R}{\sigma_R} \tag{5-148}$$

结构抗力 R 服从对数正态分布时

$$K = \frac{\ln x_P - \mu_{\ln R}}{\sigma_{\ln R}} \tag{5-149}$$

根据均值和方差的定义，有

$$\left.\begin{array}{l} \mu_{R'} = \int_0^{+\infty} x f_{R'}(x)\,dx = \dfrac{\mu_R - \displaystyle\int_0^{x_P} x f_R(x)\,dx}{1 - F_R(x_P)} \\[3em] D_{R'} = \int_0^{+\infty}(x - \mu_{R'})^2 f_{R'}(x)\,dx = \dfrac{D_R + (\mu_{R'} - \mu_R)^2 - \displaystyle\int_0^{x_P}(x - \mu_{R'})^2 f_R(x)\,dx}{1 - F_R(x_P)} \\[3em] \sigma_{R'} = \sqrt{D_{R'}} \end{array}\right\}$$

(5-150)

由数值分析方法可求得抗力 R^* 的数字特征值 $\mu_{R'}$、$\sigma_{R'}$，分析结果如图 5-17、图 5-18 所示（其中，$\mu_R = 200$，$\sigma_R = 100$）：

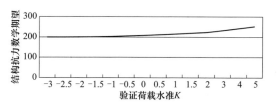

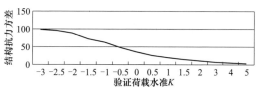

图 5-17 验证荷载对抗力数学期望的影响 　图 5-18 验证荷载对抗力方差的影响

计算结果表明：

（1）验证荷载对抗力的数字特征有一定的影响，当 $K < -0.5$ 时可近似认为验证荷载对抗力期望值没有影响；当验证荷载水准 $K > -0.5$ 时对抗力数学期望值影响逐渐增大。验证荷载水准越大，抗力期望值增量越大。

（2）当 $K > -2.0$ 时，验证荷载对抗力方差的影响逐渐增大，并且验证荷载水准越大，抗力方差下降量越大。

（3）结构抗力 R 变异性越大，即 δ_R 越大，抗力 R^* 平均值提高程度越大，相应的标准差降低程度越大。

上述验证荷载水准对结构抗力数学特征的影响进而说明了验证荷载对结构可靠性的影响。当 $K < -2.0$（即 $x_P < 85\% \mu_R$）时，验证荷载对结构可靠度的影响可忽略不计；当验证荷载水准 $K > -2.0$（即验证荷载效应 $x_P > 85\% \mu_R$），结构可靠指标 β^* 有所提高时，x_P 越大，可靠指标 β^* 越高。

第六章

变电构架的可靠性检测与损伤诊断

第一节 混凝土结构构架可靠性评估的常规检测

一、现场和环境条件的调查

变电站混凝土构架的现场调查包括下列基本工作内容：

（1）查阅图纸资料，包括工程地质勘查资料、设计图纸、竣工资料、检查记录、历次加固和改造图纸等；

（2）调查历史使用过程中的修缮、改造、扩建情况，用途变更、使用条件改变及受灾情况等；

（3）考察现场，调查实际状况，构架使用条件和内、外环境状况，构架上的作用以及目前存在的问题。

既有混凝土结构的时变可靠性与其所处的环境紧密相关，在进行混凝土结构的耐久性评估时，应对混凝土结构所处的环境进行调查分析。

混凝土材料的耐久性劣化机理分析和工程实践表明，环境湿度、温度以及风向、风速都对混凝土碳化、钢筋锈蚀、碱骨料反应、冻融损伤等耐久性问题的发生与发展有显著影响。同时，结构构件所处工作环境也对结构的耐久性有很大的影响。因此在对混凝土结构进行耐久性检测时，应对结构所处环境进行相应项目的调查，主要包括：

（1）大气年平均气温、年最高和最低气温、最冷月平均温度及年低于 0℃ 的天数等；

（2）年平均空气相对湿度、年平均最高、最低湿度、日平均相对湿度等；

（3）构件所处工作环境的年平均温度、年平均湿度，温度、湿度变化以及干湿交替情况；

（4）侵蚀性气体（二氧化碳、酸雾、二氧化硫）、液体（各种酸、碱、盐）及固体（硫酸盐、氯盐、碳酸盐）的影响范围及程度，必要时应测定有害成分含量；

（5）冻融循环情况；

（6）冲刷、磨损情况。

根据环境条件调查结果，可将结构或构件所处的工作环境分为：

（1）一般大气环境：指由混凝土碳化引起钢筋锈蚀的大气环境；

（2）大气污染环境：指含有微量盐、酸等腐蚀性介质并由混凝土中性化引起钢筋锈蚀的大气环境及盐碱地区环境；

（3）氯盐侵蚀环境：指盐雾、海水作用引起钢筋锈蚀的环境及除冰盐环境；

（4）冻融环境：指由冻融循环作用引起混凝土损伤的环境。

二、外观损伤状况的检查

外观损伤的检查主要是观察、测量和记录构件裂缝、外观损伤及腐蚀情况，内容包括混凝土表面有无裂缝及结晶物析出，有无锈斑、露筋，混凝土表面有无起鼓、酥松剥离现象，构件开裂部位、形态、裂缝的走向等。对有外观破损及腐蚀现象的构件进行描述并予以统计，同时拍摄数码照片进行记录。

混凝土的裂缝易造成水分及有害物质的渗入，而成为导致钢筋锈蚀的通道。因此对混凝土裂缝的调查是现场检查的主要内容之一。

裂缝检测时，主要用目测和塞尺、卷尺丈量，必要时可用刻度放大镜或表面裂缝观测仪测量裂缝宽度、长度及走向，用超声测试仪或取芯的方法检测裂缝深度等，检查、记录并绘出裂缝长度、宽度、深度、位置、走向、形态等，以照片形式记录被检测结构的典型开裂情况等，并设法了解结构开裂时间、发展过程，分析原因，判断是陈旧的还是新发展的裂缝。表 6-1 为构架构件外观缺陷的检测内容和评定。

表 6-1　　　　　　　　　　构架构件外观缺陷的检测内容和评定

缺陷名称	现象	损伤程度	
		严重缺陷	一般缺陷
蜂窝	混凝土表面缺少水泥砂浆而形成石子外露	构件主要受力部位有蜂窝	其他部位有少量蜂窝
露筋	构件内钢筋未被混凝土包裹而外露	纵向受力钢筋有露筋	其他钢筋有少量露筋
孔洞	混凝土中孔穴深度和长度均超过保护层厚度	构件主要受力部位有孔洞	其他部位有少量孔洞
疏松	混凝土中局部不密实	构件主要受力部位有疏松	其他部位有少量疏松
连接部位缺陷	构件连接处混凝土缺陷及连接钢筋、连接件松动	连接部位有影响结构传力性能的缺陷	连接部位有基本不影响结构传力性能的缺陷
外表缺陷	构件表面麻面、剥落掉皮、起砂、沾污等	有影响使用功能的外表缺陷	有不影响使用功能的外表缺陷

三、混凝土结构几何参数的测定

混凝土构件的几何参数测定主要包括构件的截面尺寸、构件的垂直度、结构变形等检测项目。混凝土结构构件截面尺寸可用钢卷尺等测量工具对混凝土构件截面尺寸进行量测，变形测量可通过水准仪及经纬仪进行。混凝土结构参数的测定可参照 GB 50204《混凝土结构工程施工质量验收规范》相关要求进行。

四、变电站混凝土构架立柱垂直度的测量

1. 现有测量方法

目前在建筑、桥梁等土木工程领域，对构件的垂直度测量方法有目测法、铅垂吊线

和刻度尺组合法、全站仪和刻度尺组合法等。所用方法测量操作繁琐、耗时费力效率低、精度不高、容易受风雨等环境影响。例如用全站仪检查立柱平面外垂直度分量的过程如图 6-1 所示。从图中可知，用全站仪检查立柱平面外垂直度时，需选出构件几何形心线，并爬上构件，在形心线上下测点贴上反光片，然后结合全站仪和直尺，测算出垂直度。该方法不仅繁琐、耗时，而且只能停电才可以实现。

2. 测量装置结构

为了克服现有方法测量的不足，设计如图 6-2 所示的装置。该装置准确快速地测出测量倾斜角 α，进而计算出垂直度 $\delta = \tan\alpha$。

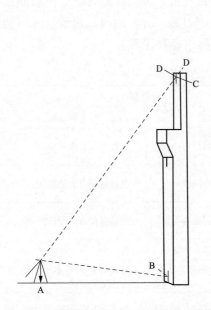

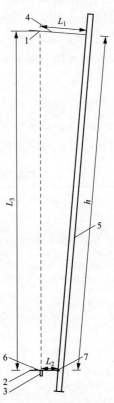

图 6-1　全站仪检查立柱平面外垂直度图　　图 6-2　测量垂直度装置的结构示意图

1—上游标卡尺；2—下游标卡尺；3—红外线测距仪；
4—瞄准心；5—塑钢绝缘方杆，长度有 2m、4m 等
规格；6—圆水准器；7—制动螺旋。

装置分以下几个部分：

（1）第一部分是塑钢绝缘方杆 5，根据实际构件高度的五分之一，分别取 2m、4m 等规格长度。

（2）第二部分与塑钢绝缘方杆 5 底部铰接连接的游标卡尺 2，该部分主要是红外线测距仪 3 和圆水准器 6 装在有刻度的卡尺上，工作时调节游标卡尺 2 和塑钢绝缘方杆 5 使圆水准器气泡居中。打开红外线测距仪 3 调整其位置，使其发射红外线照准上部准心 4，测出两侧点距离 L_3，同时读出下部卡尺 2 读数 L_2。

（3）第三部分是与塑钢绝缘方杆 5 顶部垂直固接的游标卡尺 1，由瞄准准心 4 和有刻度的卡尺 1 相连，使用前根据实际情况调节好准心 4 位置，读出初始读数 L_1。游标卡尺 1 和游标卡尺 2 量程均为 20mm，精度为 0.02mm。

3. 测量原理

测量竖向构件垂直度的装置及其测试方法具体原理如下。

如图 6-3 所示，△ABC 和 △ADC 均为直角三角形。设 ∠ACB＝∠1，∠ACD＝∠2，∠BCD＝∠3。

在直角三角形 △ABC 和 △ADC 中，由三角函数概念，得：

$$\tan\angle 1 = \frac{L_3}{L_2}$$

$$\tan\angle 2 = \frac{L_1}{h}$$

$$\tan\angle 3 = \tan(\angle 1 + \angle 2) = \frac{\tan\angle 1 + \tan\angle 2}{1 - \tan\angle 1 \cdot \tan\angle 2} = \frac{L_3 \cdot h + L_2 \cdot L_1}{L_2 \cdot h - L_3 \cdot L_1}$$

所以

$$\angle 3 = \arctan\left(\frac{L_3 \cdot h + L_2 \cdot L_1}{L_2 \cdot h - L_3 \cdot L_1}\right)$$

倾斜角 $$\alpha = \angle 3 - 90°$$

垂直度 $$\delta = \tan\alpha$$

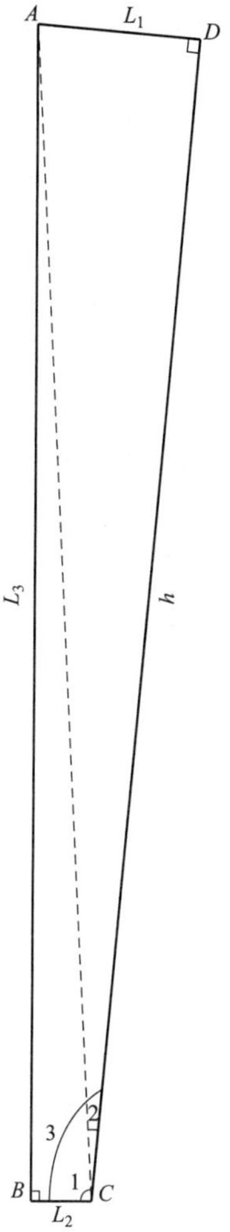

4. 测量方法

对立柱垂直度进行测量时：

（1）使用该装置对垂直度进行测量时，根据实际构件高度的五分之一，选择配有合适规格塑钢绝缘方杆 5 的装置。

（2）若竖向构件倾斜较大，上部分游标卡尺 1 调节在读数较大的位置；若倾斜较小，上部游标卡尺 1 调到读数较小位置。调整好后读出上部游标卡尺 1 的读数 L_1。

图 6-3 测量原理示意

（3）然后将该装置的塑钢绝缘方杆 5 垂直紧贴要测立柱，调节游标卡尺 2 和塑钢绝缘方杆 5 使圆水准器气泡居中，拧紧制动螺旋 7；打开红外线测距仪 3 调整其在游标卡尺 2 上的水平位置，使发射红外线照准上部准心 4，读出下游标卡尺 2 的读书 L_2 和红外线测距仪的读数 L_3。

（4）根据测量结果计算 $\angle 3 = \arctan\left(\frac{L_3 \cdot h + L_2 \cdot L_1}{L_2 \cdot h - L_3 \cdot L_1}\right)$，竖向构件倾斜角 $\alpha = \angle 3 - 90°$，进而计算出垂直度 $\delta = \tan\alpha$。

该装置及其测试方法准确快速的测量立柱倾斜角 α 和垂直度 $\delta = \tan\alpha$，简便快捷，使用方便。且该装置及其测试方法可广泛推广到桥梁和水利工程有关构件垂直度的测量中。

五、混凝土抗压强度的测量

抗压强度是混凝土的基本性能，也是结构设计的基础。混凝土的抗压强度是进行结构可靠性鉴定的主要依据之一。同时混凝土的抗压强度也与混凝土的密实性有一定的相关性，可在一定程度上反映混凝土的耐久性。

结构混凝土抗压强度的现场检测主要有无损和微破损两种方法。无损法是在不损坏结构的前提下测试混凝土的某些物理量，并根据这些物理量与抗压强度之间的关系推算出混凝土的抗压强度，主要有回弹法、超声法、超声回弹法等。微破损法是在不影响结构承载力的前提下从结构物上直接取样或进行局部破坏试验，根据试验结果确定混凝土抗压强度，主要有钻芯法、拔出法等。以下对几个常用的方法进行介绍。

1. 回弹法

回弹法是采用回弹仪进行混凝土强度测定的方法，属于表面硬度法的一种，其原理是在回弹仪中运动的重锤以一定冲击动能撞击顶在混凝土表面的冲击杆，测出重锤被反弹回来的距离，以回弹值（反弹距离与弹簧初始长度之比）作为与强度相关的指标，来推定混凝土强度。由于回弹法的操作简便、经济、快速，在国内外得到广泛的应用。

回弹法可参照 JCJJ/T 23—2011《回弹法检测混凝土抗压强度技术规程》进行，并要求：

（1）随机抽取各类有代表性的构件，抽检数量不少于同批构件总数的 30%，且构件数量不少于 10 件。

（2）选择平整洁净、无明显表面缺陷及有疏松层浮浆油垢涂层的混凝土表面为检测面。

（3）在被测构件上均匀布置测区，每一构件上的测区数不少于 10 个，测区尺寸为 200mm×200mm，并进行编号和标记确定对应的测点位置。

（4）对构件上每一测区用回弹仪均匀分布弹击 16 个点并记录回弹值，每一测点回弹值读数估读至 1。

（5）回弹值测量完毕后，在有代表性的位置上测量碳化深度值，测点不少于构件测区数的 30%，取其平均值为该构件每测区的碳化深度值。

（6）将每一测区的回弹值剔除 3 个最大值和 3 个最小值，以余下的 10 个回弹值的平均值作为该测区的计算回弹值。

（7）将测区平均回弹值进行角度修正和浇筑面修正。以修正后的测区平均回弹值及平均碳化深度值，根据测强曲线换算出测区混凝土抗压强度换算值 $f_{cu,i}^c$。

按式（6-1）和式（6-2）计算构件的测区混凝土强度平均值和强度标准差。

$$m_{f_{cu}^c} = \frac{\sum_{i=1}^{n} f_{cu,i}^c}{n} \tag{6-1}$$

$$S_{f_{cu}^c} = \sqrt{\frac{\sum_{i=1}^{n} (f_{cu,i}^c)^2 - n(m_{f_{cu}^c})^2}{n-1}} \tag{6-2}$$

式中　$m_{f_{cu}^c}$——构件测区混凝土强度换算值的平均值，MPa，精确到 0.1MPa；

$f_{cu,i}^c$——第 i 测区的混凝土强度换算值；

n——被抽取构件测区数之和；

$S_{f_{cu}^c}$——构件测区混凝土强度换算值的标准差，MPa，精确到 0.1MPa。

构件的混凝土强度推定值按下式计算

$$f_{cu,e} = m_{f_{cu}^c} - 1.645 S_{f_{cu}^c} \tag{6-3}$$

当检测条件与测强曲线的适用条件有较大差异时，可采用钻芯法钻取混凝土芯样进行修正，钻取芯样的数量不少于 6 个。钻取芯样时每个部位应钻取一个芯样，计算时测区混凝土强度换算值应乘以修正系数。修正系数按下式计算

$$\eta = \frac{1}{n} \sum_{i=1}^{n} f_{cor,i} / f_{cu,i}^c \tag{6-4}$$

式中 η——修正系数，精确到 0.01；

$f_{cor,i}$——对应于第 i 测区混凝土芯样的抗压强度值，精确到 0.1MPa；

$f_{cu,i}^c$——第 i 测区的混凝土强度换算值；

n——芯样数。

2. 超声回弹综合法

超声回弹综合法是采用回弹仪、混凝土超声波检测仪综合检测并推断结构中混凝土抗压强度的方法，可依据《超声回弹综合法检测混凝土强度技术规程》CECS 02-2005 进行，并要求：

（1）随机抽取各类有代表性的构件，选择平整洁净、无明显表面缺陷及有疏松层浮浆油垢涂层的混凝土表面为检测面。

（2）在被测构件上均匀布置测区，对每一测区先进行回弹测试后进行超声测试。

（3）超声测试采用对测或角测时，测量回弹值对在构件测区内超声波的发射和接收面各弹击 8 点；如超声波采用单面平测时，可在超声波的发射和接收测点之间弹击 16 点。

（4）超声测点布置在回弹测试的同一测区内，每一测区布置 3 个测点。超声测试优先采用对测或角测，当被测构件不具备对测或角测条件时，可采用单面平测。

（5）回弹测试完成后，将每一测区的回弹值剔除最大值和最小值各 3 个，以余下的 10 个回弹值的平均值作为该测区的计算回弹值，必要时对测区回弹值进行角度修正和浇筑面修正。

（6）超声测试完成后，计算测区中 3 个测点的混凝土声速值，取其平均值作为混凝土中声速代表值，必要时对其进行浇筑面修正。

（7）修正后的测区回弹代表值和声速代表值，采用专用测强曲线、地区测强曲线或全国统一测区混凝土抗压强度换算公式换算而得混凝土抗压强度换算值。各测区混凝土抗压强度换算值的平均值即为结构或构件混凝土抗压强度换算值。

（8）构件的测区混凝土强度平均值和强度标准差、强度推定值可参照式（6-1）～式（6-3）进行。

（9）当结构或构件所采用的材料及其龄期与制定测强曲线所采用的材料及其龄期有较大差异时，可采用从结构或构件测区中钻取的混凝土芯样试件的抗压强度进行修正。

（10）试件数量不少于 4 个。

（11）修正系数按式（6-4）计算。

3. 钻芯法

钻芯法检测混凝土强度，是在结构构件上直接钻取混凝土试件，进行加工后试压测得强度值，能较真实地反映混凝土的质量。用钻芯法来推断混凝土结构构件的强度属于微破损法检测，是比较真实、可靠的一种方法。

钻芯法检测混凝土强度可依据《钻芯法检测混凝土强度技术规程》CECS 03-2007进行，并要求：

（1）在每个构件受力较小且混凝土强度具有代表性的部位、避开主筋和管线的位置抽取芯样。

（2）按单个构件检测时，每个构件的钻芯数量不少于 3 个，对于较小构件，钻芯数量可取 2 个。按检测批检测时，钻芯数量不少于 15 个。

（3）钻取的芯样直径一般不小于骨料最大粒径的 3 倍，在任何情况下不得小于骨料最大粒径的 2 倍且不小于 70mm。

（4）用锯切机将钻取的芯样切割成高径比为 1.00 的试样，然后采用磨平机或水泥砂浆、硫黄胶泥处理试样端面的平整度，制备符合规范要求的试件芯样，用游标卡尺测量试件的直径和高度，待试件自然干燥后按 GB/T 50081—2002《普通混凝土力学性能试验方法标准》中对立方体试块抗压试验的规定进行抗压强度试验。

按下式计算混凝土抗压强度代表值

$$f_{\mathrm{cu,cor}} = \frac{4F}{\pi d^2} \tag{6-5}$$

式中　$f_{\mathrm{cu,cor}}$——芯样试件混凝土抗压强度值，MPa，精确至 0.1 MPa；

　　　F——芯样试件抗压试验测得的最大压力，N；

　　　d——芯样平均直径，mm。

按单个构件检测时，以有效芯样试件混凝土抗压强度值中的最小值为混凝土强度推定值；按检测批检测时，按式（6-6）～式（6-9）计算混凝土强度的推定区间，并以混凝土强度推定区间的上限值作为检测批混凝土强度的推定值。

$$f_{\mathrm{cu,cor},m} = \frac{\sum\limits_{i=1}^{n} f_{\mathrm{cu,cor},i}}{n} \tag{6-6}$$

$$S_{\mathrm{cor}} = \sqrt{\frac{\sum\limits_{i=1}^{n} (f_{\mathrm{cu,cor},i} - f_{\mathrm{cu,cor},m})^2}{n-1}} \tag{6-7}$$

$$f_{\mathrm{cu,e1}} = f_{\mathrm{cu,cor,m}} - k_1 S_{\mathrm{cor}} \tag{6-8}$$

$$f_{\mathrm{cu,e2}} = f_{\mathrm{cu,cor,m}} - k_2 S_{\mathrm{cor}} \tag{6-9}$$

式中　$f_{\mathrm{cu,cor,m}}$——芯样试件混凝土抗压强度平均值，MPa，精确至 0.1MPa；

　　　$f_{\mathrm{cu,cor},i}$——单个芯样试件混凝土抗压强度值，MPa，精确至 0.1MPa；

　　　S_{cor}——芯样试件抗压强度样本的标准差，MPa，精确至 0.1MPa；

$f_{cu,e1}$——混凝土抗压强度推定上限值，MPa，精确至 0.1MPa；

$f_{cu,e2}$——混凝土抗压强度推定下限值，MPa，精确至 0.1MPa；

e_1，e_2——推定区间上限值系数和下限值系数。

钻孔取芯后，结构物上留下的圆孔必须及时加以修补。一般可采用以合成树脂为胶结料的细石聚合物混凝土，也可采用微膨胀水泥细石混凝土，修补时要充分清除孔中污物。修补后妥善养护，保证新填混凝土与母体的良好结合，使修补后的构件承载力与未穿孔前的承载能力大致相当。

六、钢筋位置、保护层厚度、钢筋直径的测量

外部环境的各种有害介质需通过钢筋外部的混凝土保护层进入内部，达到钢筋表面进而引起钢筋锈蚀。必要的保护层厚度不仅能够推迟环境中的水汽、有害离子等扩散到钢筋表面的时间，而且还能够延迟因碳化使钢筋失去碱性的时间，即推迟钢筋开始锈蚀的时间。混凝土保护层厚度对混凝土结构的耐久性具有至关重要作用，是结构耐久性评估的一个重要参数。钢筋位置、保护层厚度及钢筋直径检测可参照 JGJ/T 152《混凝土中钢筋检测技术规程》的规定进行。

钢筋位置、保护层厚度及钢筋直径检测可采用非破损或微破损方法检测。非破损方法的仪器主要有采用基于电磁感应原理的磁感仪和基于电磁波反射原理的雷达仪，微破损方法采用剔凿原位检测法检测。采用雷达仪或磁感仪进行钢筋保护层厚度及钢筋直径检测时，必要情况下可通过剔凿原位检测法进行验证。

1. 剔凿原位检测

剔凿原位检测法是在工程现场凿去混凝土构件上局部位置保护层，用游标卡尺直接量测钢筋直径及保护层厚度，量测精度为 0.1mm。这种方法较为直观准确，但对混凝土构件有局部损伤，一般仅能做少量检测。

2. 磁感仪检测

采用磁感仪进行钢筋位置、保护层厚度及钢筋直径检测，检测面应清洁、平整，并避开金属预埋件等。检测前先对被测钢筋进行初步定位，将探头有规律地在检测面上移动，直到仪器显示接收信号最强或保护层厚度值最小时，结合设计资料判断钢筋位置，此时探头中心线与钢筋轴线基本重合，在相应位置做好标记。按上述步骤将相邻的其他钢筋逐一标出。设定好仪器量程范围及钢筋直径，沿被测钢筋轴线选择相邻钢筋影响较小的位置，并应避开钢筋接头，读取指示保护层厚度值及钢筋直径值。在被测钢筋的同一位置重复检测 2 次，如两次混凝土保护层厚度检测值相差大于 1mm 时，该组数据无效，应在该处重新进行检测。

3. 雷达仪检测

使用雷达仪进行钢筋位置、保护层厚度检测时，根据被测结构及构件中钢筋的排列方向，将雷达仪探头或天线沿垂直于选定的被测钢筋轴线方向扫描，根据钢筋的反射波位置来确定钢筋间距和混凝土保护层厚度检测值。

4. 检测规定

钢筋位置、保护层厚度及钢筋直径检测的测区数量及位置应符合下列规定：

（1）同类构件含有测区的构件数宜为 5%～10%，且不应少于 6 个。同类构件数少于 6 个时，应逐个测试。

（2）每个检测构件的测区数不应少于 3 个，测区应均匀布置，每个测区测点不应少于 3 个。

（3）构件角部钢筋应测量两侧的保护层厚度。

七、钢筋力学性能的测量

混凝土中的钢筋的力学性能可采用取样法进行检测或测定。在确保受检构件和结构安全的情况下，从受检构件受力较小的部位上截取钢筋进行力学性能试验，确定钢筋极限抗拉强度、屈服强度以及延伸率等。每个受检构件上截取钢筋数量不多于 2 根，受检构件可均匀分布。

八、混凝土构件钢筋锈蚀状况监测

混凝土中钢筋锈蚀会减小钢筋的截面，降低钢筋和混凝土之间的黏结力，从而减弱了整个混凝土构件的承载能力。因此，检验混凝土工程中的钢筋锈蚀程度是鉴定混凝土构件工作性能和现状的一个主要项目。钢筋锈蚀状况的检测可以采用无损检测法和微破损检测法。

微破损检测法较为直接，但对构件有局部损伤，一般适用于混凝土表面已出现锈痕、顺筋裂缝或保护层已胀裂、剥落的情况。微破损检测法选择构件上钢筋锈蚀比较严重的部位，如在保护层被膨胀、剥落处和保护层有空鼓现象的部位，直接凿出局部钢筋保护层，将钢筋全部露出来，用游标卡尺直接测定钢筋的剩余直径、锈蚀深度、长度及锈蚀物的厚度，求出锈蚀钢筋直径的算术平均值，推算钢筋的截面损失率。

除微破损检测方法外，无损检测是现在技术发展的潮流和方向。现场常用的钢筋锈蚀无损检测方法有半电池电位法、线性极化法、电阻率法、交流阻抗谱法等，以下介绍前三种方法。

1. 半电池电位法

半电池电位法是研究和应用得最早、最广泛的电化学方法，有简单经济的特点。混凝土中钢筋腐蚀是一种电化学过程，钢筋有腐蚀，必然会产生电流，影响钢筋的电位值，因此，测量钢筋电位值的大小，可以判断钢筋腐蚀的状态。

具体试验可参照 JGJ/T 152 2008《混凝土中钢筋检测技术规程》规定方法进行。

（1）在混凝土结构及构件上布置若干个测区并编号，测区面积不大于 5m×5m，用钢筋探测仪检测钢筋的分布情况，并在适当的位置剔凿出钢筋，并将该处钢筋表面进行除锈，将测区混凝土进行充分浸湿。

（2）将一只电位已知且稳定的参比电极（一般为铜-硫酸铜电极）放置在表面预处理过的被检测构件的混凝土上。

（3）参比电极的引线接一只具有高阻抗的伏特计的负极，而该混凝土构件中剔凿出的钢筋接伏特计的正极，逐点测量该构件的钢筋半电池电位。

（4）根据所测得的半电池电位，推测混凝土中钢筋的锈蚀概率。

测量结果可根据表 6-2 进行判断。

表 6-2　　　　　　　　　　半电池电位值评价钢筋锈蚀性状的判据

电位水平（mV）	钢筋锈蚀性状
>−200	不发生锈蚀的概率>90%
200～−350	锈蚀性状不确定
<−350	发生锈蚀的概率>90%

半电池电位法最大的缺点是只能从热力学角度定性判断钢筋发生锈蚀的可能性，不能应用于定量测量。当混凝土干燥或表面有非导电性覆盖层时，无法形成回路，不能采用此方法。另外，由于钢筋电极电位受环境相对湿度、水泥品种、水灰比、保护层厚度、氯离子含量、碳化深度等因素等影响比较大，该方法评定的结果准确性稍差。

2. 线性极化法

线性极化法又称极化电阻法，是 Stern 和 Geary 于 1957 年提出并发展起来的一种快速有效的腐蚀速度测试方法。该方法利用腐蚀电位 E 附近极化电位与极化电流呈线性关系来测定金属腐蚀速度，在钢筋的锈蚀电位附近，对待测体系施加一个很小的电化学扰动并量测其反应，根据 Stern 公式计算得到极化电阻，然后根据 Stern-Geary 方程式可算出腐蚀电流，从而算出腐蚀速度。

Stern 公式为

$$R_p = \left[\frac{\Delta E}{\Delta I}\right]_{\Delta E \to 0} \tag{6-10}$$

Stern-Geary 公式为

$$I_{corr} = \frac{B}{R_p} \tag{6-11}$$

其中 B 为 Stern-Geary 常数。Andrade 和 Gonzalez 在 1978 年发现，埋在混凝土中的钢筋处于活态时，$B=26\text{mV}$；而处于钝态时，$B=52\text{mV}$。当采用 Stern 公式，而钢筋腐蚀状况未知时，B 值一概用 26mV。

现在广泛应用的直流极化电阻测量仪是可（或不可）调制电位（或电流）扫描速度的恒电位仪。通常，先用三电极系统测量钢筋对参比电极的自然电位 E_{corr}，然后对工作电极施加一个小的电化学扰动（如 ±10mV 或 ±20mV 扰动电压）。从工作电极对此扰动的反应（即是经过一定稳定化时间后的 ΔI），就可按式（6-11）评定其瞬时腐蚀速度 I_{corr}。腐蚀速度的判别标准为：

（1）$I_{corr} < 0.1\mu A/cm^2$ 时，腐蚀可忽略不计；

（2）$I_{corr} > 0.2\mu A/cm^2$ 时，正在腐蚀；

（3）$I_{corr} > 1.0\mu A/cm^2$ 时，腐蚀速度较大。

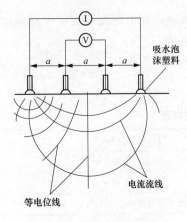

图 6-4 四电极法测试混凝土
电阻率示意图

3. 混凝土电阻率法

由于腐蚀是一个电化学过程，它包括以离子形式流动于阳极与阴极反应区域之间混凝土的电流。因此，混凝土的电阻率越大，则离子电流越低，腐蚀速率越低。混凝土电阻率的测量方法，常用 Wenner 在 1915 年提出的测量土壤电阻率的四电极法。该方法是将四只电极通过蘸水的泡沫塑料接触混凝土表面，四个电极排成一行，彼此的间距 a 相等，通过接地电阻仪将一定频率的交流电施加于这些电极中最外边的两个电极上，测量中间两个电极间的电位差（如图 6-4所示）。

在混凝土结构实际检测工作的基础上，钢筋的可能腐蚀速率与混凝土电阻率之间的关系可总结如表 6-3 所示。

表 6-3　　　　　　　　　　混凝土电阻率与钢筋腐蚀速率间的关系

混凝土电阻率（kΩ·cm）	钢筋可能的腐蚀速率
<5	很高
5～10	高
10～20	中等/低
>20	很低

九、碳化深度的测量

碳化导致混凝土碱度降低，当混凝土碳化深度达到钢筋表面时，钢筋的钝化膜因失去碱性环境的保护而被破坏进而导致钢筋开始锈蚀。在一般大气环境下，混凝土碳化是混凝土中钢筋锈蚀的前提条件，而混凝土中钢筋锈蚀是造成混凝土结构耐久性损伤的最主要因素。另外，碳化能降低混凝土的孔隙率，增大其抗压强度，对混凝土回弹值有较大的影响。因此，混凝土的碳化深度是混凝土结构检测的重要内容。

混凝土碳化深度的测量，可采用电锤、冲击钻或钢钎等工具在测区混凝土表面形成直径约 15mm、深度大于混凝土的碳化深度的孔洞，用压缩空气（如可用皮老虎或吸耳球）清除孔中的粉末和碎屑（不得用水擦洗），用 1% 的酚酞酒精溶液滴在孔洞内壁的边缘处，当已碳化与未碳化分界线清楚时，用深度测量工具测量已碳化与未碳化混凝土交界面到混凝土表面的垂直距离，测量不应少于 3 次，精确至 0.5mm，取其平均值即为碳化深度值。

碳化深度测量的测区及测孔布置应符合下列规定：

（1）同环境、同类构件含有测区的构件数为 5%～10%，但不少于 6 个，同类构件数少于 6 个时，则逐个测试；

（2）每个检测构件的测区数不少于 3 个，测区布置在构件的不同侧面；

（3）每一测区布置三个测孔，呈"品"字排列，孔距应大于 2 倍孔径；

（4）测区最好布置在钢筋附近；

（5）对构件角部钢筋最好测试钢筋处两侧的碳化深度；

（6）测区优先布置在量测保护层厚度的测区内。

十、混凝土氯离子含量及分布情况测量

由氯盐引起的钢筋锈蚀是影响混凝土结构耐久性的最主要因素。氯离子是一种极强的阳极活化（去钝化）剂，当其进入混凝土并在钢筋表面积累达到临界浓度后，便会破坏钢筋的钝化膜，从而导致钢筋发生锈蚀。对混凝土中氯离子含量及分布的检测是氯盐环境混凝土结构耐久性检测评估的重要内容。混凝土中水溶性氯离子含量一般采用硝酸银滴定法测量。

（1）采用混凝土取芯机在相应的混凝土构件上沿氯离子侵入方向钻取直径不小于70mm 的混凝土芯样，芯样长度大于预估侵入深度。

（2）沿混凝土芯样深度方向逐层磨取粉样，取样深度以每 5～10mm 作为一层。

（3）分别将每一层混凝土试样破碎，剔除大颗粒石子，研磨至全部通过 0.08mm 的筛子，用磁铁吸出试样中的金属，然后置于 105～110℃烘箱烘干 2h，取出后放入干燥皿中冷却至室温。

（4）称取烘干后质量为 G 的混凝土粉末置于三角烧瓶中，加入体积为 V_3 去离子水，塞紧瓶塞，剧烈振荡 1～2min，浸泡 24h 后，将试样过滤，取体积的滤液 V_4，用稀硫酸中和后，用硝酸银溶液作为滴定液进行滴定，根据滴定消耗的硝酸银溶液量计算混凝土中水溶性氯离子含量。

1. 氯离子含量测定的铬酸钾滴定法

参照 JTJ 270 1998《水运工程混凝土试验规程》进行。

（1）在量取的滤液中滴入两滴 0.5%的酚酞溶液，使溶液呈微红色；

（2）用稀硫酸中和至无色后，加 5%铬酸钾指示剂 10 滴；

（3）用 0.02mol/L 的硝酸银溶液滴定，边滴边摇，到溶液出现不消失的橙红色为滴定终点；

（4）记下消耗的硝酸银溶液的体积 V_5。混凝土中水溶性氯离子含量按式（6-12）计算

$$P = \frac{C_{AgNO_3} V_5 \times 0.03545}{G \times \frac{V_4}{V_3}} \times 100\% \qquad (6-12)$$

式中　P——砂浆样品中水溶性氯离子含量，%；

C_{AgNO_3}——硝酸银标准溶液浓度，mol/L；

G——砂浆样品重，g；

V_3——浸样品的水量，ml；

V_4——每次滴定时提取的滤液量，mL；

V_5——滴定时消耗的硝酸银溶液量，mL。

2. 氯离子含量的电位滴定法

依据 GB/T 50344 2004《建筑结构检测技术标准》附录 C 中关于混凝土中氯离子含量的测定方法进行。

（1）在量取的滤液中滴入两滴 0.5% 的酚酞溶液，使溶液呈微红色；

（2）用稀硝酸中和至无色后，加入 10g/L 的淀粉溶液 10mL；

（3）将一个银电极（指示电极）和一个饱和甘汞电极（参比电极）同时插入样品溶液中组成工作电池，用电位计测定两极在溶液中组成的原电池的电位；

（4）用标准硝酸银溶液滴定，达到等当点是氯离子全部生成氯化银沉淀，这时滴入少量硝酸银即引起电位急剧变化，指示滴定终点，停止滴定；

（5）以二级微商法确定硝酸银溶液所用体积。

（6）混凝土中水溶性氯离子含量的按式（6-12）计算。

混凝土中氯离子含量检测的取样数量应符合下列规定：

（1）同环境、同类构件抽样构件数应不少于 6 个，同类构件数少于 6 个时宜逐个取样；

（2）测定氯离子含量在混凝土内的分布时，应自表面沿深度每 5～15mm 取样，且沿深度应不少于 6 个。

第二节　钢结构构架可靠性评估的常规检测

对既有钢结构构架检测主要考虑以下几个方面：结构构件及连接的强度状况；结构构件及整体的稳定性状况；结构、构件及连接的变形；结构、构件及连接的缺陷或损伤；结构表面涂层和外观的状况；材料性能因老化导致的衰退；钢材因锈蚀导致的截面损失；结构抗震性能评估；由于人为原因对结构的改变；由于使用功能的变化，在新的荷载作用下结构的承载能力等。以下介绍几个常规检测项目。

一、材料性能

因既有钢结构构架材料性能老化需对钢结构材料性能的现状进行检测时，检测的内容包括：

（1）钢结构材料的力学性能，包括材料的强度性能、塑性性能、冲击韧性、弹性模量、冷弯性能、硬度等。

（2）钢结构材料的化学成分。

（3）钢结构材料的金相。

（4）钢结构材料的物理性能，包括材料的密度、弹性模量、线膨胀系数、导热性、材料的内部缺陷等。

（5）钢结构材料的表面质量，包括材料（型材）表面的裂纹、气孔、结疤、折叠及夹杂等。

（6）钢结构焊接用材料，主要有焊条、焊丝和焊剂。

（7）钢结构防护用材料，指形成结构表面保护膜的材料，主要有防腐防锈涂料及防火涂料。

检测内容包括涂料的化学成分、物理性能（干燥时间、盐水性等）、成膜表面光泽、机械性能、耐腐蚀性及涂层表面质量测定等。

二、缺陷和损伤

结构、构件及连接在使用一定期限后，会发生不可恢复的变形，或者受到一定程度的损伤，这些缺陷与损伤包括制作、安装的偏差、构件的几何变形、构件的裂缝、构件中的孔洞与缺口、构件本身的缺陷、连接的变形及损伤等。这些变形或损伤的部位、偏差程度将直接影响结构的安全性或使用性，因此也是结构的健康衡量指标。以下介绍几种常见的缺陷和损伤。

1. 构件或连接的制作、安装偏差

（1）型钢。检测的内容包括截面高度、截面宽度、腹板中心偏移量、翼缘板垂直度、弯曲矢高、扭曲量、腹板局部平面度。

（2）钢柱。检测的内容包括柱底面到柱端与桁架连接的最上一个安装孔距离、柱底面到支承面距离、柱身的扭曲、柱截面几何尺寸、柱轴线垂直度、翼缘板对腹板的垂直度、柱脚底板平面度、柱脚螺栓孔中心对柱轴线的距离、柱身弯曲矢高、柱脚底座中心线对定位轴线的偏移、柱基准点标高、箱型截面连接处的对角线差、箱型柱身板垂直度、上下柱连接处的错口。

（3）钢梁。检测的内容包括梁的长度、端部高度、拱度、侧弯矢高、扭曲、腹板局部平面度、翼缘板对腹板的垂直度、梁的跨中垂直度、侧向弯曲矢高、箱型截面对角线差、箱型截面两腹板至翼缘板中心线距离、梁端板的平面度、梁端板与腹板的垂直度、两端支座中心位移、两端顶面的高差、主梁与次梁表面的高差。

（4）钢桁架。检测的内容包括桁架最外端两个孔或两端支承面最外测距离、桁架跨中高度、桁架跨中拱度、相邻节间弦杆弯曲、支承面到第一个安装孔距离、檩条连接支座间距。

（5）钢管构件。检测的内容包括直径、构件长度、管口圆度、管面对管轴的垂直度、弯曲矢高、对口错边。

（6）钢平台、钢楼梯和防护钢栏杆。检测的内容包括平台长度和宽度、平台对角线差、平台支柱高度、平台表面平面度、钢楼梯梁长度、钢梯宽度、钢梯安装孔距离、钢梯纵向撕裂曲矢高。

（7）钢构件的拼装。检测的内容包括柱的拼装单元总长、拼装单元弯曲矢高、接口错边、柱身扭曲，梁、桁架的跨度最外两端安装孔或支承面最外测距离、接口截面错位、拱度、节点处杆件轴线错位，管构件的拼装单元总长、拼装单元弯曲矢高、对口错边、坡口间隙。

（8）构件平面总体拼装。检测的内容包括柱距、相邻梁与梁之间距离、各构架两对角线之差、任意两对角线之差。

（9）梁柱连接。检测的内容包括节点及其零部件的尺寸、构造是否满足规范规定；对于采用端板连接的梁柱连接，应重点检测端板是否变形、开裂，其厚度是否满足要求；梁（柱）与端板的连接焊缝是否开裂，端板的连接螺栓是否松动、脱落。

对于采用栓焊或全焊的构架梁柱连接，除应检查焊缝和螺栓外，地震区还应验算节点承载力是否满足抗震规范要求。

2. 加工制作缺陷

钢材和构件在切割、矫正、成型、边缘加工、组装等过程中往往会产生一定的缺陷，包括焊接连接和螺栓连接的缺陷，包括：

（1）钢材表面的麻点、划痕等缺陷；

（2）钢材边缘的裂纹、夹渣、缺棱、分层等缺陷；

（3）顶紧面缺陷；

（4）焊接缺陷，包括内部缺陷、外观质量和尺寸偏差；

（5）螺栓连接的缺陷。

3. 损伤和破坏

（1）损伤主要包括机械损伤、物理损伤和化学损伤三类。

1）机械损伤包括碰撞、悬挂吊物、切割、爆炸等引起的构件和节点的变形、屈曲、截面缺损、开裂、松动等。

2）物理损伤包括高温、施焊引起的构件变形、内部材质和应力状态等的变化。

3）化学损伤主要指钢材锈蚀。

（2）钢结构在使用过程中可能发生破坏，主要包括失稳破坏、疲劳破坏、塑性破坏和脆性破坏，应对易发生以上破坏的重点部位进行重点检测。

三、腐蚀、锈蚀

钢结构构件的腐蚀及锈蚀会削弱构件的有效截面积，降低构件的承载能力。使构件过早损坏，甚至会增大钢构件脆性破坏的可能性。

1. 钢结构的腐蚀类型

钢材的腐蚀损坏可分为四类：

（1）均匀腐蚀。腐蚀均匀分布于整个钢构件表面，易观察到。此类腐蚀危险性较小。

（2）不均匀腐蚀。因钢材中杂质分布不均匀等因素，使得钢材表面腐蚀不均匀。此类腐蚀将使结构和构件产生薄弱截面，对构件受力影响大，故危险性较大。

（3）点（坑）腐蚀。钢材表面有集中腐蚀现象，且向纵深发展，甚至使构件蚀穿。同样削弱构件截面，影响构件承载性能，危险性大。

（4）晶间腐蚀。又可分为应力腐蚀及氢脆两种，这两种晶间腐蚀都易使结构或构件发生脆断，而且无明显的前期变形征兆，故对结构破坏危险性很大。

2. 钢结构易腐蚀的部位

钢结构易腐蚀的主要有以下几个部位：

（1）埋入地下的地面附近；

（2）可能积水或遭受水汽侵蚀的部位；

（3）经常处于干湿交替环境又未加防护的部位；

（4）易积灰又湿度大的部位；

（5）难于涂刷防护涂料的部位；

（6）结构连接节点。

四、变形

钢结构构件的变形主要为受弯构件的挠度和柱的侧移，应重点注意梁、桁架、平台梁等受弯构件的挠度，以及排架柱、框架柱、露天栈桥柱等的侧移。

五、结构构造和整体性能

1. 构造的检测

（1）受弯构件的构造措施的检测内容包括绝缘子与梁翼缘的连接，梁支座处的抗扭措施，梁加劲肋的配置，梁加劲肋的尺寸，梁的支承加劲肋，梁受压翼缘、腹板的宽厚比，梁的侧向支承。

（2）受拉、受压构件的构造措施的检测内容包括格构式柱分肢的长细比，柱受压翼缘、腹板的宽厚比，柱的侧向支承，双角钢或双槽钢构件的填板间距，受拉构件的长细比，受压构件的长细比。

（3）焊接连接的构造措施的检测内容包括拼接焊缝的间距，宽度、厚度不同板件拼接时的斜面过渡，最小焊脚尺寸，最大焊脚尺寸，侧面角焊缝的最小长度，侧面角焊缝的最大长度，角焊缝的表面形状和焊脚边比例，正面角焊缝搭接的最小长度，侧面角焊缝搭接的焊缝最小间距。

（4）螺栓连接的构造措施的检测内容包括螺栓的最小间距，螺栓最大间距，缀板柱中缀板的线刚度。

2. 整体性能的检测

从整体角度对钢结构整体的检测包括：

（1）结构体系的合理性，其构成和布置是否满足几何稳定性以及传力要求；

（2）结构的完整性；

（3）结构的几何形体、结构的整体变形，包括构架的倾斜、沉降等；

（4）结构的动力性能，如在风荷载作用下的变形和加速度等；

（5）钢构架的侧向位移。

第三节　变电站混凝土构架损伤诊断的目标与方法

损伤是结构在使用过程中不可避免。结构的承载能力随着结构损伤的不断增加而逐渐降低其至完全丧失。因此，及时地发现损伤、修补损伤、对于延长结构的使用寿命和保障人身安全至关重要。

结构损伤是结构局部刚度、质量的损失，反映在结构动力特性上是结构模态参数，如固有频率、振型及阻尼等变化。近几年来，模态分析法发展了许多结构损伤定位方法，有的已运用到实际工程结构中且被证明是有效的。应用比较广泛的方法可分为三类：基于固有频率的结构损伤定位、基于振型的结构损伤定位、基于固有频率和振型的结构损伤定位。其中，结构的固有频率是动力特性里最容易测量、精度最高的一个参数。

为了满足变电站结构在不停电无损伤的情况下进行有效的检测，本节主要利用基于频率的识别方法对变电站结构进行了损伤诊断，并采用数值模拟的方法验证了频率指纹库和基于频率多裂缝损伤识别法对构架梁的损伤识别的有效性。

一、变电构架的结构检测

变电站混凝土构架现有的检测仪器方法及检测内容见表 6-4。

表 6-4 变电站混凝土构架常用检测仪器方法及检测内容

序号	仪器设备名称	测量内容
1	钢筋探测仪	测量钢筋混凝土构件的钢筋配置情况，受力纵筋及箍筋放置位置，钢筋保护层厚度，以及推定钢筋直径
2	电子经纬仪	测量立柱垂直度
3	钻芯机	钻取混凝土芯样检测其抗压强度
4	回弹法	混凝土强度
5	裂缝显微镜	检测构件裂缝宽度
6	钢卷尺	测量构件尺寸
7	LM60 激光测距仪	测量距离及构件尺寸、高度
8	数显游标卡尺	测量钢筋直径、钢板厚度、螺栓规格等
9	PKPM2010 分析软件	结构受力分析及验算
10	碳化深度尺	检测钢筋混凝土构件表面碳化深度

根据检测对停电的要求可以分为不停电检测和停电检测。其中现场的检测、构件尺寸的检测以及 A 字柱或人字柱的检测可以在不停电的条件下进行。但是横梁的检测则必须在停电的条件下进行。目前对于构架的上部结构的损伤情况的检测是观测法。这种检测方法的结果不够准确，且存在漏检的情况。

沿海地区早期（如 20 世纪 80、90 年代）建设的钢筋混凝土结构变电站构架在使用过程中，由于疲劳荷载、环境腐蚀、材料老化、构件缺陷等因素的作用，结构逐渐产生损伤累积，从而承载能力降低，抵抗自然灾害的能力下降，影响结构的安全使用，绝缘子吊环和避雷针与构架连接处损伤将直接引发高压线掉落等重大电力安全事故。这些后果不仅是变电站的损失，甚至危及整个电网的安全运行。以前常用的做法是对这些结构、构件进行无区别的全面加固和修复。但是，这样做不仅费时费力费财，没有结合变电站实际情况，而且可操作性不强。因此，采取合适方法对变电站构架结构进行检测非常重要。利用无损检测准确可靠的判断损伤的程度、位置，为变电站构架结构的加固与维修提供依据，以保证构架结构安全使用。

二、结构损伤诊断的目标

结构损伤诊断目标有四个阶段，分别为确定结构存在损伤、确定损伤的几何位置、定量确定损伤的严重程度、预测结构的剩余使用寿命。

损伤诊断的理想方法应能够很好地完成以上四个阶段的目标，且尽可能不依赖于使用者的工程判断和结构的分析模型，而对引起结构线性和非线性行为的损伤都能适用。

三、结构损伤诊断的方法

现代损伤诊断方法主要是依靠科学仪器进行，包括外观检查、现场荷载试验、无损检测（如超声波法、冲击回波法及红外成像法等）、抽样破坏性试验等传统检测方法以及结合试验模态分析技术的动力损伤诊断方法。

传统检测方法如外观检查、无损检测及抽样调查多用于材料特性以及局部缺陷的测试，需要事先知道损伤的大致部位且损伤部位可以接近，检测结果多依赖于检测者的经验及主观判断，不能从整体上定量把握结构性能。现场静力荷载试验是获取结构整体信息的一种比较稳健的测试手段，但其测试时间长、工作量大，结构隐蔽部位的信息难以获取。因此，近 10 余年国内外学者一直在寻找适合于复杂结构的定量整体损伤评估方法，结合试验模态分析技术的动力损伤诊断就是一种目前很有发展前途的方法。相对于静力测试方法，动力测试有着简便、不损伤结构、测试时间短、获取信息丰富等优点。而且对于重要的结构，利用动力测试能方便地完成结构破损的在线监测与诊断，将导致振动的外界因素作为激励源，利用损伤前后结构动态特性的变化来诊断结构的损伤，而此过程不影响结构的正常使用。

基于动力学损伤诊断方法的基本原理是结构的动力特性参数（固有频率、振型、阻尼比）与结构的物理参数（刚度、质量以及材料的本构特征）存在对应关系。结构损伤是结构局部刚度、质量的损失，反映在结构动力特性上是结构模态参数，如固有频率、振型及阻尼等变化。因此可通过动力测试来捕捉结构静、动力参数的变化，从而推演结构工作状态的变化。

第四节　基于频率诊断的基本理论研究

结构固有频率取决于结构的质量和刚度的大小，损伤使结构的质量或刚度变化，从而导致频率降低。而且固有频率是当前技术测量最准确的结构动力特征之一。因此可以通过测试结构固有频率来进行结构损伤诊断。但频率对损伤的敏感性较差，根据频率变化率只能确定是否发生损伤，而无法确定发生的位置和程度。在试验和工程实践中，可采用改进频率识别的方法进行损伤识别。具体有频率变化比、相对频率变化比、局部频率变化率、频率的平方、频率变化的平方比、摄动有限元法等。以下介绍几种常用方法的理论研究情况。

一、频率变化比的基本理论

忽略质量的变化只考虑结构刚度和阻尼的变化引起的损伤，可以推导频率的变化与损伤位置、程度的关系。进一步地，任意两阶频率变化比与损伤的程度无关，只是位置的函数。

当结构局部损伤时，结构任意一阶频率的变化量是损伤位置和刚度变化量的函数

$$\Delta\omega_i = f(\Delta K, r) \tag{6-13}$$

式中　　$\Delta\omega_i$——结构第 i 阶频率的变化量；

　　　　ΔK——结构刚度的变化量；

　　　　r——损伤的位置矢量。

由于高阶导数较小，因而可忽略高阶项，将上式在 $\Delta K = 0$ 进行级数展开得

$$\Delta\omega_i = f(0, r) + \Delta K \frac{\partial f(0, r)}{\partial(\Delta K)} \tag{6-14}$$

其中 $f(0, r) = 0$，上式简化为

$$\Delta\omega_i = \Delta K g_i(r) \tag{6-15}$$

同理可得

$$\Delta\omega_j = \Delta K g_j(r) \tag{6-16}$$

$$\frac{\Delta\omega_i}{\Delta\omega_j} = \frac{\Delta K g_i(r)}{\Delta K g_j(r)} = \frac{g_i(r)}{g_j(r)} = h(r) \tag{6-17}$$

式中　　　　K——初始状态的刚度，假设 K 与频率相互独立；

　　　　　　r——损伤的位置向量；

$g_i(r)$、$g_j(r)$——损伤的位置向量的函数；

　Δ_i 和 Δ_j——第 i 阶和第 j 阶频率的变化量。

由上式可以看出，任意两阶频率的变化量之比是损伤位置的函数，与其他因素无关。不同损伤位置的单元对应一组频率变化特征值之比的集合，通过对比结构在损伤前后的各阶模态的频率变化率之比识别结构损伤的位置。

二、相对频率变化比的基本理论

频率的平方之比是损伤的位置和程度的函数，但是具有损伤的结构任意两阶的频率变化量的平方比则仅仅是损伤位置的函数。

不考虑结构阻尼的基本运动方程为

$$(K - \omega^2 M)\phi = 0 \tag{6-18}$$

利用摄动法对上述方程进行求解将损伤后的振动方程看作由损伤所引起的各个参数修改后得到的新系统，则新系统在无阻尼状态下的自由振动的方程为

$$[(K + \Delta K) - (\omega^2 + \Delta\omega^2)(M + \Delta M)](\phi + \Delta\phi) = 0 \tag{6-19}$$

因为假设损伤由刚度的变化引起的，不考虑质量的减少，所以 $\Delta M = 0$。将上述方程展开并忽略其二项式得

$$\Delta\omega^2 = \frac{\phi^T\delta K\phi}{\phi^T M\phi} \tag{6-20}$$

结构的整体刚度矩阵分解为各个单元的刚度矩阵，通过结构的振型求解单元的变形，可得到

$$\varepsilon_m(\phi) = f(\phi) \tag{6-21}$$

式中 ε_m——第 m 个单元的变形量；

$f(\phi)$——振型的函数。

因此，对于任意一阶模态 i，其方程为

$$\phi_i^T K\phi_i = \sum_{n=1}^{S}\varepsilon_s^T(\phi_i)k_s\varepsilon_s(\phi_i) \tag{6-22}$$

式中 s——总单元数。

将式（6-22）式代入式（6-20）得

$$\Delta\omega_i^2 = \frac{\sum_{j=1}^{J}\varepsilon_j^T(\phi_i)\Delta K_j\varepsilon_j(\phi_i)}{\phi^T M\phi} \tag{6-23}$$

式中 J——损伤单元的总数。

任意一个损伤单元的式（6-23）可以简化为

$$\Delta\omega_i^2 = \frac{\varepsilon_N^T(\phi_i)\Delta K_N\varepsilon_N(\phi_i)}{\phi_i^T M\phi_i} \tag{6-24}$$

令 $\Delta K_N = \alpha_N K_N$，上式可化为

$$\Delta\omega_i^2 = \frac{\alpha_N\varepsilon_N^T(\phi_i)K_N\varepsilon_N(\phi_i)}{\phi_i^T M\phi_i} \tag{6-25}$$

同理可得

$$\Delta\omega_j^2 = \frac{\alpha_N\varepsilon_N^T(\phi_j)K_N\varepsilon_N(\phi_j)}{\phi_j^T M\phi_j} \tag{6-26}$$

任意两阶的频率变化量的平方比为

$$\frac{\Delta\omega_i^2}{\Delta\omega_j^2} = \frac{\dfrac{\alpha_N\varepsilon_N^T(\phi_i)K_N\varepsilon_N(\phi_i)}{\phi_i^T M\phi_i}}{\dfrac{\alpha_N\varepsilon_N^T(\phi_j)K_N\varepsilon_N(\phi_j)}{\phi_j^T M\phi_j}} = \frac{\dfrac{\varepsilon_N^T(\phi_i)K_N\varepsilon_N(\phi_i)}{\phi_i^T M\phi_i}}{\dfrac{\varepsilon_N^T(\phi_j)K_N\varepsilon_N(\phi_j)}{\phi_j^T M\phi_j}} \tag{6-27}$$

其中刚度也假设与频率相互独立。由式（6-27）可以看出当结构中只有一个单元损伤或者各单元的损伤程度相同或相近时程度量 α_N 可以约掉。此时任意两阶频率的变化只是位置的函数，与其他因素无关。

任意两阶的频率变化量的平方比是通过测试结构在完好状态下的刚度和振型计算而来的。使用该方法进行损伤识别具体可以分为两个步骤：先计算组成结构的各个构件损伤时的不同阶频率组合下的动力指纹总体，再选择与结构在当前状态下的同阶实测频率比最匹配的一个。因此这种方法比较适用于构件数目较小的结构（如桁架等）的单一损伤的识别。

三、局部频率变化率的基本理论

根据损伤前后的振型变化对结构局部的频率变化率的影响关系，有学者提出了局部频率变化率概念，即指当结构损伤时，任意一阶模态在损伤区的最大势能与其动能的比值。具体推导过程如下

$$[K]\{\phi\} = [M]\{\phi\}\{\Lambda\} \tag{6-28}$$

其中 $[M]$、$[K]$、$\{\Lambda\}$、$\{\phi\}$ 分别表示结构的整体质量矩阵、刚度、特征值矩阵、模态振型矩阵。当结构发生损伤时，损伤后的质量矩阵和刚度矩阵分别用结构在完好状态下的质量矩阵、刚度矩阵以及损伤后的质量和刚度的变化量来表示，即

$$[K_d] = [K_u] + \sum_{j=1}^{p}[\Delta K_j] = [K_u] + \sum_{j=1}^{p}a_j[K_j] \tag{6-29}$$

$$[M_d] = [M_u] + \sum_{j=1}^{p}[\Delta M_j] = [M_u] + \sum_{j=1}^{p}b_j[M_j] \tag{6-30}$$

上式中，a_j、b_j 为结构第 j 单元的刚度和质量的损伤系数。而结构在完好状态下，a_j、b_j 都为零。当结构发生损伤时，其参数经过修改得到一个新的系统，其无阻尼状态下，振动的矩阵方程表示为

$$([K]+[\Delta K])(\{\phi_i\}+\{\Delta\phi_i\}) = (\omega_i^2+\Delta\omega_i^2)([M]+[\Delta M])(\{\phi_i\}+\{\Delta\phi_i\}) \tag{6-31}$$

引入

$$([K]-\omega_i^2[M])\{\phi_i\} = 0 \tag{6-32}$$

由式（6-31）展开，并在式中各项的左边同乘以 $\{\phi_i^T\}$，根据式（6-32）将展开式整理合并得

$$\{\phi_i^T\}([K]-\omega_i^2[M])\{\Delta\phi_i\} + \{\phi_i^T\}([\Delta K]-\omega_i^2[\Delta M])\{\phi_i\} = \Delta\omega_i^2\{\phi_i^T\}[M]\{\phi_i\} \tag{6-33}$$

引入

$$\{\phi_i^T\}(K-\omega_i^2 M) = 0 \tag{6-34}$$

方程进一步简化为

$$\Delta\omega_i^2 = \frac{\{\phi_i^T\}[\Delta K]\{\phi_i\} - \omega_i^2\{\phi_i^T\}[\Delta M]\{\phi_i\}}{\{\phi_i^T\}[M]\{\phi_i\}} \tag{6-35}$$

在实际中，由于损伤导致的质量变化较小，一般情况下忽略质量影响，只考虑结构刚度的变化。

$$\Delta\omega_i^2 = \frac{\{\phi_i^T\}[\Delta K]\{\phi_i\}}{\{\phi_i^T\}[M]\{\phi_i\}} = \frac{\{\phi_i^T\}\left(\sum_{j=1}^{p}[\Delta K_j]\right)\{\phi_i\}}{\{\phi_i^T\}[M]\{\phi_i\}} \tag{6-36}$$

将上式以瑞利商的形式表达局部区域的最大势能与动能的比值称之为局部频率即

$$\omega_{ij}^2 = \frac{\{\phi_i^T\}[K_j]\{\phi_i\}}{\{\phi_i^T\}[M_j]\{\phi_i\}} \tag{6-37}$$

其中 ω_{ij}^2 表示为第 j 个单元对应于第 i 阶模态的局部频率。当第 j 个单元发生损伤时，ω_{ij}^2 在损伤前后有较大的变化。其引起结构损伤前后的局部频率分别为

$$\omega_{uij}^2 = \frac{\{\phi_{ui}^T\}[K_j]\{\phi_{ui}\}}{\{\phi_{ui}^T\}[M_j]\{\phi_{ui}\}} \tag{6-38}$$

$$\omega_{dij}^2 = \frac{\{\phi_{di}^T\}[K_j]\{\phi_{di}\}}{\{\phi_{di}^T\}[M_j]\{\phi_{di}\}} \tag{6-39}$$

此时结构的局部频率变化率为

$$FFC_{ij} = \frac{|f_{dij} - f_{uij}|}{f_{uij}} = \frac{|\omega_{dij}^2 - \omega_{uij}^2|}{\omega_{uij}^2} = \frac{\left|\dfrac{\{\phi_i^T\}[\Delta K_j]\{\phi_i\} - \omega_i^2\{\phi_i^T\}[\Delta M_j]\{\phi_i\}}{\{\phi_i^T\}[M_j]\{\phi_i\}}\right|}{\dfrac{\{\phi_i^T\}[K_j]\{\phi_i\}}{\{\phi_i^T\}[M_j]\{\phi_i\}}} \tag{6-40}$$

$$FFC_{ij} = \frac{\dfrac{\{\phi_i^T\}[\Delta K_j]\{\phi_i\}}{\{\phi_i^T\}[M_j]\{\phi_i\}}}{\dfrac{\{\phi_i^T\}[K_j]\{\phi_i\}}{\{\phi_i^T\}[M_j]\{\phi_i\}}} \tag{6-41}$$

在损伤识别时，通过检查比较每个单元的局部频率变化率的值，若其中一个单元的 FFC_{ij} 值大于所有其他单元，说明此单元为损伤单元。若将多阶模态的局部频率变化率的值相累加，将得到任意一个单元的多阶模态影响下的 FFC_j 值，即

$$FFC_j = \sum_{i=1}^{m} \frac{FFC_{ij}}{FFC_{i,\max}} \tag{6-42}$$

该方法是通过测试结构的损伤信息，将振型归一化，再通过每一阶的模态振型获得局部频率变化率的值来识别损伤。由于测试设备、技术和测试环境的限制，很难得到准确完整的振型，从而使局部频率变化率的损伤识别变得更加困难。

四、正则化频率变化率的基本理论

局部频率变化率与损伤的程度和位置均有关，即

$$FFC_i = g_i(r)f_i(\Delta K, \Delta M) \tag{6-43}$$

式中　r——损伤位置的向量。

在 ΔK 和 ΔM 展开，并忽略高阶项，可得

$$FFC_i = g_i(r)\left\{f_i(0,0) + \Delta M \frac{\partial f_i}{\partial(\Delta M)}(0,0) + \Delta K \frac{\partial f_i}{\partial(\Delta K)}(0,0)\right\} \tag{6-44}$$

由于此时结构无扰动，取 $f_i(0,0)=0$，上式简化为

$$FFC_i = g_i(r)\left\{\Delta M \frac{\partial f_i}{\partial(\Delta M)}(0,0) + \Delta K \frac{\partial f_i}{\partial(\Delta K)}(0,0)\right\} \tag{6-45}$$

由于函数 f_i 在 $\Delta K=0$ 和 $\Delta M=0$ 处的偏微分为常数，则上式简化为

$$FFC_i = \Delta M m_i(r) + \Delta K n_i(r) \tag{6-46}$$

一般地，结构的损伤主要是刚度的变化，质量的变化很小，可忽略。所以有

$$FFC_i = \Delta K n_i(r) \tag{6-47}$$

$$NFCR_i = \frac{FFC_i}{\sum_{j=1}^{q} FFC_j} = \frac{\Delta K n_i(r)}{\Delta K \sum_{j=1}^{q} n_j(r)} = l_i(r) \tag{6-48}$$

称式（6-47）为第 i 阶正则化频率变化率，其中 q 为频率的阶数。由以上分析可以看出，损伤前后任意一阶正则化频率变化率与损伤的程度无关，只与损伤的位置有关。相对于频率变化率之比和频率变化量的平方之比，正则化频率变化率单调性更好且较稳定。

五、多裂缝损伤识别法的基本理论

根据频率测量的精确度优势，很多学者研究使用频率进行损伤诊断，但大多数的频率诊断方法只能识别损伤是否发生，有些频率方法可以识别损伤的位置，但是也局限于单裂缝的识别。本节介绍多裂缝损伤的识别方法。

根据无阻尼状态下的动力方程，当结构发生损伤时，动力方法的求解过程如式（6-18）～式（6-20），且有

$$\frac{\Delta \omega_i^2}{\omega_i^2} = \frac{\{\phi_i\}^T [\Delta K]\{\phi_i\}}{\{\phi_i\}^T [K]\{\phi_i\}} \tag{6-49}$$

令单元损伤系数矩阵 $[\Delta K_N] = \alpha_N [K_N]$，可得该矩阵的每一个元素为

$$\alpha_{ijN} = \frac{K_{Nij}^d - K_{Nij}}{K_{Nij}} \tag{6-50}$$

其中 K_{Nij}^d、K_{Nij} 分别表示单元 N 损伤前后的刚度矩阵，式（6-49）可以简化为

$$\frac{\Delta \omega_i^2}{\omega_i^2} = \sum_{N=1}^{n} S_{i,N} \alpha_N \tag{6-51}$$

$S_{i,N}$ 为刚度变化的特征值敏感度系数，N 为总单元数，式（6-51）的矩阵表示形式为

$$[Z] = [S]\alpha \tag{6-52}$$

考虑为等截面梁，其敏感度矩阵元素为

$$S_{i,N} = \frac{\int_{x_{N-1}}^{x_N} \phi_i''(x)^2 \mathrm{d}x}{\int_0^L \phi_i''(x)^2 \mathrm{d}x} \tag{6-53}$$

模态应变能的变化与固有频率的变化关系为

$$\frac{\Delta W_i}{W_i} = \frac{\Delta \omega_i^2}{\omega_i^2} \tag{6-54}$$

W_i、ΔW_i 分别表示结构在完好状态下的第 i 阶模态应变能、损伤后的应变能的变化量。不考虑扭转变形，只研究 Euler-Bernoulli 梁，任意阶模态应变能 W_i 为

$$W_i = \int_0^L EI\{\phi_i''(x)\}^2 \mathrm{d}x \tag{6-55}$$

根据线弹性断裂力学的基本理论可得

$$\frac{\partial \Delta W_i}{\partial a} = \frac{1 - \mu^2}{E} b K_i^2 \tag{6-56}$$

$$K_i = \gamma \sigma \sqrt{\pi a} \tag{6-57}$$

γ 为裂缝长度与梁的高度之比有关的一个几何因子，对于小裂缝情况 γ 值取为 1.12。

$$\Delta W_i = \left(\frac{\pi b (1 - \mu^2)}{2E} \gamma^2 \sigma_N^2 a_N^2 \right)_i \tag{6-58}$$

$a_N = a(x_N)$，$\sigma_N = \sigma(x_N)$ 分别为沿梁轴线方向在位置 x_N 处的裂缝大小和最大弯曲应力。根据 Euler-Bernoulli 梁的应力表达式为

$$\sigma_N = \frac{1}{2} E h \Phi_i''(x_N) \tag{6-59}$$

$$\frac{\Delta W_i}{W_i} = \frac{\pi b (1 - \mu^2) h^2}{4I} \gamma^2 S_{iN} a_N^2 \tag{6-60}$$

由式（6-51）、式（6-54）、式（6-60）联立求解得

$$Z_i = \xi S_{iN} (a_N)_i^2 \tag{6-61}$$

$$\xi = 3\pi (1 - \mu^2) \gamma^2 h \tag{6-62}$$

假设梁被分成 m 等份，测量其前 q 阶频率，其（6-62）式的矩阵表达形式为

$$[Z]_{q \times i} = [S]_{q \times m} \{D\}_{m \times i} \tag{6-63}$$

其中简支梁

$$S_{ij} = \frac{x_{j+1} - x_j}{L} - \frac{L}{2i\pi} \left[\sin \left(2i\pi \frac{x_{j+1}}{L} \right) - \sin \left(2i\pi \frac{x_j}{L} \right) \right] \tag{6-64}$$

$\{D\}$ 中任意一元素为 $D_i = \xi \left(\frac{a_N}{h} \right)_i^2$，其中 a_N / h 为裂缝的相对高度。由矩阵方程求解 $\{D\}$，若 $\{D\}$ 中的元素大于零，则表示该单元已损伤（存在裂缝），该方法通过计算，由实测频率简捷直观地确定损伤位置。由于 $\{D\}$ 中元素与实际梁沿梁轴线的划分单元一一对应，因此可以识别梁的多处损伤的情况，进而可以确定裂缝的高度，识别损伤的程度。

以上讨论了应用于损伤识别的几种基于频率的方法。在实际工程中还应用频率变化的平方和频率变化率来进行损伤识别，但它们与损伤位置和程度都有关系，只能识别结构是否发生损伤，而无法对结构进行损伤的定位。

两阶频率的变化比、频率变化的平方比和正则化的频率变化率只与损伤的位置有关，且正则化频率变化率的识别效果相对较好，但只能用于单一损伤或邻近单元的损伤结构识别。此外，频率变化的平方比由于计算量较大，而较适用于构件数目较小的结构的单一损伤识别。

局部频率变化率和多裂缝损伤识别法都可以同时识别出多个单元的损伤。但局部频率变化率通过振型求解得到，由于各种条件的限制而使得该方法在实际工程的应用中难度增加。多裂缝损伤识别法在大型的结构中，确定其损伤的大致位置计算量较大。

每种方法对损伤识别的敏感性不同，对于实际工程中不同的结构形式要选择较为合适的方法，以有效、可靠的利用方法进行损伤识别。

第五节 混凝土构架梁的损伤指纹库建立

本节采用数值模拟的方法建立损伤定位的频率指纹库。梁的自振频率采用有限元分析软件得到，损伤由降低单元的刚度来模拟。根据构架梁的材料和截面特征建立频率指纹库的分析模型。

图 6-5 变电站的构架及挂线

以某构架梁为例来进行损伤分析，变电站的构架及挂线如图 6-5 所示。该构架梁为 T 形截面简支梁，两端悬挑。在模型分析中暂时不考虑多处损伤的情况，设为单一损伤模式。梁损伤的绝对位置用 x 表示，梁的全长为 L，为了满足通用性要求，使用损伤的相对位置 x/L 来表示。构架梁两侧有挂线，简化结构将挂线平面外偏角设为 0°，根据挂线的长度计算挂线的水平荷载为 4kN。构架梁的截面及尺寸如图 6-6 所示。

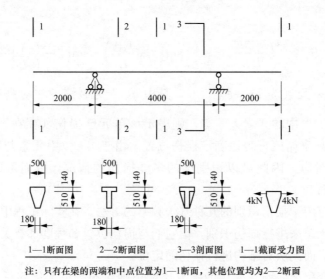

1—1断面图　2—2断面图　3—3剖面图　1—1截面受力图

注：只有在梁的两端和中点位置为1—1断面，其他位置均为2—2断面

图 6-6 构架梁简图及剖、断面图（单位：mm）

在 ANSYS 模拟分析的过程中，损伤通过降低材料的弹性模量来实现。每次模拟过程中，令一个单元的宽度为该梁损伤的宽度。不考虑损伤给单元带来的截面惯性矩的变化，因此损伤单元的弹性模量为 $E_d = (1-\alpha)E$，其中 α 为损伤因子。该构架模型梁为对称结构，因此只需分析半结构的情况。

整个弹性模量的变化由钢筋和混凝土两部分组成。在荷载作用下，结构发生轻度损伤，降低的弹性模量主要是受拉钢筋的弹性模量和混凝土的弹性模量。由于钢筋占整个截面的面积较小，且在相同荷载作用下，受拉钢筋的承载能力和变形远大于受拉区的混凝土。因此在建模过程中，可忽略钢筋弹性模量的变化。

本文为了得到比较明显的频率指纹，令损伤因子为 0.6，即 $E_d=0.4E_u$。在整个分析中，计算完好状态下以及各个单元在损伤因子为 0.6 的状态下，该模型梁前 3 阶的固有频率 f_1、f_2、f_3，单位 Hz。构架模型梁的各阶正则化的频率变化率 NRF_i 根据 ANSYS 分析的频率，按照（6-48）式计算。具体计算结果见表 6-5。可见，虽然损伤单元的刚度改变了，但动力指纹仍比较稳定。这说明动力指纹与损伤程度的相关性不大。

表 6-5　　　　　　　　模型梁在不同位置损伤时的频率及其动力指纹

损伤的相对位置	f_1（Hz）	f_2（Hz）	f_3（Hz）	NRF_1	NRF_2	NRF_3
无损伤	50.508	200.27	448.77	—	—	—
0.025	50.407	199.472	447.972	0.2615	0.5121	0.2264
0.050	50.386	199.036	446.661	0.1851	0.4641	0.3507
0.075	50.347	198.592	445.501	0.1722	0.4448	0.3831
0.100	50.309	198.274	444.413	0.1699	0.4224	0.4078
0.125	50.283	197.86	443.326	0.1586	0.4210	0.4204
0.150	50.228	197.375	442.041	0.1614	0.4136	0.4250
0.175	50.187	196.6	440.817	0.1527	0.4327	0.4146
0.200	50.099	195.733	439.57	0.1609	0.4424	0.3966
0.225	50.052	195.621	440.916	0.1847	0.4667	0.3486
0.250	49.962	195.326	442.117	0.2183	0.4901	0.2916
0.275	49.915	195.449	442.459	0.2391	0.4819	0.2789
0.300	49.826	195.985	443.736	0.2971	0.4626	0.2403
0.325	49.783	196.885	445.275	0.3724	0.4309	0.1967
0.350	49.698	197.301	446.973	0.4647	0.4222	0.1130
0.375	49.701	197.866	447.819	0.5355	0.3954	0.0692
0.400	49.61	197.385	445.604	0.5170	0.3648	0.1770
0.425	49.585	197.788	445.227	0.4791	0.3193	0.2015
0.450	49.58	198.018	442.68	0.4309	0.2592	0.3099
0.475	49.43	197.673	440.916	0.4174	0.2493	0.3333
0.500	49.245	197.895	438.577	0.4254	0.1983	0.3763

计算结果绘制的曲线如图 6-7～图 6-12 所示。

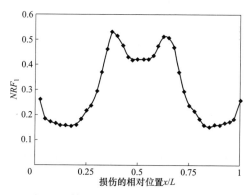

图 6-7　第一阶正则化频率变化率曲线

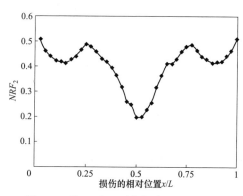

图 6-8　第二阶正则化频率变化率曲线

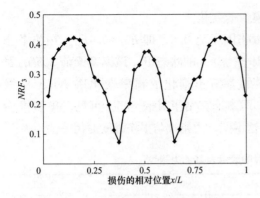

图 6-9　第三阶正则化频率变化率曲线

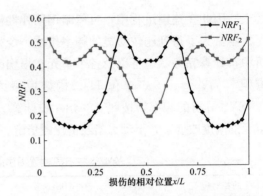

图 6-10　NRF_1 和 NRF_2 的组合曲线

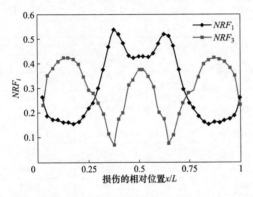

图 6-11　NRF_1 和 NRF_3 的组合曲线

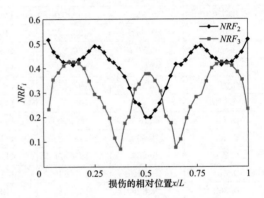

图 6-12　NRF_2 和 NRF_3 的组合曲线

　　从图 6-7～图 6-12 可以看出，由于该构架模型梁为对称结构，所有曲线图都是关于 $x/L=0.5$ 这条直线呈对称分布。因此根据任何一阶的正则化频率变化率的动力指纹都无法对对称的结构进行损伤识别。前两阶的正则化频率变化率曲线各自在一定的区域中呈现单调变化。在对称轴的一边，当 NRF_1 为 0.1614～0.5355 时，第一阶正则化频率变化率曲线与损伤位置的曲线为单调曲线，在此区段，二者一一对应。而当 NRF_1 为 0.1983～0.4309 时，NRF_2 与损伤位置的曲线为单调曲线，二者一一对应。但 NRF_3 取定为一个数值时，与之对应的损伤位置均不止一个，因此第三阶正则化频率变化率曲线的单调性比第一阶和第二阶要差。

　　NRF_1 曲线在损伤相对位置范围内没有重复性，而 NRF_2 重复一次，将横坐标平均分成两等份，NRF_3 近似的将横坐标平均分成三等份，曲线的重复性更多。依此类推可知：高阶的正则化频率变化率曲线重复性更大。阶数越高，每个 NRF_i 所对应的损伤位置更多，这样导致误判的几率更大。因此，在损伤识别的过程中，尽量采用单调性较好的低级的正则化频率变化率曲线。

　　图 6-10～图 6-12 是任意两阶正则化频率变化率的组合曲线。结合两条曲线的单调性的优势，更有效的识别损伤的位置，减少误判的几率。第一、二阶曲线的组合，充分发挥它们各自的单调性的优势，且两条曲线的间距比较大，比较容易确定损伤的位置。

而第三阶曲线单调性较差，曲线组合以后起到的作用依然不大。因此，建议在实际的识别中，对频率指纹进行分析，采用合适的动力指纹曲线以更好地满足精度要求。根据本模型，采用第一、二阶正则化频率变化率的组合曲线的效果较好。

第六节　混凝土构架梁的多裂缝损伤识别

一、混凝土构架梁的模型及其敏感度矩阵

由于上节中采用降低刚度的模型，而使得钢筋混凝土梁的固有频率降低效果不是很明显，本节使用分离式的建模方式，通过删除单元的形式制造了裂缝模拟损伤。该模型除通过块体循环的方式建立混凝土模型外，其他都与上节的截面特性和材料特性都不变。

由式（6-63）可知，识别的精度与划分的单元数有关，但是划分的单元数越多计算量就越大。结合该模型的情况，将模型梁在支座截面以内均匀的划分 10 个单元。其敏感度矩阵根据式（6-64）计算结果为

$$S=0\begin{bmatrix} -0.649 & -0.363 & 0.1 & 0.563 & 0.849 & 0.849 & 0.563 & 0.1 & -0.363 & -0.649 \\ -0.534 & 0.620 & 0.828 & -0.288 & -0.700 & 0.344 & 0.942 & 0.008 & -0.759 & 0.037 \\ -0.323 & 0.447 & 0.585 & -0.159 & -0.432 & 0.263 & 0.662 & 0.038 & -0.473 & 0.058 \\ -0.217 & 0.360 & 0.464 & -0.094 & -0.299 & 0.222 & 0.521 & 0.054 & -0.330 & 0.069 \\ -0.154 & 0.308 & 0.391 & -0.055 & -0.219 & 0.198 & 0.437 & 0.063 & -0.244 & 0.075 \\ -0.112 & 0.273 & 0.343 & -0.029 & -0.166 & 0.181 & 0.381 & 0.069 & -0.186 & 0.079 \\ 0.074 & -0.145 & 0.082 & 0.100 & -0.014 & 0.391 & -0.241 & 0.342 & 0.063 & -0.084 \\ 0.230 & 0.282 & 0.003 & -0.100 & 0.161 & 0.311 & 0.077 & -0.115 & 0.084 & 0.100 \\ 0.080 & -0.091 & 0.086 & 0.100 & 0.012 & 0.326 & -0.165 & 0.288 & 0.071 & -0.043 \\ 0.287 & 0.080 & -0.091 & 0.086 & 0.100 & 0.012 & 0.326 & -0.166 & 0.288 & 0.071 \end{bmatrix}$$

二、多裂缝识别法的损伤定位

为了验证基于频率的多裂缝识别法的有效性，在精度的范围内将轻骨料混凝土梁分为 10 段。为了防止节点的影响，选取 2/5 跨和 $L/10$ 处布置裂缝进行分析，此外还对四种存在多裂缝情况进行分析。多裂缝四种情况的裂缝位置及其相对高度分别为：第三单元（0.50）、第四单元（0.10），第一单元（0.20）、第四单元（0.30），第五单元（0.50）、第三单元（0.50），第四单元（0.60）、第三单元（0.30），第九单元（0.50）。采用 ANSYS 计算模型梁在各种损伤状态下的前 10 阶频率值，如表 6-6 所示，计算损伤因子及其对应的裂缝高度。

根据计算的结果分析，验证基于频率的多裂缝识别法的有效性。利用 MATLAB 求解式（6-64）得出损伤因子 D，具体结果见表 6-7。

表 6-6 构架梁在各种损伤状态下的前十阶频率值

损伤位置	$\dfrac{a}{h}$	f_1 (Hz)	f_2 (Hz)	f_3 (Hz)	f_4 (Hz)	f_5 (Hz)
无损伤	—	50.508	200.27	448.77	764.31	1177.295
第一单元	0.05	50.465	200.089	448.628	763.928	1176.47
	0.10	50.382	199.799	448.006	761.953	1174.879
	0.20	50.249	199.246	446.971	759.98	1172.517
	0.30	49.722	199.045	445.708	760.095	1168.313
	0.50	49.361	196.785	445.097	756.01	1158.305
第四单元	0.05	50.293	199.608	447.264	760.517	1173.64
	0.10	50.207	198.894	446.927	758.634	1170.98
	0.20	49.931	196.346	445.64	746.994	1162.783
	0.30	49.392	196.376	444.123	747.228	1156.449
	0.50	48.391	194.324	443.012	733.698	1139.789
	0.60	48.052	189.443	435.399	722.668	1118.988
	0.75	47.553	189.04	435.423	689.745	1103.145
多裂缝情况 1	—	47.203	173.589	378.22	756.822	1077.723
多裂缝情况 2	—	49.596	194.272	446.272	737.589	1154.59
多裂缝情况 3	—	46.624	145.716	372.073	709.369	1013.842
多裂缝情况 4	—	46.327	158.782	388.956	746.133	1016.435
损伤位置	$\dfrac{a}{h}$	f_6 (Hz)	f_7 (Hz)	f_8 (Hz)	f_9 (Hz)	f_{10} (Hz)
无损伤	—	1700.172	2296.498	2975.415	4204.812	4400.591
第一单元	0.05	1698.811	2294.545	2973.481	4202.078	4594.652
	0.10	1697.79	2291.441	2969.607	4196.394	4588.437
	0.20	1695.063	2287.063	2964.386	4188.17	4579.212
	0.30	1684.886	2278.284	2952.566	4176.333	4562.794
	0.50	1666.775	2251.623	2929.236	4137.416	4523.708
第四单元	0.05	1697.024	2289.599	2966.625	4192.179	4583.597
	0.10	1693.442	2283.024	2961.398	4182.045	4573.207
	0.20	1690.88	2262.954	2948.065	4152.345	4541.199
	0.30	1675.338	2248.575	2935.123	4132.071	4516.458
	0.50	1655.115	2204.28	2899.771	4075.219	4451.158
	0.60	1621.504	2162.979	2860.27	3991.472	4370.156
	0.75	1631.013	2118.263	2818.49	3928.069	4308.037
多裂缝情况 1	—	1465.505	2169.917	2780.222	3834.457	4208.999
多裂缝情况 2	—	1684.886	2238.467	2935.274	4123.075	4508.963
多裂缝情况 3	—	1383.004	2008.353	2625.625	3557.231	3959.513
多裂缝情况 4	—	1324.498	1979.389	2666.609	3626.392	3969.644

表 6-7 　　　　　　　　　　　构架梁在各种损伤状态下的损伤因子

损伤位置	$\dfrac{a}{h}$	D_1	D_2	D_3	D_4	D_5
第一单元	0.05	−0.0605	−0.0027	−0.0044	−0.0053	−0.0057
	0.10	−0.0627	−0.0026	−0.0034	−0.0038	−0.0040
	0.20	0.0650	−0.0006	−0.0006	−0.0006	−0.0005
	0.30	0.1654	−0.0033	−0.0001	−0.0018	−0.0029
	0.50	0.6824	−0.3061	−0.0119	−0.4147	−0.0164
第四单元	0.05	−0.0636	−0.0028	−0.0027	0.0007	−0.0026
	0.10	−0.0677	−0.0002	−0.0005	0.0018	−0.0010
	0.20	−0.0791	−0.0033	−0.0076	0.1137	−0.0111
	0.30	−0.0871	−0.0014	−0.0096	0.3226	−0.0162
	0.50	−0.1121	−0.0073	−0.0127	1.2161	−0.0286
	0.60	−0.1508	−0.0285	−0.0475	2.0569	−0.0626
	0.75	−0.1893	−0.0096	−0.0299	3.2497	−0.0615
多裂缝情况 1	—	−0.1798	−0.2732	1.4163	−0.2353	−0.2048
多裂缝情况 2	—	−0.0919	−0.0024	−0.0115	0.8160	−0.0187
多裂缝情况 3	—	−0.2768	−0.3818	1.671	−0.1601	1.8973
多裂缝情况 4	—	−0.3139	−0.3512	1.644	0.2943	−0.2829
损伤位置	$\dfrac{a}{h}$	D_6	D_7	D_8	D_9	D_{10}
第一单元	0.05	−0.0061	−0.0083	−0.0074	−0.0047	−0.0049
	0.10	−0.0041	−0.0094	−0.0051	−0.0062	−0.0018
	0.20	−0.0006	−0.0113	−0.0005	−0.0086	−0.0027
	0.30	−0.0035	−0.0181	−0.0106	−0.0156	−0.0124
	0.50	−0.0175	−0.0245	−0.0316	−0.0243	−0.0323
第四单元	0.05	0.0026	−0.0106	−0.0032	−0.0077	−0.0005
	0.10	−0.0012	−0.0117	−0.0020	−0.0095	−0.0058
	0.20	−0.0110	−0.0119	−0.0147	−0.0128	−0.0237
	0.30	−0.0178	−0.0205	−0.0288	−0.0217	−0.0365
	0.50	−0.0326	−0.0311	−0.0570	−0.0358	−0.0727
	0.60	−0.0664	−0.0449	−0.0943	−0.0539	−0.1038
	0.75	−0.0694	−0.0491	−0.0974	−0.0624	−0.1363
多裂缝情况 1	—	−0.1972	−0.1183	−0.2205	−0.1272	−0.1192
多裂缝情况 2	—	−0.0205	−0.0121	−0.6287	0.4163	−0.0432
多裂缝情况 3	—	−0.3005	−1.1317	−0.3351	−0.1601	−1.2115
多裂缝情况 4	—	2.8751	−0.1389	−0.3378	1.316	−0.2249

表 6-8 损 伤 识 别 的 结 果

损伤的基本情况		识别的结果	
损伤位置	裂缝相对高度 a/h	损伤位置	裂缝相对高度 a/h
第一单元	0.05	无损伤	—
第一单元	0.10	无损伤	—
第一单元	0.20	第一单元	0.093
第一单元	0.30	第一单元	0.149
第一单元	0.50	第一单元	0.303
第四单元	0.05	第二单元	0.009
第四单元	0.10	第四单元	0.015
第四单元	0.20	第四单元	0.124
第四单元	0.30	第四单元	0.208
第四单元	0.50	第四单元	0.405
第四单元	0.60	第四单元	0.527
第四单元	0.75	第四单元	0.662
第三单元	0.50	第三单元	0.437
第一单元	0.05	无损伤	—
第四单元	0.10	无损伤	—
第一单元	0.20	无损伤	—
第四单元	0.30	第四单元	0.332
第五单元	0.50	第五单元	0.506
第三单元	0.50	第三单元	0.475
第四单元	0.60	第四单元	0.623
第三单元	0.30	第三单元	0.471
第九单元	0.50	第九单元	0.421

由表 6-8 可知，基于频率的多裂缝识别法能够识别单一段损伤和多损伤的情况，但是识别的精度取决于段数的多少。本节分为 10 段分析，因此识别损伤的位置在间隔的 0.8m 范围之内，可以确定裂缝的大致位置。若需要更准确的得出其位置，则可以通过增加梁的分析段数。但该方法在确定裂缝的深度时还欠准确。在实际工程中，分析单元数的增加，需要测量的自振频率的阶数增加，不但对仪器的要求高，而且测量的结果误差的较大。

多裂缝识别法对于初始的小损伤识别不敏感、识别效果不太理想，尤其是在支座附近，但对中度损伤识别效果较好，不但能准确识别裂缝的位置，而且对裂缝高度的确定也比较准确。对于损伤比较严重的情况，该方法能确定损伤的位置，但对损伤程度的判定有一定的误差。

若在某一分析段中出现两条或两条以上的裂缝时，该方法只能识别出最大损伤的裂缝的高度。若要进一步的确定各条裂缝的情况，则可以增加分析单元数。

此外，多裂缝识别方法中矩阵方程的求解中，对频率的改变量很敏感，因而很难得到准确的识别结果。而且损伤因子与敏感度矩阵的有一定的关系，敏感度矩阵计算精度将直接影响到损伤因子的准确度。

第七章

变电构架可靠性评估及其系统开发

变电构架的可靠性评估，国内尚未建立统一的评估标准。对运行时间超过（含）20年110kV及以上变电站和排查发现隐患的变电站进行可靠性评估工作时，可参考GB 50144《工业建筑可靠性鉴定标准》、GB/T 50152《混凝土结构试验方法标准》、GB/T 50344《建筑结构检测技术标准》、GB/T 50784《混凝土结构现场检测技术标准》和 CECS 220《混凝土结构耐久性评估标准》开展变电构架可靠性评估。

以前常用的维修加固做法是对这些结构、构件进行无区别的全面加固和修复。但是，这样做不仅费时、费力、费财，而且可操作性不强。这就需要对结构质量状况和可靠性程度进行评估，从而确定加固改造的策略和方法，以减少不必要的工程费用和停电损失。

第一节　可靠性评估体系建立

一、可靠性评估基本概念

1. 可靠性评估方法

可靠性的评估方法常用的有以下几种：

（1）传统经验法。由经验丰富的工程技术人员进行现场检测、简单核算，凭借其掌握的知识和直觉对结构做出评判，给出处理意见，称为"传统经验法"。这一方法对复杂问题的适用性差。

（2）实用鉴定法。为解决复杂情况下的可靠性评估问题，日本学者提出了通过2～3次调查进行综合评价的综合鉴定法。在同一水准上，美国提出了一种"安全性评估程序"法，采用0～9数字表示风险率的高低，评判构件和结构的安全性。类似的还有1971年 Yao 提出的按专门制定的评分标准对现有结构进行分级的方法，以及1975年Culver 提出的现场评估法。这些方法都是实用鉴定法。我国1989年冶金部颁布的 YJB 219—89《钢铁工业建（构）筑物可靠性鉴定规程》中的"三层次四等级"法也属实用鉴定法，且已被广大工程技术人员所接受。但实用鉴定法与现行结构设计标准协调性差。

（3）专家系统。专家系统的目的是模拟人们的思维活动能力并建立规则库，通过推理来判断、解决问题。实质上也可以认为专家系统是一种信息系统，因为它能够具备一定的专家归纳与演绎推理能力。清华大学的刘西拉、夏长春等人将专家知识与计算机现代技术相结合，发展了服役结构可靠性评定的专家系统。

（4）概率方法。又称可靠性鉴定法。在结构鉴定中引入可靠度理论和实用分析方法，对结构可靠度进行统计分析，综合评价其可靠性状况。我国颁布的 GB 50144《工业厂房可靠性鉴定标准》、GB 50292《民用建筑可靠性鉴定标准》中引用分析标准及一系列经验性推理规则，是服役结构可靠性评估理论发展的良好开端。在结构可靠度研究中主要可考虑两类可靠度：一是与时间变量无关（或称时不变性）的结构构件、体系的可靠度；另一类则是与时间变量有关（或称时变性）的结构构件、体系的可靠度。

2. 可靠性分级评估

变电构架的可靠性评估是针对构架整个结构体系，整体构架的可靠性由各类构件的可靠性决定，各类构件的失效影响整体构架的失效。整体与部分间形成分明的层次关系，下层次的单个构件影响上层次构架的可靠性，同时不同构件间的失效状态也相互影响。

结构的可靠度通常用失效概率来表示，即结构不能完成预定功能的概率。对于既有钢筋混凝土构架，随着投入使用的时间加长，材料性能发生变化，结构的内力分析计算与原结构相比有很大不同，加上当初建造技术等不确定因素，都严重降低了直接使用体系失效概率来表达结构可靠性的可行性。

拟建构架由于处于模型模拟分析设计阶段，并不是客观实体，可靠性设计只存在可靠和失效这两种截然不同状态。但是评估既有构架可靠性时，由于评估对象已经是实际存在的，同时要考虑到结构在各种作用下的影响，直接利用"是"与"否"可靠来判断结构可靠性显然是不合适的。我们期望通过评估工作得到既有构架能在多大程度上满足相关规范或者标准对可靠性的要求。因此通常不选择直接计算结构的可靠度，而是选择利用分级评估的方法来进行可靠性判定。参考相关规范将可靠性评估结果划分若干评估等级，细化的评估等级要求分别满足一定程度上规范对可靠性的要求。

可靠性评估中，将变电构架划分为广义构件、构架、构架群三个层次。广义构架包括地基基础、梁、柱、梁柱节点、吊环与梁柱的连接节点、避雷针与梁柱的连接节点；构架群的可靠性由各等级构架的可靠性的比值评定；构架的可靠性由构架的安全性、适用性和耐久性三方面的级别综合评定。

二、可靠性评估标准

可靠性评估标准包括安全性评定标准、适用性评定标准、耐久性评定标准和可靠性评定标准，可参照附录中"9 变电站钢筋混凝土构架的安全性评定"的要求执行。

三、可靠性评估评估指标确定与量化处理

结构的可靠性同时包含安全性、适用性和耐久性，而安全性是结构可靠性最重要的内容，所以评估构架可靠性时以安全性指标为主，以适用性评估指标为辅。

对于既有变电站混凝土构架，项目将结构系统分为广义构件、构架、构架群三个层次。广义构件分为四个等级，构架的安全性、适用性、耐久性分别取四、三、二个等级，构架、构架群的可靠性取四个等级。可靠性等级划分依照上述评估标准。

1. 广义构件评估指标

对于既有变电站混凝土构架，其广义构件包括构架柱、构架梁、柱节点和梁节点。以下仅以构架柱和柱节点为例说明，构架梁和梁节点与此类似。

（1）构架柱的可靠性根据承载能力、结构变形、连接与构造、平均碳化深度、裂缝情况和环境情况来评定，取最低等级作为构架柱的可靠性等级。

（2）柱节点的可靠性根据连接件、预埋件、锚固件、爬梯和避雷针各节点的等级来评定，取最低等级为柱节点等级。

2. 构架的评估指标

（1）构架的安全性根据地基承载力、梁柱承载力、不适于继续承载的变形、裂缝情况和节点与构造来评定，取最低等级作为构架安全性等级。

（2）构架的适用性（安全使用性）由地基的正常使用性、梁柱的变形、梁柱的裂缝、构件的缺陷和损伤和节点的正常使用性来评定，取最低等级作为构架适用性等级。

（3）构架的耐久性根据保护层厚度、平均碳化深度、梁构件腐蚀和柱构件腐蚀来评定，取最低等级作为耐久性等级。

（4）构架的同类含量根据广义构件在安全性、适用性和耐久性各等级的含量进行分级。

（5）构架的可靠性根据构架在安全性、适用性和耐久性各等级的含量进行分级。

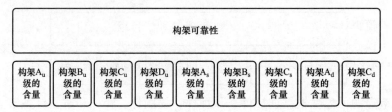

3. 构架群的评估指标

构架群的可靠性参考可靠性评估标准根据构架的可靠性各评估等级的含量进行分级。

4. 评估指标量化处理

为便于后续程序上数值输入，评估对象按照上述评估标准评定级别后，作相应的量化取值处理。四个级别的分别量化取值为 0.25、0.5、0.75 和 1（级别依次提高），三个级别的分别量化取值为 0.3、0.67 和 1，两个级别的量化取值为 0.5 和 1。部分指标量化处理情况如表 7-1、表 7-2 所示。

表 7-1　　　　　　　　　　　　连接与构造量化取值

等级	具体描述	取值
1	连接方式正确，构造符合现行设计规范要求，无缺陷	1
2	连接方式基本正确，构造略低于现行设计规范要求，仅有局部的表面缺陷	0.75
3	部分连接方式不当，构造有缺陷，焊缝或螺栓等发生少量的变形滑移、局部拉脱、剪切和裂缝	0.5
4	连接方式不当，构造有严重的缺陷，已导致焊缝或螺栓等发生明显变形、滑移、局部拉脱、剪切和裂缝	0.25

表 7-2　　　　　　　　　　　　环 境 情 况 量 化 取 值

等级	具体描述	取值
1	干燥（湿度低于室内正常值），室内温度正常	1.00
2	室内温、湿度正常	0.75
3	较潮湿（湿度≤85%）、室内温度高于环境温度	0.5
4	潮湿（湿度>85%），室内存在高温热源或腐蚀介质	0.25

第二节　神经网络子程序评估

人工神经网络（Artificial Neural Network）在现代神经学、生物学、心理学等学科研究的基础上产生，在模拟人脑神经组织的基础上发展起来的计算系统，是由大量处理单元通过广泛互联而构成的网络体系。它反映了生物神经系统处理外界事物的基本过程，具有生物神经系统的基本特征，在一定程度上反映了人脑功能的若干反映，是对生物系统的某种模拟，具有大规模并行、分布式处理、自组织、自学习等优点。人工神经网络已经成为模式识别的强有力的工具，可以解决其他模式识别不能解决的问题。

BP 神经网络模型是目前应用最广泛的神经网络模型之一，其信号从输入层流入，并依次通过每一层隐含层神经元，最后到达输出层，每层的神经元节点都只接受前一层节点的输出信号。这种网络模型具有明显的结构分层形式，属于具有代表性的前馈神经网络。

误差反向传播算法是一种有教师学习的算法，也是应用最广泛的一种算法：通过输入层输入的学习样本，使信息顺向传播，并给定输出层一个目标输出，而在信息传递后会得到一个实际输出，这个输出与给定的目标值之间会存在一定的误差值。通过误差梯度下降的方式，依据误差平方和最小的学习法则，来不断修正各层次的权值和阈值，并将调整后的值向各隐含层、输入层逐层反传，此过程称为误差逆向传播。

其实，神经网络的学习过程就是通过不断地正向传播信息和反向传播误差，使各层权值和阈值得到不断的调整，当网络的输出与期望输出之间的误差到达接受范围之内，或达到了预先设置的学习次数，网络将停止学习。

事实上理论上早已证明，至少一个具有偏差的 S 型隐含层，加上一个线性输出层的网络，能够逼近任何非线性连续映射函数。这说明对于非线性关系不明确的系统利用神经网络进行建模是非常合适的。但是当神经网络的传递函数、隐含层层数、各层神经元个数和权值及阈值等值发生变化时，神经网络结构自身也将发生变化，所以需要通过不断地测试网络来选择各种合适的结构参数，从而建立合理的神经网络模型。

一、BP 神经网络模型结构分析

如图 7-1 所示，假定网络的输入层、隐含层和输出层神经元个数分别为 N、n 和 M，则当三层 BP 神经网络的输入为 $x = (x_1, x_2, \cdots, x_N)^T$ 时，有隐含层输出为 h_0，输入为 h_i，其中 $h_0 = [h_{01}, h_{02}, \cdots, h_{0n}]^T$，$h_i = [h_{i1}, h_{i2}, \cdots, h_{in}]^T$，输出层输出为 $y = [y_1, y_2, \cdots, y_M]^T$。再设输入层中第 i 个神经元到隐含层第 j 个神经元之间的连接权值为 w_{ij}。隐含层中第 j 个神经元到输出层第 k 个神经元之间连接权值为 w'_{jk}。

则各层神经元的输出可以表示

$$\left. \begin{array}{l} h_{0j} = \displaystyle\sum_{i=1}^{n} w_{ij} x_i - \theta_h \\[2mm] y_k = \displaystyle\sum_{j=1}^{n} w_{jk} h_{0j} - \theta_y \end{array} \right\} \tag{7-1}$$

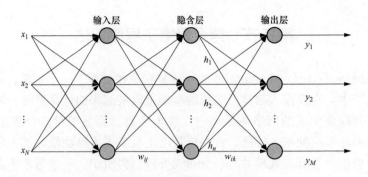

图 7-1　三层拓扑结构模型

式中　θ_h，θ_y——隐含层及输出层间的阈值；

　　　　x_{0i}——输入层中第 i 个神经元的输出。

式（7-1）写为矩阵形式为

$$\left.\begin{array}{l} h_0 = f(W_1 x) \\ y = f(W_2 h) \end{array}\right\} \tag{7-2}$$

式中　W_1——输入层与输出层之间的连接权值矩阵；

　　　　W_2——隐含层与输出层之间的连接权值矩阵。

$$W_1 = \begin{bmatrix} w_{01} & w_{11} & \cdots & w_{N1} \\ w_{02} & w_{12} & \cdots & w_{N2} \\ \bullet & \bullet & & \bullet \\ w_{0n} & w_{1n} & \cdots & w_{Nn} \end{bmatrix}_{n\times(N+1)} \tag{7-3}$$

$$W_2 = \begin{bmatrix} w'_{01} & w'_{11} & \cdots & w'_{n1} \\ w'_{02} & w'_{12} & \cdots & w'_{n2} \\ \bullet & \bullet & & \bullet \\ w'_{0n} & w'_{1n} & \cdots & w'_{nm} \end{bmatrix}_{M\times(n+1)} \tag{7-4}$$

若给定一组样本 $[(x^1, d^1), (x^2, d^2), \cdots, (x^P, d^P)]$，其中 x 表示样本的输入，d 表示给定输入下期望的样本输出，P 表示学习样本的个数。神经网络学习的目的是在给定的输入 x^p 作用下，神经网络的输出 y^p 与相应输入下样本的输出 d^p 尽可能的接近，通过改变各个神经元之间的连接权值来实现，从而使网络的实际输出与期望输出彼此之间尽量接近。

当一个样本（假设为第 p 个样本）输入网络，神经网络产生相应的输出 y^p，显然，神经网络的输出 y^p 与期望的输出 d^p 的接近程度可以用如下的误差指标来衡量

$$E^p = \frac{1}{2} \sum_{k=1}^{M} (y_k^p - d_k^p)^2 \tag{7-5}$$

这个误差也称为一个样本的方差。对于神经网络而言，只针对一个样本进行训练进而使其误差 E^p 最小是不够的，必须考虑训练能够使所有的样本的综合误差最小。这个

综合误差可以表示为

$$E_T = \frac{1}{2} \sum_{p=1}^{P} \sum_{j=1}^{M} (y_j^p - d_j^p)^2 \tag{7-6}$$

这个误差也称为所有样本的方差和。

设 ω 为神经网络的任一连接权值，按照梯度下降的原理，权值的修正量为

$$\Delta w = -\eta \frac{\partial E_T}{\partial w} \tag{7-7}$$

其中，η 被称为学习率，一般设为一个数值比较小的正数。这种权值修正方法是将所有的样本输入神经网络后进行一次权值修正。本文即采用此误差修正方法。

二、BP 神经网络模型权值修正

BP 神经网络模型的权值修正过程是按照误差反向传播的方向进行的，即首先修正隐含层与输入层之间的连接权值；待隐含层与输出层的连接权值修正完毕后，隐含层与输入层的权值保持不变，继续修正输入层与隐含层之间的连接权值，即权值的修正方向是自后向前的。对于 BP 神经网络的权值修正我们进行分析如下。

1. 隐含层与输出层之间的权值修正

如图 7-2 所示，根据隐含层与输出层之间的信息流向可以看出，对于第 p 个输入样本，有

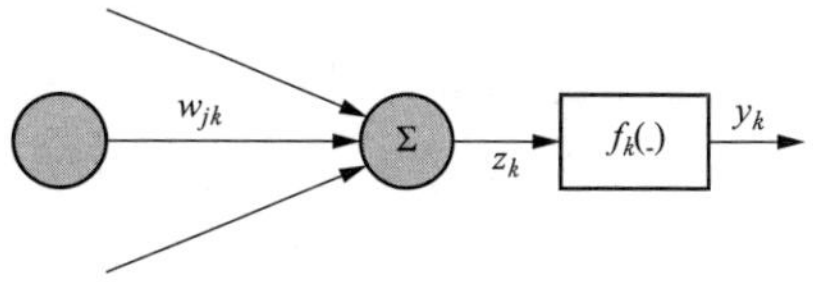

图 7-2　隐含层与输出层信息流向示意图

$$\begin{cases} Ep = \frac{1}{2} \sum_{k=1}^{M} (y_k^p - d_k^p)^2 \\ y_k^p = f_k(z_k^p) \\ z_k^p = \sum_{j=1}^{n} w_{jk} h_{0j} \end{cases} \tag{7-8}$$

式中　n——隐含层神经元个数；

　　　h_j——隐含层第 j 个神经元的输出；

　　　f_k——第 k 个输出神经元的激活函数。

根据梯度下降的原理

$$\Delta w_{jk}'(l+1) = -\eta_2 \frac{\partial E_T}{\partial w_{jk}'(l)} \tag{7-9}$$

式中　η_2——训练隐含层到输出层权值的学习率；

　　　l——迭代次数。

根据偏导数的法则，可以得到

$$\frac{\partial E_T(l)}{\partial w_{jk}'(l)} = \sum_{p=1}^{P} \frac{\partial E^p(l)}{\partial w_{jk}'(l)} = \sum_{p=1}^{P} \frac{\partial E^p(l)}{\partial y_k^p(l)} \frac{\partial y_k^p(l)}{\partial z_k^p(l)} \frac{\partial z_k^p(l)}{\partial w_{jk}'(l)} \tag{7-10}$$

根据（7-8）式，可计算（7-9）式中相应的偏导数，得到

$$\left.\begin{aligned}\frac{\partial E^p(l)}{\partial y^p(l)} &= y_k^p(n) - d_k^p(l) \\[4pt] \frac{\partial y_k^p(l)}{\partial z_k^p(l)} &= f_k'[z_k^p(l)] \\[4pt] \frac{\partial z_k^p(l)}{\partial w_{jk}'(l)} &= h_{0j}(l)\end{aligned}\right\} \tag{7-11}$$

将（7-11）式代入（7-10）式可得

$$\Delta w_{kj}'(l+1) = -\eta_2 \frac{\partial E_T}{\partial w_{jk}'(l)} = -\eta_2 \sum_{p=1}^{P} [y_k^p(l) - d_k^p(l)] f_k'[z_k^p(l)] h_{0j}(l) \tag{7-12}$$

其中，f_k' 是神经元激活函数的偏导数，本文神经元 f 取 Sigmoid 函数，且有

$$f(u) = \frac{1}{1 + e^{-u}} \tag{7-13}$$

可得

$$\Delta w_{kj}'(l+1) = -\eta_2 \frac{\partial E_T}{\partial w_{jk}'(l)} = -\eta_2 \delta_{jk} h_{0j}(l) \tag{7-14}$$

$$\delta_{jk} = [y_k^p(l) - d_k^p(l)] f[z_k^p(l)] \{1 - f[z_k^p(l)]\} \tag{7-15}$$

依据上面的推导过程，即可完成根据误差信息修正隐含层到输出层权值。

2. 输入层与隐含层之间的权值修正

由于 BP 神经网络模型的信息从输入层进入网络后逐层向前传递至输出层，如图 7-3 所示给出了神经网络的信息流向，根据图 7-3 可得

$$\left.\begin{aligned}E^p &= \frac{1}{2} \sum_{k=1}^{M} (y_k^p - d_k^p)^2 \\[4pt] y_k^p &= f_k(z_k^p) \\[4pt] z_k^p &= \sum_{j=1}^{n} w_{jk} h_{0j} \\[4pt] h_{0j} &= f(h_{ij}) \\[4pt] h_{ij} &= \sum_{i=1}^{N} w_{ij} x_i\end{aligned}\right\} \tag{7-16}$$

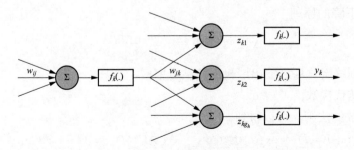

图 7-3　输入层与隐含层信息流向示意图

输入层与隐含层之间的权值修正仍然按照梯度下降的原理推导

$$\Delta w_{ij}(l+1) = -\eta_1 \frac{\partial E_T}{\partial w_{ij}(l)} = -\eta_1 \sum_{p=1}^{P} \frac{\partial E_p(l)}{\partial w_{ij}(l)} \tag{7-17}$$

根据偏导数的链式法则，可得

$$\Delta w_{ij}(l+1) = -\eta_1 \sum_{p=1}^{P} \sum_{k=1}^{M} \frac{\partial Ep(l)}{\partial y_k^p(l)} \frac{\partial y_k^p(l)}{\partial z_k^p(l)} \frac{\partial z_k^p(l)}{\partial h_{0j}^p(l)} \frac{\partial h_{0j}^p(l)}{\partial h_{ij}^p(l)} \frac{\partial h_{ij}^p(l)}{\partial w_{ij}(l)} \tag{7-18}$$

根据式（7-16）的信息流向，可以计算式（7-18）中的每一项的偏导数值为

$$\left.\begin{aligned}
\frac{\partial Ep(l)}{\partial y_k^p(l)} &= y_k^p(l) - d_k^p(l) \\[4pt]
\frac{\partial y_k^p(l)}{\partial z_k^p(l)} &= f(z_k^p(l))\{1 - f[z_k^p(l)]\} \\[4pt]
\frac{\partial z_k^p(l)}{\partial h_{0j}^p(l)} &= \omega_{jk} \\[4pt]
\frac{\partial h_{0j}^p(l)}{\partial h_{ij}^p(l)} &= f(h_{ij}^p(l))\{1 - f[h_{ij}^p(l)]\} \\[4pt]
\frac{\partial h_{ij}^p(l)}{w_{ij}(l)} &= x_i
\end{aligned}\right\} \tag{7-19}$$

将式（7-19）各项代入式（7-18）可得

$$\begin{aligned}
\Delta w_{ij}(l+1) &= -\eta_1 \sum_{p=1}^{P} \sum_{k=1}^{M} [y_k^p(l) - d_k^p(l)] f[z_k^p(l)] \cdot \\
&\quad \{1 - f[z_k^p(l)]\} w_{jk} f[h_{ij}^p(l)]\{1 - f[h_{ij}^p(l)]\} x_i \\
&= -\eta_1 \sum_{p=1}^{P} \sum_{k=1}^{M} \delta_{ij} x_i
\end{aligned} \tag{7-20}$$

其中

$$\delta_{ij} = [y_k^p(l) - d_k^p(l)] f[z_k^p(l)] \cdot \{1 - f[z_k^p(l)]\} w_{jk} f[h_{ij}^p(l)]\{1 - f[h_{ij}^p(l)]\} x_i \tag{7-21}$$

三、神经网络在可靠性评估中的适用性

既有变电站钢筋混凝土构架在使用过程中，其材料的本构关系、结构的边界约束等等与设计时存在很大区别，考虑抗力衰减的可靠性概率密度函数的确定也存在较大难度。但存在一批专项检测得到的变电站各方面参数的检测结果，并用这些检测结果作神经网络训练的样本来建立神经网络模型，在可靠性评估方面有很大优势。

在可靠性评估工作上，专家系统的开发，是在大量的计算机专业人员及明确的规则下，根据本专业工程技术人员提供的结构的设计特征，编写出的程序计算流程。在遇到一些不确定因素的情况时，专家系统在处理过程中通过将复杂问题简单化，进行相似处理，这使得计算的结果与实际情况不符。而遇到这些不确定问题时，BP 神经网络通过数据结构的输入，经过大量的样本学习，在自我学习的基础上通过泛化处理，可以减少评估此类问题的实际偏差。所以利用神经网络的可靠性评估方法较之专家系统方法，可以在专业技术上对使用者降低要求，也提高了该方法的适用性。

第三节　可靠性评估软件开发

一、软件开发环境

目前 PC 机的主流操作系统是 windows 系统，所以本文开发的"既有变电站构架可靠性评估系统"软件是基于 windows 7 操作系统、兼容 windows XP 系统，以 MATLAB 2012a 作为软件开发平台，通过自带的 GUIDE 工具箱进行用户界面设计及程序编写。数据录用、管理以及计算均在 MATLAB 程序中完成。

GUIDE 工具箱是一个高效的集成系统，为用户提供了方便快捷的界面开发环境。它将界面设计中所有的控件都集合起来，设计者只需要从控件选择区域将想要的控件，"拖"到工作区域就可以达到控件设计的目的。同时，工具箱还是自动创建"fig"格式文件储存设计的界面，同时生成"m"格式文件用于编写控件的相关程序代码，点击相关控件选择要编写的程序，工具箱就会自动转到"m"格式文件该控件的位置，有利于设计人员快速准确的进行代码编写。

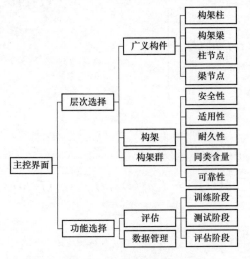

图 7-4　软件整体规划图

二、软件设计整体规划

既有变电站构架可靠性评估软件主要由四部分构成：起始界面、主控界面、对象评估界面以及数据管理界面。各界面又包含多个子窗口，共同完成可靠性评估工作。软件整体规划如图 7-4 所示。

三、可靠性评估界面设计与系统功能

"既有变电站混凝土构架可靠性评估系统"软件的界面如图 7-5、图 7-6 所示。

图 7-5　评估软件起始界面

图 7-6　评估软件主控界面

本软件的功能包括：

（1）选择功能；

（2）提示输入原始数据功能；

（3）BP 神经网络评估模型训练、测试功能；

（4）各层次评估对象可靠性评估功能；

（5）专家数据库管理功能；

（6）评估结果列表打印功能等。

系统典型功能窗体如图 7-7～图 7-9 所示。

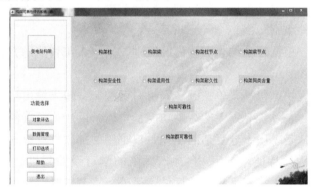

图 7-7　各层选择窗口

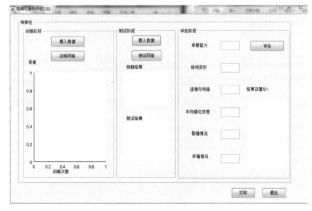

图 7-8　对象评估窗口

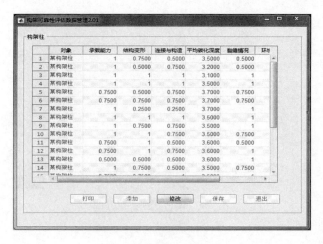

图 7-9　数据管理窗口

四、系统的构成

系统主要由以下部分构成：

（1）评估参数处理模块。利用人机交互方式确定评估所需要的全部参数，通过对话框提示用户输入原始数据并对原始数据加以处理。

（2）评估及分级模块。根据评估模型、原始数据、评估参数等自动进行评估，并根据评估结果确定构件级别。

（3）决策模块。根据评估结果和构件的级别，采取人工智能的方式选取并确定解决措施。

（4）系统控制模块。包括菜单控制、人机对话控制、输入输出控制等功能子控件。

（5）帮助模块。本系统有强大的帮助功能，可以帮助用户正确使用系统。

结构可靠性评估是一项十分复杂的工作，很难用一部软件完整地表达和描述。本节根据变电站混凝土构架特征，应用 BP 神经网络的学习及非线性映射功能模拟专家推理，完成对变电站混凝土构架可靠性的评估。另外，本节以既有结构可靠指标描述结构构件的安全性为评估指标，提高了评估结果的可比性，由此也实现了可靠性理论在结构物评估中的进一步应用。在此基础上，编制了既有变电站混凝土构架可靠性评估系统。

利用 Matlab 强大的运算功能和 Delphi 强大的可视化功能，本软件开发了友好的人机交互界面，同时实现了复杂的建模功能。但目前我国基于结构可靠性理论的既有变电站混凝土构架评估才处于研究阶段，缺乏足够的资料和必要的检测手段，对可靠性评价参数的确定还十分困难。因此在建立评估系统过程中，对所涉及的数据库的建立需要进一步完善。

附录　变电站混凝土构架检测与评估技术标准

1　范围

本标准规定了变电站钢筋混凝土构架进行检测的内容和要求。

本标准适用于广东电网有限责任公司变电站钢筋混凝土构架的安全性评估、使用功能评估和耐久性评估。

本标准适用于广东电网有限责任公司变电站钢筋混凝土构架及附属部件检测和可靠性评估的技术监督。

2　规范性引用文件

下列文件中对本文件的应用是必不可少的。凡是注日期的引用文件，仅注日期的版本适用于本文件。凡是不注日期的引用文件，其最新版本（包括所有的修改单）适用于本文件。

GB 26860 电力安全工作规程（发电厂和变电站电气部分）

GB 50007 建筑地基基础设计规范

GB 50009 建筑结构荷载规范

GB 50068 建筑结构可靠度设计统一标准

GB 50144 工业建筑可靠性鉴定标准

GB/T 50152 混凝土结构试验方法标准

GB 50205 钢结构工程施工质量验收规范

GB/T 50344 建筑结构检测技术标准

GB 50367 混凝土结构加固设计规范

GB/T 50784 混凝土结构现场检测技术标准

DL/T 5457 变电站建筑结构设计技术规程

JGJ/T 8 建筑变形测量规程

JGJ/T 23 回弹法检测混凝土抗压强度技术规程

CECS 02 超声回弹综合法检测混凝土强度技术规程

CECS 21 超声法检测混凝土缺陷技术规程

CECS 69 拔出法检测混凝土强度技术规程

CECS 220 混凝土结构耐久性评估标准

3　术语和定义

下列术语和定义适用于本文件。

3.1

变电站 substation

电网中的线路连接点，用以变换电压、交换功率和汇集、分配电能的设施场所。

3.2

变电构架 substation structure

在变电站屋外配电装置中用于悬挂导线、支撑导体或开关设备及其他电器的刚性构架组合。

3.3

检测 inspection

为获取能反映构架现状的信息和资料而进行的现场调查和测试活动。

3.4

评估 assessment

根据构架已有资料、现场检测所获得的信息，以及室内试验得出的结果，对构架进行结构计算分析，最终明确给出构架性能评价结果的过程。

3.5

目标使用期 target period of usage

根据构架已使用时间、历史、现状和未来使用要求所确定的期望继续使用的时间。

3.6

杂散电流 stray current

不按预定线路流通的电流。

3.7

抽样检测 sampling inspection

从母体中抽取一定数量样本，通过样本的性能反映母体性能的检测方法。

3.8

广义构件 generalized component

变电站可靠性评估的第一级层次。构架的广义构件包括地基基础、梁、柱、梁柱节点、吊环与梁柱的连接节点、避雷针与梁柱的连接节点。

4 基本规定

4.1 一般规定

4.1.1 当出现下列情况之一时，应按本标准对变电站钢筋混凝土构架进行可靠性检测与评估：

a) 由于长期运营、环境恶劣、使用不当或遇地震等偶然作用，变电站钢筋混凝土构架出现明显损伤、倾斜变形或其他性能退化时；

b) 变电站钢筋混凝土构架超过设计使用年限，计划继续使用的；

c) 出于保护或安全使用要求，需要了解变电站钢筋混凝土构架现状和安全性时；

d) 变电站提出维修加固或改造要求时；

e）其他需要进行检测与评估的情况。

4.1.2 变电站钢筋混凝土构架的检测和评估，应由具有相应资质的检测单位和鉴定单位承担。

4.1.3 变电站钢筋混凝土构架的检测，除应符合本标准外，也应符合 GB/T 50784《混凝土结构现场检测技术标准》的相关规定。

4.1.4 变电站钢筋混凝土构架的评估，除应符合本标准外，也应符合 GB 50144《工业建筑可靠性鉴定标准》的相关规定。

4.1.5 评估对象可以是变电站所有钢筋混凝土构架整体，也可是相对独立的同期建设或完成某一功能要求的变电站钢筋混凝土构架群。

4.1.6 变电站钢筋混凝土构架的可靠性是在目标使用期内其满足安全性要求、正常使用性要求和耐久性要求的标志。

4.1.7 目标使用期可由相关主管部门根据变电站钢筋混凝土构架的使用历史、当前的技术状况和今后的维修使用计划提出，也可由鉴定单位按照变电站钢筋混凝土构架的已使用年限、历史、现状结合未来使用要求综合分析后提出。当评估对象中存在功能要求不一致的变电站钢筋混凝土构架群时，可确定不同的目标使用年限。

4.1.8 当目标使用期小于 10 年，且不怀疑其耐久性不足，或者只是需要了解变电站钢筋混凝土构架现状和安全性时，变电站钢筋混凝土构架的可靠性检测评估可只包括安全性要求和正常使用性要求方面的检测评估。

4.2　检测评估基本程序与工作

4.2.1 变电站钢筋混凝土构架可靠性检测评估基本流程如图 4.2.1 所示。

4.2.2 前期准备工作应包括了解并明确检测评估对象，明确检测评估目的、要求和目标使用年限，成立检测评估组织。

4.2.3 现场调查宜包括下列基本工作内容：

a）建造年代、地理位置；

b）构架类型、高度、使用材料及构架图的复核；

c）历史使用过程中的修缮、改造、扩建、用途变更、使用条件改变及受灾情况等；

d）构架使用条件和内、外环境状况（荷载历史）；

e）构架上的作用（构架上架设的设备及电缆重量等）；

f）原设计图纸资料及施工质量保证资料；

g）岩土工程勘察报告及有关图纸资料；

h）杂散电流防护情况，绝缘子情况；

i）考察现场，收集目前存在的问题。

4.2.4 检测评估方案，应根据检测对象的特点和初步调查结果、检测目的和要求制定、内容应包括检测鉴定的依据、详细调查与检测的工作内容、检测方案和主要检测方法、工作进度计划及需由委托方完成的准备工作等。

4.2.5 变电站钢筋混凝土构架的现场检测应包含表 4.2.5 所列基本检测内容，每项检测内容所对应检测项目应根据检测要求及现场情况在表 4.2.5 右侧列中选取。

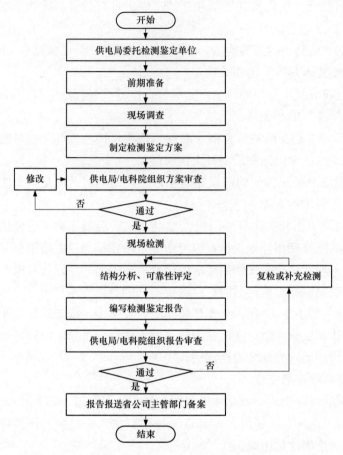

图 4.2.1　变电站钢筋混凝土构架可靠性检测评估基本流程

表 4.2.5　　　　　　　　**变电站钢筋混凝土构架的现场检测基本内容**

检测内容	检测项目
构架混凝土强度	（1）混凝土碳化深度检测； （2）混凝土抗压强度检测； （3）混凝土抗拉强度检测
构架外观质量与缺陷	（1）梁柱外观缺陷的检测（包括保护层脱落、裂缝、水渍、变色、蜂窝、麻面、露筋、孔洞、疏松、连接部位缺陷、外形缺陷等）； （2）结构或构件裂缝检测； （3）混凝土内部缺陷的检测
构架尺寸与偏差	（1）构件截面尺寸检测； （2）标高； （3）轴线尺寸； （4）预埋件位置； （5）构件垂直度； （6）表面平整度

检测内容	检测项目
构架变形与损伤	(1) 构架所处地质情况； (2) 构架基础形式和埋深； (3) 构架地基基础沉降量、沉降稳定情况和沉降差； (4) 构件挠度； (5) 构件倾斜； (6) 混凝土碳化深度
构架钢筋配置与锈蚀	(1) 构件钢筋位置，保护层厚度和钢筋数量检测； (2) 钢筋锈蚀情况检测分析； (3) 钢筋锚固与搭接，框架节点及柱加密区箍筋检测（有相应检测要求时）
构架节点	(1) 构件连接节点的外部尺寸检测； (2) 构件连接节点松动、开裂及变形等损坏情况检测（包括钢板预埋件起翘、变形、位移、锈蚀，牛腿混凝土保护层爆裂酥碎、钢筋外露锈蚀，梁、柱连接点错位变形等）； (3) 吊环、避雷针连接处损坏情况及其与预埋件焊缝检测
杂散电流腐蚀检测	钢筋电位

4.2.6 现场检测结束后，应修补检测所造成的构架或构件的局部损伤，并应保证修补后构架或构件的承载能力不降低。

4.2.7 检测分析应包括检测现象分析、检测数据处理、检测结果分析、检测结论。

4.2.8 构架分析应包括计算模型的选取、荷载（作用）的计算以及构架结构反应的分析。变电站钢筋混凝土构架分析的力学模型应合理，能够反映构架受力实际情况，分析方法能够达到应有的精度。

4.2.9 变电站钢筋混凝土构架可靠性评估，应划分为广义构件、构架、评估对象三个层次。

4.2.10 可靠性评估包括安全性评估、正常使用性评估和耐久性评估。安全性评估主要包括抗力的计算，根据荷载效应和抗力的计算或现场试验结果对构架或构件在目标使用期内的安全性进行定量分析，以及根据构架的实际构造情况按相关的标准对构架的安全性进行定性分析等。正常使用性评估主要是根据变形、裂缝等的计算和检测结果，对构架能否满足正常使用要求进行评估。耐久性评估主要是引入时间变量，考虑环境因素对构架性能的影响，对构架能否满足安全性要求和正常使用要求进行评估。

4.3 巡检规定

4.3.1 变电站钢筋混凝土构架应开展定期检查，记录检查结果，建立台账。巡检间隔时间在特殊沿海、工业区域宜为 6 个月，其他地区宜为 12 个月。

4.3.2 对运行 20 年变电站钢筋混凝土构架或者经巡检发现明显问题的钢筋混凝土构架应进行可靠性检测与评估。

5 前期工作

5.1 资料收集

对运检测工作开始之前，应明确检测评估目的、内容、依据、要求及检测仪器，并对检测评估对象进行相关的资料收集，了解建筑物概况，查阅图纸资料，包括工程地质勘查资料、设计图纸、竣工资料、检查记录、历次加固和改造图纸等，并记录在表 5.1 中。

表 5.1　　　　　　　　　　　　　构架的原建筑相关资料原始资料情况

岩土工程勘察报告	无（　），有（　）	勘察单位：
设计结构施工图	无（　），有（　）	设计单位：
设计其他专业施工图纸	无（　），有（　）	设计单位：
施工过程的质量保证资料	无（　），有（　）	施工单位：

5.2　实地调研

考察现场，调查构架的实际状况、使用条件、内外环境，以及目前存在的问题，并记录在表 5.2 中。

表 5.2　　　　　　　　　　　　　构架使用历史情况表

用途变更	无（　），有（　）	备注：
改建扩建	无（　），有（　）	备注：
加固修复	无（　），有（　）	备注：
灾害	无（　），有（　）	备注：
使用条件改变	无（　），有（　）	备注：

5.3　检测方案

5.3.1　构架的检测应有完备的检测方案，检测方案应征求委托方得意见，并应经过审定。根据检测对象的特点和初步调查结果、检测目的和要求制定检测评估方案。

5.3.2　构架的检测方案宜包括下列主要内容：

a）概况，主要包括结构类型、建筑面积、设计、施工及监理单位，建造年代等；

b）检测目的或委托方的检测要求；

c）检测依据，主要包括检测所依据的标准及有关的技术资料等；

d）检测项目和选用的检测方法以及检测的数量；

e）检测人员和仪器设备情况；

f）检测工作进度计划；

g）所需要的配合工作；

h）检测中的安全措施；

i）检测中的环保措施。

5.3.3　构架以下部位应重点检测：

a）出现损伤的构件；

b）受到较大反复荷载或动力荷载作用的构件；

c）受到腐蚀性介质侵蚀的构件；

d）受到污染影响的构件；

e）委托方年检怀疑有安全隐患的构件。

6　现场检测

6.1　构架检测抽样

6.1.1　现场检测可分为材料性能项目检测和非材料性能项目检测。现场检测宜选用对结构或构件无损伤的检测方法。当选用局部破损的取样检测方法时，宜选择结构构件受力较小的部位，并不得损害结构的安全性。

6.1.2　以构架群作为对象，将其划分成六类检测单元：地基基础、梁、柱、梁柱节点、吊环与梁柱的连接节点、避雷针与梁柱的连接节点。

当采取抽样方案检测时，材料性能项目检测时宜按检测单元进行检测，非材料性能项目检测时宜按检测单元或根据检测项目的特点选择不同的抽样方案及抽样数量，抽样方案及抽样数量可按 GB/T 50344《建筑结构检测技术标准》中相关要求执行。

6.1.3　构架材料性能、几何尺寸和变形、缺陷和损伤等检测，可按下列原则进行：

a）构架材料性能（混凝土原材料、钢筋的质量或性能）的检验。当图纸资料有明确说明且无怀疑时，可进行现场抽检验证，检测应按国家现行有关检测技术标准的规定进行。

b）构架或构件几何尺寸的检测。当图纸资料齐全完整时，可进行现场抽检复核；当图纸资料残缺不全或无图纸资料时，应通过对构架布置和构架体系的分析，对重要的、有代表性的构架或构件进行现场详细测量。

c）构架顶点位移、柱倾斜、受弯构件的挠度和侧弯的观测。应在构架或构件变形状况普遍观察的基础上，对其中有明显变形的构架或构件，按照国家现行有关检测技术标准的规定进行检测。

d）制作和安装偏差、材料和施工缺陷。应依据国家现行有关建筑材料、施工质量验收标准进行检测。

e）构件及其节点的损伤。应在其外观全数检查的基础上，对其中损伤相对严重的构件和节点进行详细检测。

6.1.4　当需要通过试验检验变电站钢筋混凝土构架构件的承载力、刚度或抗裂度等结构性能时，或对结构的理论计算模型进行验证时，可按照 GB/T 50152《混凝土结构试验方法标准》的相关规定，在实验室进行模型试验。

6.2　构架混凝土强度检测

6.2.1　结构或构件混凝土抗压强度的检测，可采用回弹法、超声回弹综合法、后装拔出法或钻芯法等方法，检测操作应分别遵守相应技术规程的规定。

6.2.2　对长龄期混凝土强度，应优先采用超声回弹综合法进行检测。当不具备两个平行相对测试面时，也可用回弹法进行检测。经增大截面法加固处理构件的表层混凝土强度可用回弹法进行检测。相应的检测操作应按照 CECS 02《超声回弹综合法检测混凝土强度技术规程》或 JGJ/T 23《回弹法检测混凝土抗压强度技术规程》的规定进行。

6.2.3　当被测混凝土不适合采用超声回弹综合法、回弹法检测时，对表层质量具有代表性的构架可采用后装拔出法检测。

6.2.4　当被检测混凝土的表层质量不具有代表性时，应采用钻芯法检测。当被检测混凝土的龄期或抗压强度超过回弹法、超声回弹综合法或后装拔出法等相应技术规程限定的范围时，可采用钻芯法或钻芯修正法检测。并满足 GB/T 50344《建筑结构检测技术标准》相关技术要求。

6.3 混凝土构架外观质量与缺陷

6.3.1 混凝土构架损伤检测应包括外观缺陷的检测、内部缺陷的检测、可见裂缝的检测、混凝土碳化深度的检测、在恶劣环境下混凝土受腐蚀情况的检测和钢筋锈蚀情况的检测等。

混凝土构架构件外观缺陷的检测宜包括对蜂窝、露筋、孔洞、疏松、连接部位缺陷、外表缺陷等的检测。检测可采用目测与量测相结合的方法进行。

6.3.2 检测数量宜为全数普查，特殊条件下也可采用随机抽样方式进行，但抽样数量不宜少于同类构件的 30%。检测结果可按照严重缺陷和一般缺陷记录，如表 6.3.2 所示。对严重缺陷处还应详细记录缺陷的部位、范围等信息，以便在抗力计算时考虑缺陷的影响。

表 6.3.2　　　　　　　　　　混凝土构架构件外观缺陷的检测内容和评估

缺陷名称	现象	损伤程度	
		严重缺陷	一般缺陷
蜂窝	混凝土表面缺少水泥砂浆而形成石子外露	构件主要受力部位有蜂窝	其他部位有少量蜂窝
露筋	构件内钢筋未被混凝土包裹而外露	纵向受力钢筋有露筋	其他钢筋有少量露筋
孔洞	混凝土中孔穴深度和长度均超过保护层厚度	构件主要受力部位有孔洞	其他部位有少量孔洞
疏松	混凝土中局部不密实	构件主要受力部位有疏松	其他部位有少量疏松
连接部位缺陷	构件连接处混凝土缺陷及连接钢筋、连接件松动	连接部位有影响结构传力性能的缺陷	连接部位有基本不影响结构传力性能的缺陷
外表缺陷	构件表面麻面、剥落掉皮、起砂、沾污等	有影响使用功能的外表缺陷	有不影响使用功能的外表缺陷

6.3.3 混凝土结构构件内部缺陷的检测应包括内部不密实区和孔洞、加固修补结合面的质量、表面损伤层厚度、混凝土各部位的相对均匀性等的检测。检测方法可采用超声法，并应符合 CECS 21《超声法检测混凝土缺陷技术规程》的相关要求。抽样数量宜与混凝土强度检测时的抽样数量相同，可与混凝土强度检测结合进行。仅检测混凝土内部缺陷且当混凝土表面有较明显外观缺陷时，抽样数量不宜少于同类构件的30%。

6.3.4 混凝土构架或构件裂缝的检测，应遵守下列规定：

    a) 检测项目，应包括裂缝的位置、长度、宽度、深度、形态和数量，裂缝的记录可采用表格或图形的形式；

    b) 裂缝深度，可采用超声法检测，必要时可钻取芯样予以验证；

    c) 对于仍在发展的裂缝应进行定期观测，提供裂缝发展速度的数据；

    d) 裂缝的观测，应按 JGJ/T 8《建筑变形测量规程》的有关规定进行。

6.4 构架尺寸与偏差

6.4.1 当已有构架图时，应根据构架现状对原始图纸进行复核，包括整体复核和重点部位抽样复核。

6.4.2 当没有构架图时，应根据构架现状对构架进行现场测绘。构架测绘图的内容应包括构架平面布置图、构件尺寸、截面形式、主要配筋形式和吊环、避雷针位置等。

6.4.3 混凝土构架的尺寸与偏差的检测可分为下列项目：

    a) 构件截面尺寸；

    b) 标高；

    c) 轴线尺寸；

    d) 预埋件位置；

    e) 构件垂直度；

    f) 表面平整度。

6.5 构架变形与损伤

6.5.1 对变电站钢筋混凝土构架的调查和变形检测包括地基基础、上部构架两个部分。

6.5.2 对地基基础的调查，除应查阅岩土工程勘察报告及有关图纸资料外，也应调查变电站钢筋混凝土构架现状、实际使用荷载、沉降量、沉降稳定情况、沉降差、上部构架倾斜、扭曲和裂损情况，以及临近建筑、地下工程和管线等情况。当地质条件较复杂或地基基础资料不足且必要时，可根据国家现行有关标准的规定，对场地地基进行补充勘察或进行沉降观测或参考相邻工程的地质勘察资料。

6.5.3 构架变形检测可分为构件的挠度、结构的倾斜和基础不均匀沉降等项目，混凝土结构损伤的检测可分为环境侵蚀损伤、灾害损伤、人为损伤、混凝土有害元素造成的损伤等项目。

6.5.4 混凝土构件的挠度，可采用激光测距仪、水准仪或拉线等方法检测。

6.5.5 混凝土构件或结构的倾斜，可采用经纬仪、激光定位仪、三轴定位仪或吊锤的方法检测，宜区分倾斜中施工偏差造成的倾斜、变形造成的倾斜、灾害造成的倾斜等。

6.5.6 混凝土结构的基础不均匀沉降，可用水准仪检测；当需要确定基础沉降的发展情况时，应在混凝土结构上布置测点进行观测，观测操作应遵守 JGJ/T 8《建筑变形测量规程》的规定。混凝土结构的基础累计沉降差，可参照已有的沉降基准线或选取构架施工时处于同一水平面的标志面作为基准面推算。

6.5.7 混凝土结构受到损伤时，可按下列规定进行调查和检测：

    a) 构架使用的调查和检测包括构架上的作用、使用环境和使用历史三个部分，调查中应考虑使用条件在目标使用年限内可能发生的变化，可按照 GB 50144《工业建筑可靠性鉴定标准》中的相关规定进行；

    b) 构架上的作用调查应包括永久荷载、可变荷载、偶然荷载的调查；

    c) 构架的使用环境调查应包括气象条件、地理环境和构架工作环境三项内容的调查；

    d) 构架的使用历史调查应包括构架的设计与施工、用途和使用时间、维修与加固、用途变更与改扩建、超载历史以及受灾害和事故等情况；

    e) 宜确定损伤对混凝土结构的安全性及耐久性影响的程度。

当需要检测混凝土氯离子含量及其侵入深度、混凝土中硫酸盐含量及其侵入深度、碱骨料反应情况以及氧化镁骨料隐患时，可按照 GB/T 50344《建筑结构检测技术标准》中的相关规定进行。

6.5.8 混凝土碳化深度，可用浓度为 1‰的酚酞酒精溶液测定。

6.6 构架的钢筋配置与锈蚀检测

6.6.1 钢筋配置的检测可分为钢筋位置、保护层厚度、直径、数量等项目。

6.6.2 钢筋位置、保护层厚度和钢筋数量，宜采用非破损的雷达法或电磁感应法进行检测，必要时可凿开混凝土进行钢筋直径或保护层厚度的验证。

6.6.3 有相应检测要求时，可对钢筋的锚固与搭接、构架节点及柱加密区箍筋进行检测。

6.6.4 钢筋的锈蚀情况可参照 GB/T 50344《建筑结构检测技术标准》相关要求进行检测。

6.7 构架的节点检测

6.7.1 构架节点包括了梁柱节点、吊环与梁柱的连接节点、避雷针与梁柱的连接节点及预埋件等部位。

6.7.2 混凝土构件节点的外部尺寸可用钢卷尺直接量测，节点内部的配筋和构件纵向受力钢筋在节点区域的锚固情况可用雷达波法或电磁感应法进行非破损检测。当节点区域的配筋密集时，可以凿开混凝土的保护层检查节点内部的配筋情况，但不应对节点造成伤害。

6.7.3 预埋件的节点连接有焊缝连接等形式，可用钢卷尺和游标卡尺量测焊缝尺寸。当节点外包有混凝土时，应将其凿开再进行检测，但不应对节点造成伤害。

6.7.4 对构架连接钢板节点损伤的检测可分为裂纹、局部变形、锈蚀等项目。

6.7.5 节点预埋钢板裂纹，可采用观察的方法和渗透法检测。

6.7.6 节点预埋钢板的弯曲变形和板件凹凸等变形情况，可用观察和尺量的方法检测，量测出变形的程度；变形评估，应按现行 GB 50205《钢结构工程施工质量验收规范》的规定执行。

对节点混凝土检测可分别参照本标准 5.2 和 5.3 提出的方法进行。

6.7.7 对构架梁柱连接节点的错位、挠度、倾斜等变形与位移和基础沉降等，参照本标准 5.5 的提出方法和相应标准规定的方法进行。

6.7.8 对既有构架节点钢构件焊缝检测时，可采取抽样检测焊缝外观质量的方法，也可采取按委托方指定范围抽查的方法。焊缝的外形尺寸和外观缺陷检测方法和评估标准，应按 GB 50205《钢结构工程施工质量验收规范》确定。

7 检测数据整理与分析

7.1 原始数据处理

7.1.1 检测的原始记录，应记录在专用记录纸上，且应数据准确、字迹清晰，信息完整，不得追记、涂改，如有笔误，应更换记录纸。当采用自动记录时，应符合有关要求。原始记录必须由检测及记录人员签字。

7.1.2　现场取样的试件或试样应予以标识并妥善保存，当发现检测数据数量不足或检测数据出现异常情况时，应补充检测。

7.2　数据整理

7.2.1　原始数据审核。现场收集数据，应逐日、逐周与品管部门所收集的数据作核对，以求整理真实且具有代表性的数据。

7.2.2　确定分类项目。将总体数据按一定标准进行分类，确保所有数据都能包含在内，且数据在各类别的数量差异不至过大。

7.2.3　对数据实施归类整理。以表格形式列出，必要时绘制数据的分布图，便于初步确定数据范围，并剔除错误值。

7.3　数据分析

7.3.1　变电站钢筋混凝土构架的测量数据分析可采用列表作图法，目前常用的图有关联图、系统图、矩阵图、KJ法、计划评审技术、PDPC法、矩阵数据图。

7.3.2　依据分析结果对构架进行可靠性等级评估，反过来又联系实际构架情况对分析方法进行改进。

8　变电站钢筋混凝土构架可靠性评估的一般原则

8.1　构架结构计算与分析

8.1.1　变电站钢筋混凝土构架的结构分析，应符合国家现行设计规范的规定。

8.1.2　变电站钢筋混凝土构架的结构分析可采用验算、模型试验、现场试验或计算机仿真等方法。

8.1.3　构架分析时宜考虑环境对材料、构件和构架性能的影响以及构架的累积损伤，如裂缝对钢筋混凝土构件刚度的影响等。

8.1.4　构架分析采用的计算模型应根据构架的具体情况，符合既有变电站钢筋混凝土构架的实际工作状况和构造状况。

8.1.5　当构架按承载能力极限状态验算时，根据材料和构架对作用的反应，可采用现行设计规范标准进行分析验算。

8.1.6　当构架在其目标使用期的不同阶段有多种受力状况时，应分别进行构架分析，并确定其最不利的作用效应组合。

8.1.7　构架分析所需的各种几何尺寸、材料性能、连接性能应根据实测结果取值。

8.1.8　构架分析中所采用的各种简化和近似假定，应有理论或试验的依据，或经工程实践验证；所采用的计算简图应符合既有构架的实际工作状况和构造状况；计算结果的准确程度应符合工程精度的要求。

8.1.9　变电站钢筋混凝土构架构件承载能力极限状态应按 GB 50068《建筑结构可靠度设计统一标准》、DL/T 5457《变电站建筑结构设计技术规程》的规定验算。

8.1.10　构架构件抗力的验算值，应按 DL/T 5457《变电站建筑结构设计技术规程》关于抗力标准值的计算方法进行计算；计算所需的几何尺寸应采用实测值，并应考虑锈蚀、腐蚀、风化、局部缺陷或缺损以及施工偏差等的影响；材料强度应进行现场实测，按本标准的相关规定确定其标准值。特殊情况下，如果原设计文件有效，且不怀疑结构有严重的性能退化及设计、施工偏差时，可采用原设计的标准值。

8.1.11 构架或构件达到正常使用要求的规定限值，应按 DL/T 5457《变电站建筑结构设计技术规程》的规定采用。

8.1.12 实测中如发现钢筋混凝土构件开裂，可根据裂缝的部位对截面的抗弯刚度进行适当调整。

8.2 构架及其构件可靠性评估评级标准

8.2.1 变电站钢筋混凝土构架及其构件的可靠性应分别针对广义构件按安全性、正常使用性和耐久性采用分级的形式进行评定。

8.2.2 单个广义构件的安全性等级可分为四级，即 a_u、b_u、c_u 和 d_u 级。a_u 级表示构件不必采取措施，b_u 级表示构件可不采取措施，c_u 级表示构件应采取措施，d_u 级表示构件必须及时采取措施。

8.2.3 单个广义构件的正常使用性等级可分为三级，即 a_s、b_s 和 c_s 级。a_s 级表示构件不必采取措施，b_s 级表示构件可不采取措施，c_s 级表示构件应采取措施。

8.2.4 单个广义构件的耐久性等级可分为二级，即 a_d 和 c_d 级。a_d 级表示构件不必采取措施，c_d 级表示构件应采取措施。

8.2.5 构架的安全性等级可分为四个等级：a_u、b_u、c_u 和 d_u。a_u 级表示构架不必采取措施，b_u 级表示构架可不采取措施，c_u 级表示构架应采取措施，d_u 级表示构架必须立即采取措施。

8.2.6 构架的正常使用性等级可分为三个等级：A_s、B_s 和 C_s。A_s 级表示结构不必采取措施，B_s 级表示构架可不采取措施，C_s 级表示构架应采取措施。

8.2.7 构架的耐久性等级可分为二个等级：A_d 和 C_d。A_d 级表示构架不必采取措施，C_d 级表示构架应采取措施。

8.2.8 变电站钢筋混凝土构架的可靠性综合评估等级可分为四个等级：A_r、B_r、C_r 和 D_r。A_r 级表示构架不必采取措施，B_r 级表示构架可不采取措施，但应加强检查维护；C_r 级表示构架应采取措施；D_r 级表示构架必须立即采取措施。

8.2.9 变电站钢筋混凝土构架群（或评估对象）的可靠性等级可分为四个等级：A、B、C 和 D。A 级表示不必采取措施；B 级表示可不采取措施，加强维护；C 级表示应采取措施；D 级表示必须立即采取措施。

9 变电站钢筋混凝土构架的可靠性评定

9.1 变电站钢筋混凝土构架构件安全性评定

9.1.1 变电站钢筋混凝土构架地基基础的安全性应按承载能力进行评定；梁柱构件的安全性应分别按承载能力、不适于继续承载的位移（或变形）和裂缝等三个项目进行评定，取其中最低一级作为构件的安全性等级。构架节点的安全性按构造进行评定。

9.1.2 地基基础的安全性按承载能力进行等级评定时，宜根据地基变形观测资料和构筑物现状进行，按下列规定评定等级。

a) a_u 级地基变形小于 GB 50007《建筑地基基础设计规范》规定的单层排架结构允许值，沉降速率小于 0.01mm/天，构筑物使用状况良好，无沉降裂缝、变形或位移；

b) b_u 级地基变形不大于 GB 50007《建筑地基基础设计规范》规定的单层排架结构允许值，沉降速率小于 0.05mm/天或构筑物有轻微沉降裂缝出现，但无进一步发展趋势；

c) c_u 级地基变形大于 GB 50007《建筑地基基础设计规范》规定的单层排架结构允许值，沉降速率大于 0.05mm/天或构件之间的连接部位出现宽度大于 1mm 的沉降裂缝，构筑物的沉降裂缝有进一步发展趋势；

d) d_u 级地基变形大于 GB 50007《建筑地基基础设计规范》规定的单层排架结构允许值，沉降速率大于 0.07mm/天或预制构件之间的连接部位的裂缝大于 3mm，构筑物的沉降裂缝发展明显。

9.1.3　构架构件的安全性按承载能力进行等级评定时，应按表 9.1.3 的规定执行。

表 9.1.3　　　　　　　　　构架构件承载能力等级的评定

$R/(\gamma_0\gamma_R S)$			
a_u 级	b_u 级	c_u 级	d_u 级
$\geqslant 1.0$	$\geqslant 0.95$ 且 <1.0	$\geqslant 0.90$ 且 <0.95	<0.90

注　表中的 R 和 S 分别为结构构件的抗力和作用效应，γ_0 为结构重要性系数，γ_R 为结构构件抗力分项系数，应按 GB 50068《建筑结构可靠度设计统一标准》、DL/T 5457《变电站建筑结构设计技术规程》的规定确定。

9.1.4　钢筋锈蚀后变电站钢筋混凝土构架构件的承载力宜按照 CECS 220《混凝土结构耐久性评定标准》的相关规定计算。

9.1.5　当变电站钢筋混凝土构架构件的安全性按不适于继续承载的位移或变形进行评级时，受弯构件的挠度应按表 9.1.5-1 的规定评级；柱顶的水平位移（或倾斜）应按表 9.1.5-2 的规定评级。若该不适于继续承载的位移或变形尚在发展，应直接定为 c_u 级或 d_u 级。

表 9.1.5-1　　　　　混凝土受弯构件不适于继续承载的变形评定

项次	结构类别		评级			
			a_u	b_u	c_u	d_u
1	构架横梁（跨中）	220kV 及以下	$\leqslant L/200$	$L/200\sim L/190$	$L/190\sim L/170$	$>L/170$
		330kV、500kV	$\leqslant L/300$	$L/300\sim L/285$	$L/285\sim L/240$	$>L/240$
		750kV	$\leqslant L/400$	$L/400\sim L/380$	$L/380\sim L/340$	$>L/340$
2	构架横梁（悬臂部分）	220kV 及以下	$\leqslant L/100$	$L/100\sim L/90$	$L/90\sim L/80$	$>L/80$
		330kV、500kV	$\leqslant L/150$	$L/150\sim L/140$	$L/140\sim L/135$	$>L/135$
		750kV	$\leqslant L/200$	$L/200\sim L/180$	$L/180\sim L/150$	$>L/150$
3	主变构架横梁		$L/200$	$\leqslant L/200\sim L/190$	$L/190\sim L/160$	$L/160$
4	设置隔离开关的横梁		$L/300$	$\leqslant L/300\sim L/280$	$L/280\sim L/240$	$L/240$

注　表中 L 为梁跨度。

表9.1.5-2　　　　　不适于继续承载的柱顶水平位移（或倾斜）的评定

项次	结构类别		评级			
			a_u	b_u	c_u	d_u
1	有下引线的单杆构架柱		≤$H/100$	$H/100$~$H/90$	$H/90$~$H/80$	>$H/80$
2	无下引线的单杆构架柱		≤$H/200$	$H/200$~$H/180$	$H/180$~$H/150$	>$H/150$
3	人字柱	平面内、平面外（带端撑）	≤$H/200$	$H/200$~$H/180$	$H/180$~$H/150$	>$H/150$
4		平面外（不带端撑）	≤$H/100$	$H/100$~$H/90$	$H/90$~$H/80$	>$H/80$

注　表中 H 为构架柱高度。

9.1.6　当钢筋混凝土构件出现表9.1.6所列的受力裂缝时，应视为不适于继续承载的裂缝，并按表9.1.6评定为 c_u 级或 d_u 级。

表9.1.6　　　　　混凝土构件不适于继续承载的裂缝宽度的评定

检查项目	a_u 级	b_u 级	c_u 级	d_u 级
受力主筋处的弯曲（含一般弯剪）裂缝和轴拉裂缝宽度（mm）	<0.1	0.1~0.2	0.2~0.4	>0.4
剪切裂缝（mm）	没出现裂缝	<0.1	0.1~0.2	>0.2

注　表中的剪切裂缝系指斜拉裂缝，以及集中荷载靠近支座处出现的斜压裂缝。

9.1.7　钢筋混凝土结构构件出现下列情况的非受力裂缝时，也应视为不适于继续承载的裂缝，应定为 c_u 级：

　　a）因主筋锈蚀产生的沿主筋方向的裂缝，其裂缝宽度已大于1mm；

　　b）因温度收缩等作用产生的裂缝，其宽度已超出本标准表9.1.6规定的弯曲裂缝宽度值的50%，且分析表明已显著影响结构的受力；

　　c）当混凝土结构构件同时存在受力和非受力裂缝时，应按本标准第9.1.6条及第9.1.7条分别评定其等级，并取其中较低一级作为该构件的裂缝等级。

9.1.8　当混凝土构件出现下列情况之一时，不论其裂缝宽度大小，应直接定为 c_u 级：

　　a）受压区混凝土有压坏迹象；

　　b）因主筋锈蚀导致构件掉角以及混凝土保护层严重脱落。

9.1.9　当变电站钢筋混凝土构架节点的安全性按构造评定时，应按表9.1.9的规定，分别评定两个检查项目的等级，然后取其中较低一级作为该构件构造的安全性等级。

表9.1.9　　　　　混凝土构件构造等级的评定

检查项目	a_u 或 b_u 级	c_u 级	d_u 级
连接（或节点）构造	连接方式正确，构造符合国家现行设计规范要求，无缺陷（a_u），或仅有局部的表面缺陷（b_u），工作无异常	连接方式不当，构造有缺陷，已导致焊缝或螺栓等发生变形、滑移、局部拉脱、剪坏或裂缝	连接方式不当，构造有严重缺陷，已导致焊缝或螺栓等发生明显变形、滑移、局部拉脱、剪坏或裂缝
受力预埋件	构造合理，受力可靠，无变形、滑移、松动或其他损坏	构造有缺陷，已导致预埋件发生变形、滑移、松动或其他损坏	构造有严重缺陷，已导致预埋件发生明显变形、滑移、松动或其他损坏

9.2　变电站钢筋混凝土构架构件正常使用性评定

9.2.1　变电站钢筋混凝土构架地基基础的正常使用性应根据上部构架的使用状况进行评定；梁柱构件的正常使用性应分别按位移（或变形）和裂缝、缺陷三个项目进行评定，取其中较低一级作为构件的安全性等级。构架节点的正常使用性按裂缝进行评定。

9.2.2　地基基础的正常使用性根据上部构架的使用状况按下列规定评定等级。

　　a）a_u 级上部构架的使用状况良好，或所出现的问题与地基基础无关；

　　b）b_u 级上部构架的使用状况基本正常，构架因地基变形有个别损伤；

　　c）c_u 级上部构架的使用状况不完全正常，构架因地基变形有局部或大面积损伤。

9.2.3　当梁的正常使用性按其挠度检测结果评定和柱的正常使用性按其柱顶水平位移（或倾斜）检测结果评定时，应按下列规定评级：

　　a）若检测值小于计算值及现行设计规范限值时，可评为 a_s 级；

　　b）若检测值大于或等于计算值，但不大于现行设计规范限值时，可评为 b_s 级；

　　c）若检测值大于现行设计规范限值时，应评为 c_s 级；

　　d）对检测值小于现行设计规范限值的情况，可直接根据其完好程度定为 a_s 级或 b_s 级。

9.2.4　当梁柱构件的正常使用性按其裂缝宽度检测结果评定时，应遵守下列规定：

　　a）若检测值小于计算值及现行设计规范限值时，可评为 a_s 级；

　　b）若检测值大于或等于计算值，但不大于现行设计规范限值时，可评为 b_s 级；

　　c）若检测值大于现行设计规范限值时，应评为 c_s 级；

　　d）若计算有困难或计算结果与实际情况不符时，宜按表 9.2.4 的规定评级；

　　e）沿主筋方向出现的锈蚀裂缝应直接评为 c_s 级。

表 9.2.4　　　　　　　　　钢筋混凝土构件裂缝宽度等级的评定

检查项目	a_s 级	b_s 级	c_s 级
受力主筋处横向或斜向裂缝宽度（mm）	≤0.15	≤0.20	>0.20

9.2.5　当构架节点的正常使用性按其裂缝宽度检测结果评定时，宜按表 9.2.4 的数值乘以 2 评级。

9.2.6　混凝土构件缺陷和损伤项目应按表 9.2.6 评定等级。

表 9.2.6　　　　　　　　　混凝土构件缺陷和损伤评定等级

a_s 级	b_s 级	c_s 级
完好	局部有缺陷和损伤，缺损深度小于保护层厚度	有较大范围的缺陷和损伤，或者局部有严重的缺陷和损伤，缺损深度大于保护层厚度

注 1　表中的缺陷一般指构件外观存在的缺陷，当施工质量较差或有特殊要求时，尚应包括构件内部可能存在的缺陷。
注 2　表中的损伤主要指机械磨损或碰撞引起的损伤。

9.3　变电站钢筋混凝土构架构件耐久性评定

9.3.1　变电站钢筋混凝土构架耐久性评估时，经过现场调查和检测，有足够证据表明构件满足下列条件时，则可将其耐久性等级直接评定为 a_d 级。

a）未出现耐久性损伤和其他明显的损坏；

b）构件布置合理，传力途径明确，连接构造可靠；

c）使用期间，在较大荷载或不利环境因素作用下，仍保持良好的性能；

d）按当前的使用条件，在目标使用期内，构件受力性能不会明显衰减；

e）使用期间，荷载以及影响构件耐久性的主要因素未发生显著变化，而且在目标使用期内也不会发生显著变化。

9.3.2 变电站钢筋混凝土构架构件耐久性评定应根据梁柱构件的耐久性和混凝土构件腐蚀2个项目评定等级。构架节点的耐久性按混凝土构件腐蚀进行评定。

9.3.3 梁柱构件的耐久性应引入时间变量，考虑目标使用期内的最大钢筋锈蚀率的影响，可按照本标准9.1节评定目标使用期内既有变电站钢筋混凝土构架构件安全性等级中承载能力评定的方法评定梁柱构件耐久性等级。若安全性最低等级为 a_u 级，则其耐久性等级为 a_d 级，否则为 c_d 级。

9.3.4 耐久性评定时，变电站钢筋混凝土构架构件的承载力宜按照 CECS 220《混凝土结构耐久性评定标准》的相关规定计算，但应考虑目标使用期内的最大钢筋锈蚀率的影响。

9.3.5 混凝土构件腐蚀项目包括钢筋锈蚀和混凝土腐蚀，应按表 9.3.5 的规定评定，其等级应取钢筋锈蚀和混凝土腐蚀评定结果中的较低等级。

表 9.3.5 混凝土构件腐蚀评定等级

评定等级	a_d 级	c_d 级
钢筋锈蚀	无锈蚀现象、或有轻微锈蚀现象	外观有沿筋裂缝或明显锈迹
混凝土腐蚀	无腐蚀现象、或表面有轻度腐蚀损伤	表面有明显腐蚀损伤
杂散电流腐蚀	无杂散电流腐蚀可能、或有轻微腐蚀	杂散电流重腐蚀或严重腐蚀

注1　对于构架梁柱构件中的钢筋及箍筋，当钢筋有锈蚀状况时，钢筋截面锈蚀损伤不应大于5%，否则应评为 c_d 级。

注2　对于混凝土腐蚀，如构件已出现锈胀裂缝（最大裂缝宽度达2mm～3mm以上）或不可接受的外观损伤，应评为 c_d 级。

9.3.6 混凝土构件杂散电流腐蚀可按表 9.3.6 鉴别。

表 9.3.6 不同防护条件阳极电腐蚀鉴别方法

使用环境	已使用年限（y）	钢筋电位（mV）	腐蚀程度
防护差、潮湿	3～5	≥＋200	有腐蚀可能
	3～5	≥＋500	重腐蚀
	＞5	≥＋1000	严重腐蚀
防护好、中等潮湿	≥5	≥＋500	轻腐蚀
	≥5	≥＋1000	重腐蚀
	≥10	≥＋1000	严重腐蚀

9.4 变电站钢筋混凝土构架及其构架群可靠性评定

9.4.1 变电站钢筋混凝土构架的安全性等级由所含广义构件的安全性等级按下列规定来确定：

a）A_u 级构架中不含 c_u 级、d_u 级，b_u 级不多于30%；

b) B_u 级构架中不含 d_u 级，b_u 级多于 30％或含有 1 个 c_u 级；

c) C_u 级构架中 c_u 级多于 1 个且不多于 60％或含有 1 个 d_u 级；

d) D_u 级构架中 c_u 级多于 60％或 d_u 级多于 1 个。

9.4.2　变电站钢筋混凝土构架的正常使用性等级由所含广义构件的正常使用性等级按下列规定来确定：

a) A_s 级构架中不含 c_s 级，b_s 级不多于 35％；

b) B_s 级构架中 b_s 级多于 35％或含有 1 个 c_s 级；

c) C_s 级构架中 c_s 级多于 1 个。

9.4.3　变电站钢筋混凝土构架的耐久性等级由所含广义构件的耐久性等级按下列规定来确定：

a) A_d 级构架中不含 c_d 级；

b) C_d 级构架中含 c_d 级。

9.4.4　变电站钢筋混凝土构架的可靠性综合评估等级应根据构架的安全性、正常使用性和耐久性评估等级按下列规定来确定。

a) A_r 级构架中不含 C_u 级、D_u 级、C_s 级、C_d 级，B_u 级加 B_s 级不多于 30％；

b) B_r 级构架中不含 C_u 级、D_u 级、C_s 级、C_d 级，B_u 级加 B_s 级多于 30％；

c) C_r 级构架中含有 C_u 级、C_s 级、C_d 级，且其和不多于 60％；

d) D_r 级构架中 C_u 级加 C_s 级加 C_d 级多于 60％或含有 D_u 级。

9.4.5　变电站钢筋混凝土构架群（或评估对象）的可靠性等级应根据其所含构架的可靠性综合评估等级按下列规定来确定。

a) A 级构架群（或评估对象）中不含 C_r 级、D_r 级，B_r 级不多于 30％；

b) B 级构架群（或评估对象）中不含 D_r 级，B_r 级多于 30％或含有 1 个 C_r 级；

c) C 级构架群（或评估对象）中 C_r 级多于 1 个且不多于 60％或含有 1 个 D_r 级；

d) D 级构架群（或评估对象）中 C_r 级多于 60％或 D_r 级多于 1 个。

9.5　**变电站钢筋混凝土构架可靠性评估报告**

变电站钢筋混凝土构架检测评估报告的基本内容包括

a) 概况（包括委托单位，被检测构架地址、建造年份、构架用途、构架面积、结构类别、构架高度、设计单位等，检测范围等）。

b) 检测评估目的、内容、依据及检测仪器。

c) 检测评估图纸资料及构架使用历史调查。

d) 构架现场检测。

e) 构架结构计算与分析。

f) 检测意见。

g) 构架安全性鉴定意见。

h) 构架耐久性鉴定意见。

i) 检测评估结论与建议（可靠性评估结论应包括缺陷或损伤的原因和构架的可靠程度，建议或解决方案应包括使用维护和加固、修复、改造措施或方法。应对

  c、d 级和 C、D 级检测评估项目的数量、位置及其处理意见，逐一作出详细说明）。

  j）附件（构架图纸、照片等）。如构架的原始设计图纸遗失或原始设计图纸和构架的现状不符，应在检测报告中附上按构架现状测绘的构架测绘图。

10 安全要求

10.1 气象条件要求

  变电站钢筋混凝土构架调查与检测工作应在天气良好的条件下进行，避免在高温、雷雨、大风、冰雹等恶劣天气情况下进行作业。

10.2 人员要求

  现场作业人员必须具备进网作业资格，持有上岗证，符合相关安全规定的要求。

10.3 检测过程中安全事项

  现场检测过程中的所有检测程序必须满足 GB 26860《电力安全工作规程（发电厂和变电站电气部分）》中的安全规定。优先采用不停电检测方法。若存在确实无法满足的情况时，又无法采取有效合理的替代检测方法，检测程序必须在停电情况下进行。

参 考 文 献

[1] 中南电力设计院. 变电构架设计手册 [M]. 湖北科学技术出版社，2006.

[2] 杨伟军，赵传智. 土木工程结构可靠度理论与设计 [M]. 人民交通出版社，1999.

[3] 金伟良. 工程荷载组合理论与应用 [M]. 机械工业出版社，2006.

[4] 张晴原. 建筑用标准气象数据手册 [M]. 中国建筑工业出版社，2012.

[5] Zhang F，Geng Z，Yuan W. The algorithm of interpolating windowed FFT for harmonic analysis of electric power system [J]. Power Delivery IEEE Transactions on，2001，16 (2)：160-164.

[6] 钱昊，赵荣祥. 基于插值 FFT 算法的间谐波分析 [J]. 中国电机工程学报，2005，25 (21)：87-91.

[7] 苏华. 建筑物动态能耗分析用气象仿真模型研究 [D]. 重庆大学，2002.

[8] 聂铭，杨永达，李文胜. 基于快速插值理论的混凝土结构湿度作用随机气象模型研究 [J]. 中外公路，2016 (6)：224-229.

[9] Alexander L V，Zhang X，Peterson T C，et al. Global observed changes in daily climate extremes of temperature and precipitation [J]. Journal of Geophysical Research Atmospheres，2006，111 (D5)：1042-1063.

[10] 董志君，李筱毅，阎培渝，等. 非荷载因素对超高层结构变形的影响研究 [J]. 工程力学，2013，30 (s1)：165-168.

[11] Easterling D R，Evans J L，Groisman P Y，et al. Observed Variability and Trends in Extreme Climate Events：A Brief Review* [J]. Bulletin of the American Meteorological Society，2000，81 (3)：417-426.

[12] 翟盘茂. 气候变化与灾害（气象灾害丛书）[M]. 气象出版社，2009.

[13] Beniston M，Stephenson D B，Christensen O B，et al. Future extreme events in European climate：an exploration of regional climate model projections [J]. Climatic Change，2007，81 (1)：71-95.

[14] 金伟良，赵羽习. 混凝土结构耐久性 [M]. 科学出版社，2014.

[15] 姬永生，袁迎曙. 干湿循环作用下氯离子在混凝土中的侵蚀过程分析 [J]. 工业建筑，2006，36 (12)：16-19.

[16] Song H W，Lee C H，Ann K Y. Factors influencing chloride transport in concrete structures exposed to marine environments [J]. Cement & Concrete Composites，2008，30 (2)：113-121.

[17] 高仁辉，秦鸿根，魏程寒. 粉煤灰对硬化浆体表面氯离子浓度的影响 [J]. 建筑材料学报，2008，11 (4)：420-424.

[18] 刘鸿亮. 混凝土结构的氯离子时变扩散分析及耐久性研究 [D]. 广西大学，2009.

[19] 王前，张鑫，傅日荣. 计算混凝土中氯离子扩散系数的实用方法 [J]. 山东建筑大学学报，2006，21 (4)：288-290.

[20] 许薇，甘庆辉，汤强. 1951—2006 年汕头雾变化的气候特征及影响因素分析 [J]. 气象与环境学报，2008，24 (3)：42-45.

[21] 李果，袁迎曙，耿欧. 气候条件对混凝土碳化速度的影响 [J]. 混凝土，2004 (11)：49-51.

[22] Hernández F C R，Plascencia G，Koch K. Rail base corrosion problem for North American tran-

sit systems [J]. Engineering Failure Analysis, 2009, 16 (1): 281-294.

[23] 吴雄. 杂散电流和氯离子共同作用下钢筋混凝土的劣化特征研究 [D]. 武汉理工大学, 2008.

[24] Bertolini L, Carsana M, Pedeferri P. Corrosion behaviour of steel in concrete in the presence of stray current [J]. Corrosion Science, 2007, 49 (3): 1056-1068.

[25] 杨向东, 周晓军. 外加直流电腐蚀钢筋引起混凝土破坏机理的研究 [J]. 西部探矿工程, 1999 (4): 92-96.

[26] Nie M, Huang H, Dai Y, et al. Experiment on Chloride Ion Content of Concrete Structure in Coastal Salt-fog Area [J]. 2016, 67.

[27] 蒋文宇, 杨伟军, 彭艺斌. 盐雾环境下氯离子在混凝土中扩散系数的研究 [J]. 混凝土, 2011 (4): 30-32.

[28] 杨伟军, 杨春侠, 彭艺斌. 服役钢筋混凝土桥梁可靠性评价系统研究 [C]//全国工程结构设计安全与持续发展研讨会. 2010.

[29] 杨建宇, 姜鹏霄. 某服役50年拱桥的评定加固研究 [J]. 公路与汽运, 2015 (1): 168-170.

[30] Yang J Y, Jiang P X. The Research of Assessing and Strengthening One 40 Years Old Girder Arch Bridge [J]. Applied Mechanics & Materials, 2014, 638-640: 1028-1031.

[31] 杜思义, 殷学纲, 陈淮. 基于频率变化识别结构损伤的摄动有限元方法 [J]. 工程力学, 2007, 24 (4): 66-70.

[32] Hearn G, Testa R B. Modal Analysis for Damage Detection in Structures [J]. Journal of Structural Engineering, 1991, 117 (10): 3042-3063.

[33] 游翔. 基于动力特性变化的桥梁损伤定位方法 [D]. 西南交通大学, 2006.

[34] 李学平, 余志武. 一种基于频率的损伤识别新方法 [J]. 工业建筑, 2006, 36 (s1): 213-214.

[35] Wu X, Ghaboussi J, Jr J H G. Use of neural networks in detection of structural damage [J]. British Journal of Surgery, 1992, 81 (11): 578-581.

[36] 刘学东. 海洋平台结构在役安全度评估与维修决策 [D]. 哈尔滨建筑大学, 1996.

[37] 王青娥, 杨伟军. 砼桥梁受弯构件动态可靠度分析 [J]. 公路与汽运, 2002 (1): 41-43.

[38] Rodriguez J, Ortega L M, Casal J. Load carrying capacity of concrete structures with corroded reinforcement [J]. Construction & Building Materials, 1997, 11 (4): 239-248.

[39] 赵维涛, 张旭. 基于遗传算法和神经网络的梁板结构可靠性优化 [J]. 上海航天, 2009, 26 (5): 6-10.

[40] 蔡长丰, 郝海霞. 模糊神经网络在钢筋混凝土桥梁结构可靠性评估中的应用 [J]. 公路工程, 2008, 33 (2): 150-153.

[41] 姚谦峰, 张奇. 基于模糊神经网络的密肋壁板结构安全可靠性评价方法研究 [J]. 工业建筑, 2010, 40 (1): 35-38.

[42] Elhewy A H, Mesbahi E, Pu Y. Reliability Analysis of Structure Using Neural Network method [J]. Probabilistic Engineering Mechanics, 2006, 21 (1): 44-53.

[43] Vu K A T, Stewart M G. Structural reliability of concrete bridges including improved chloride-induced corrosion models [J]. Structural Safety, 2000, 22 (4): 313-333.

[44] 牛荻涛, 王庆霖. 锈蚀开裂前混凝土中钢筋锈蚀量的预测模型 [J]. 工业建筑, 1996, 26 (4): 8-10.

[45] 马汀. 既有建筑钢结构健康检测与监测框架体系的研究 [D]. 同济大学, 2007.